电工技术

吉培荣　粟世玮　程杉　吉博文　编著

科学出版社

北京

内 容 简 介

本书按照教育部高等学校电子电气基础课程教学指导分委员会制定的"电工学"课程教学基本要求(电工技术部分)编写而成,共 11 章,分别为电路的基本概念与两类约束、电路的分析方法、电路的暂态分析、正弦交流电路、三相电路与安全用电、磁路和变压器、电动机、继电接触器控制、可编程控制器、电工测量、电路实验。第 1~10 章配有习题,书末附有部分习题参考答案。

本书可作为高等学校"电工学""电工技术"等课程的教材,也可供有关工程技术人员参考。

图书在版编目(CIP)数据

电工技术 / 吉培荣等编著. —北京:科学出版社,2019.8
ISBN 978-7-03-062106-1

Ⅰ. ①电… Ⅱ. ①吉… Ⅲ. ①电工技术-高等学校-教材 Ⅳ. ①TM

中国版本图书馆 CIP 数据核字(2019)第 179196 号

责任编辑:余 江 张丽花 / 责任校对:郭瑞芝
责任印制:张 伟 / 封面设计:迷底书装

科 学 出 版 社 出版
北京东黄城根北街 16 号
邮政编码:100717
http://www.sciencep.com

北京虎彩文化传播有限公司 印刷
科学出版社发行 各地新华书店经销
*
2019 年 8 月第 一 版 开本:787×1092 1/16
2020 年 1 月第二次印刷 印张:17 1/2
字数:426 000

定价:59.00 元

(如有印装质量问题,我社负责调换)

前　　言

"电工学"是高等学校非电类工科专业的一门重要技术基础课程，该课程由电工技术和电子技术两大部分组成，其作用与任务是：通过该课程的学习，使学生获得电工电子技术必要的基本理论、基本知识和基本技能，为今后学习和从事与电工电子技术有关的工作打下一定的基础。

本书按照教育部高等学校电子电气基础课程教学指导分委员会制定的"电工学"课程教学基本要求(电工技术部分)并结合编者多年来从事"电工学"课程的教学经验编写而成。全书由电路理论、电机及控制、电工测量、安全用电和电路实验五个方面的内容构成，包含了"电工学"课程中电工技术部分的全部内容，并扩充了一些相关知识。

本书内容比较全面，概念准确，论述清晰。学生通过本书学习电工技术，能够掌握相关的概念和方法，并对相关的工程应用有所了解，为进一步学习和应用电工技术奠定必要的基础。

本书注重阐述实际电路和理想电路的联系与区别，引入一些新颖的内容，如定义实际电路空间、模型电路空间和电路模型子空间并给出三者之间的关系，说明对理想电路而言基尔霍夫定律为公理，指出将基尔霍夫定律应用于实际电路中存在前提条件，对理想电路给出规定正方向的定义并由此说明理想电路中实际方向的实质，对基尔霍夫定律采用完备的数学形式等。本书的这些新颖内容，有助于读者理解和掌握电路理论的精髓，并能提高读者应用理论解决实际问题的能力。

本书由三峡大学电气与新能源学院的教师和湖北省电力公司宜昌供电公司的工程技术人员合作完成。吉培荣编写第 1 章，合作编写第 2、3、4、5、11 章，并对全书进行统稿；粟世玮编写第 6～9 章；程杉合作编写第 2～4 章；吉博文编写第 10 章，合作编写第 5、11 章。编者在编写本书的过程中，参考了一些书籍和文献的相关内容，在此对这些作者表示衷心的感谢！

限于编者水平，书中难免存在一些不足之处，敬请读者批评指正。联系邮箱：jipeirong@163.com(吉培荣)，ssw@ctgu.edu.cn(粟世玮)，115417807@qq.com(程杉)，451768199@qq.com(吉博文)。

本书配有电子教案，选用本书作为教材的教师可与编者联系。

编　者

2019 年 5 月

目　　录

第1章 电路的基本概念和两类约束

本章介绍电路理论中的一些基本概念和基础知识，它们是电路理论中的基础内容，也是核心内容。具体内容为电路的基本概念、电路元件、基尔霍夫定律。

1.1 电路的基本概念

1.1.1 实际电路与理想电路

电路一词有两层含义：一是指实际电路；二是指理想电路，理想电路也称为模型电路。

实际电路是指由各种实际电器件用实际导线(体)按一定方式连接而成的、具有特定功能的电流的通路。

理想电路(或模型电路)是指由定义出来的各种理想元件遵循一定规律用理想导线连接构成的虚拟电路。这里所说的一定规律是指后面将要讨论的基尔霍夫定律，包括基尔霍夫电压定律和基尔霍夫电流定律，这两个定律对理想电路(模型电路)而言是公理，本质上来自规定。

基尔霍夫定律对实际电路而言是规律，但有前提条件，必须满足静态电磁场的要求。在实际应用中，可将该要求放宽到准静态电磁场场合。当实际电路的(最大)尺寸远小于电路工作时电磁波的(最短)波长时，可以认为电路满足准静态电磁场的要求。这里远小于的标准是 $l < 0.1\lambda$，其中 l 是实际电路的最大尺寸，λ 是实际电路中电磁波的波长。若电路中存在多个不同频率的电磁波，则 λ 取波长最短的电磁波波长。

实际电路的种类和功能很多，但总体来看，大致可概括为两类：一类是进行电能量的传输、分配，如电力系统；另一类是进行电信号的传输、处理，如通信系统和各种信息(信号)处理系统。

实际电路通常可看成由三部分组成，如传输或分配电能量的电路可看成由电源、输配电环节、负载三部分组成；传输或处理信号的电路可看成由信号源、传输或处理信号的环节、信号接收器三部分组成。

实际电路的各组成部分可以是单个器件，也可以是由多个器件通过导线(体)连接构成的局部电路。实际器件的种类很多，发出能量或信号的有旋转发电机、电池、热电偶、信号发生器、感应元件、天线等，传输环节中有变压器、频率转换器、放大器、输电线、信号馈线等，消耗电能或接收信号的有电炉、电动机、照明灯具、音箱、投影仪等。

理想电路有两个来源：一是直接构造(想象)；二是根据实际电路抽象。理想电路中的元件(或称理想元件)包括线性电阻、线性电容、线性电感、理想电压源、理想电流源等。理想电路和理想元件均非现实存在。

电路也可称为电网络、电系统，简称为网络、系统。

1.1.2 实际电路的模型化与电路模型

以某一实际电路为对象，抽象(构造)出用以反映其主要特性的理想电路，其过程称为模型化。

图 1-1(a)所示为一手电筒的实际电路，模型化后的结果如图 1-1(b)所示。图 1-1(b)中，K 为理想开关，U_S 为理想电压源，R_S 和 R_L 为理想电阻。

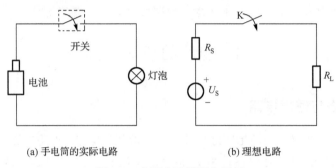

(a) 手电筒的实际电路　　　　　　　　(b) 理想电路

图 1-1　实际电路模型化示例

通过模型化，得到与实际电路对应的理想电路后，对其进行理论分析和计算，并将结果用于实际电路，即实际电路的分析过程。与实际电路对应的理想电路(或模型电路)可简称为电路模型。

另外，也可先构造(设计)出理想电路，然后依照理想电路实现对应的实际电路，这一过程称为电路综合。这样的理想电路，也称为电路模型。

电路模型意指与实际有对应关系的理想电路(或模型电路)。在理论上存在与实际没有对应关系的理想电路(或模型电路)，这样的电路不能称为电路模型。本书约定理想电路(或模型电路)和电路模型均可被简称为模型。

全部实际电路元件和实际电路的集合构成实际电路空间；全部理想电路元件和理想电路(或模型电路)的集合构成理想电路空间(或模型电路空间)。理想电路空间中包含有电路模型子空间，为全部电路模型的集合。实际电路、理想电路(或模型电路)、电路模型三者的关系如图 1-2 所示。从图 1-2 中可以看到，某些理想电路不存在对应的实际电路，但由实际电路一定可以构造出对应的理想电路。

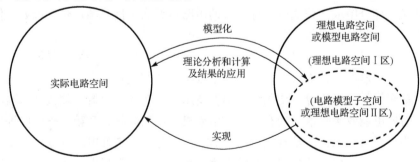

图 1-2　实际电路、理想电路与电路模型三者的关系

图 1-2 中，上面的两个箭头反映了实际电路的分析过程，下面的一个箭头反映了设计电路模型得到实际电路的综合过程。

为方便起见，可把图 1-2 中理想电路空间分为Ⅰ区和Ⅱ区。电路模型子空间边界线外的区域为理想电路空间Ⅰ区，电路模型子空间边界线内的区域为理想电路空间Ⅱ区。

图 1-2 中电路模型子空间的边界线之所以用虚线表示，是因为某些内容原本处于Ⅰ区，但在一定条件下会在Ⅱ区中出现；或某些内容原本处于Ⅱ区，但可能移入Ⅰ区。如线性电阻，定义于Ⅰ区中，其上的电压、电流之间为线性关系，并且电压、电流数值均可为无穷大；当对实际电路建立电路模型后，如果实际电阻建模为线性电阻，那么对应的线性电阻会出现在Ⅱ区中，此时，线性电阻上的电压、电流(或功率)有数值限制。当理想电压源与线性电阻串联闭合构成的理想电路对应于某些实际电路时，应处于理想电路空间Ⅱ区中；在分析该电路中的电流随电阻阻值变化的规律时，假定电阻阻值趋于无限小时，就应将该电路从Ⅱ区移入Ⅰ区，因为此时的理想电路无法与任何实际电路相对应。

电路理论的研究对象为理想电路空间(包括Ⅰ区、Ⅱ区)；电气工程和电子工程的研究对象为实际电路空间和理想电路空间Ⅱ区，实际电路的模型化也是电气工程和电子工程的重要研究内容。

1.1.3　电路的基本物理量和变量

1. 实际电路中的基本物理量

实际电路涉及大量的物理量，基本的物理量是电压、电流、电荷和磁通(或磁链)。在国际单位制(SI)中，电压的单位为伏特，符号为 V；电流的单位为安培，符号为 A；电荷的单位为库仑，符号为 C；磁通(或磁链)的单位为韦伯，符号为 Wb。

工程上常用的电压单位还有兆伏(MV)、千伏(kV)、毫伏(mV)和微伏(μV)等，它们的换算关系为 1MV=10^6V，1kV=10^3V，1mV=10^{-3}V，1μV=10^{-6}V；常用的电流单位还有兆安(MA)、千安(kA)、毫安(mA)、微安(μA)和纳安(nA)等，其中，1nA=10^{-9}A。

对于随时间变化的情况，电压、电流、电荷分别用小写字母 $u(t)$、$i(t)$、$q(t)$ 表示，简写为 u、i、q，对于不随时间变化的情况，电压、电流、电荷通常分别用大写字母 U、I、Q 表示；磁通(或磁链)用 $\phi(t)$(或 $\psi(t)$) 表示，简写为 ϕ(或 ψ)。

对电压、电流、电荷和磁通(或磁链)这些基本物理量，人们可以感知，测量是感知这些物理量的一种基本手段。

2. 理想电路中的基本变量

理想电路是虚拟的，并非物理存在，因此其中不存在物理量。但因电路理论本质上是用于解决实际电路问题的，故需设定与实际电路中的物理量相对应的变量。与实际电路中的物理量电压、电流、电荷和磁通(或磁链)相对应的理想电路中的变量是虚拟电压、虚拟电流、虚拟电荷和虚拟磁通(或虚拟磁链)，为简便起见仍然将它们称为电压、电流、电荷和磁通(或磁链)，其单位、符号与对应的实际物理量相同。

需注意，对电路模型进行分析得到的结论可应用于实际，但对有些理想电路进行分析，得到的结论只有理论意义而没有实际意义，因为根本不存在与这些理想电路相对应的实际电路。认为理想电路必须与实际电路相对应，这种思维是存在局限性的。

1.1.4　电压、电流的参考方向

物理学中已说明，电荷在电场中的移动是电场力做功的结果。将无穷远处选为参考点，

空间中某点的电位定义为将单位正电荷从该点移至无穷远处电场力所做的功。两点之间的电位差称为电压，并规定高电位点趋向低电位点的方向为电压的实际方向。

物理学中，电荷有规律的定向移动称为电流，并规定正电荷移动的方向（实际为电子移动的反方向）为电流的实际方向。

电路模型是对应于实际电路的虚拟电路。电路理论中，把电路模型中与实际对应的方向称为规定正方向，简称正方向。电流的规定正方向是虚拟正电荷移动的方向，电压的规定正方向是虚拟高电位点趋向低电位点的方向。将相关概念扩展到理想电路中，即得到了理想电路中规定正方向的定义。

由于电路模型中的规定正方向与对应的实际电路中的实际方向一致，为方便起见，人们往往把电路模型中的规定正方向称为实际方向，进而把理想电路中的规定正方向称为实际方向。需注意这一做法本质上存在问题，因为实际方向应该是与实际电路相关联的概念，并不能与理想电路有直接联系。这一做法的负面影响之一是容易产生对理想电路与实际电路不加区别的问题，导致在理论上产生一些错误的认识，这样的错误在许多文献中都可见到。

本书按照习惯也把规定正方向称为实际方向，不过要提醒读者注意的是，切不可因此把理想电路与实际电路混为一谈，电路理论的初学者对此要保持高度的警惕。

在对电路进行分析时，由于电压、电流的实际方向往往事先未知，或者随时间变化，因此，必须预先假设电压和电流的方向。预先假设的方向通常称为参考方向，或称为假设方向。

电压 u 的参考方向（或假设方向）有三种表示（或标定）方式。第一种方式用 "+、-" 号表示；第二种方式用箭头表示；第三种方式用双下标表示，例如，在图 1-3（a）中，u_{AB} 表示 A、B 两点之间电压的参考方向由 A 指向 B。电流 i 的参考方向（或假设方向）多用箭头表示，如图 1-3（b）中所示，也可用双下标表示，例如，i_{AB} 表示电流 i 的参考方向由 A 指向 B。

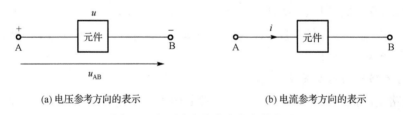

(a) 电压参考方向的表示　　　　　　　　　　　　(b) 电流参考方向的表示

图 1-3　电压和电流参考方向的表示

有了参考方向，结合求出或给定的电压、电流的具体符号和数值，即可确定实际方向。例如，在图 1-3（a）中，假定已得到 $u=1V$，则表明电压的大小是 1V，实际方向如图中箭头所示；若得到的是 $u=-1V$，则表明电压的大小是 1V，实际方向与图中箭头方向相反。同理，在图 1-3（b）中，假定已得到 $i=1A$，则表明电流的大小是 1A，实际方向如图中箭头所示；若得到的是 $i=-1A$，则表明电流的大小是 1A，实际方向与图中箭头方向相反。

电路中的电压和电流是两个不同的物理量（或变量），它们的参考方向是分别设定的。如果对某一元件（或局部电路）设定的电压与电流参考方向相同，这时的参考方向就称为关联参考方向，简称为关联方向，例如，在图 1-4（a）中，u 与 i 就为关联方向。当电压与电流的参考方向不一致时，称为非关联参考方向，简称为非关联方向，图 1-4(b) 中的 u 与 i 就为非关联方向。图 1-4 中的 N 表示某个局部电路，它可由多个元件构成，也可仅由一个元件构成，该电路有两个引出端，因而称其为二端电路。

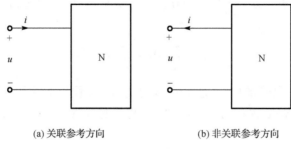

(a) 关联参考方向   (b) 非关联参考方向

图 1-4　电压与电流的关联参考方向和非关联参考方向

需要强调的是：电压、电流的参考方向可独立设定，但一旦设定，在电路的分析和计算过程中一般不应改变。

1.1.5　电磁能量与功率

电场、磁场，均是特殊形式的物质，均具有能量。描述电场的基本物理量是电场强度 E 和辅助量电通密度 D，描述磁场的基本物理量是磁感应强度 B 和辅助量磁场强度 H。

当实际电路工作时，电场力推动电荷在电路中运动，电场力对电荷做功，同时电路吸收能量。电场力将单位正电荷由电场中 a 点移动到 b 点所做的功即 a、b 两点间的电压。

在图 1-5 中，电压 u 和电流 i 的参考方向一致，为关联方向。在 dt 时间内通过该电路的电荷量为 d$q = i$dt，它由 a 端移到 b 端，电场力对其做的功为 d$A = u$dq，因此电路吸收的能量为

$$\mathrm{d}W = \mathrm{d}A = u\mathrm{d}q \tag{1-1}$$

即

$$\mathrm{d}W = ui\mathrm{d}t \tag{1-2}$$

功率为能量对时间的变化率，则如图 1-5 所示电路的功率为

$$p = \frac{\mathrm{d}W}{\mathrm{d}t} = ui \tag{1-3}$$

式 (1-3) 表明，当电压和电流取关联参考方向时，乘积 ui 表示电路吸收能量的速率。如果 $p = ui > 0$，那么表示该电路吸收能量；如果 $p = ui < 0$，那么表示该电路吸收负能量，即发出能量。若将图 1-5 所示电路中的电压或电流的参考方向加以改变，使得电压和电流为非关联方向，此时如果仍用公式 $p = ui$ 计算电路的功率，那么 $p = ui > 0$ 表示电路发出能量，$p = ui < 0$ 表示电路吸收能量。

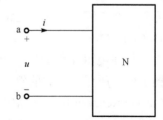

为了从计算结果上直接得出电路吸收或发出能量的统一结论，可以规定：当电压和电流为关联方向时，功率的计算式为 $p = ui$；当电压和电流为非关联方向时，功率的计算式为

图 1-5　电路的功率计算

$p = -ui$。在此规定下，当 $p > 0$ 时表示电路吸收能量，当 $p < 0$ 时表示电路发出能量。

在国际单位制中,功率的单位是瓦特,符号为 W。工程上常用的功率单位有兆瓦(MW)、千瓦(kW)和毫瓦(mW)等,它们与瓦(W)的换算关系为 1MW=10^6W,1kW=10^3W,1mW=10^{-3}W。

电路中的能量通过对功率的时间积分得到。从 t_0 到 t 时间内电路(或元件)吸收的能量由式(1-4)表示,即

$$W = \int_{t_0}^{t} p\mathrm{d}\xi = \int_{t_0}^{t} ui\mathrm{d}\xi \tag{1-4}$$

在国际单位制中,能量的单位为焦耳,符号为 J。工程和生活中还采用千瓦小时(kW·h)作为电能的单位,1kW·h 也称为 1 度(电)。两者的换算关系为 1kW·h = 10^3W × 3600s = 3.6×10^6J。

电路分析的过程中,功率和能量的计算十分重要,这是因为实际电路在工作时总伴有电能与其他形式能量的相互转换;此外,电气设备、实际电路器件本身还存在功率大小的限制。在使用电气设备和实际电路器件时,应注意其电压或电流是否超过额定值(即正常工作时所要求的指定数值)。如果过载(即电压或电流超过额定值),会使设备或器件损坏,或使电路不能正常工作。

1.2 电 路 元 件

1.2.1 电阻元件与电导元件

线性电阻是一种理想二端元件,其特性定义为当电压和电流取关联方向时,在任何时刻,其两端的电压 u 和流过的电流 i 服从线性函数关系

$$u = Ri \tag{1-5}$$

式(1-5)称为欧姆定律。将式(1-5)改写,可有

$$i = Gu \tag{1-6}$$

式(1-5)中的系数 R 称为电阻元件的电阻参数,简称电阻,符号如图 1-6(a)所示;式(1-6)中的系数 G 称为电阻元件(或称电导元件)的电导参数,简称电导,R 与 G 是互为倒数的关系,即 $G=1/R$。在国际单位制中,R 的单位为欧姆,简称欧,符号为 Ω;G 的单位为西门子,简称西,符号为 S。在多数情况下,电阻元件和电导元件可视为是同一种元件,但在涉及理想电路的对偶性时(将在第 2 章中介绍),电阻元件和电导元件应视为是两个不同的元件。在工程上,电阻还常用千欧(kΩ)和兆欧(MΩ)为单位,换算关系为 1kΩ=10^3Ω,1MΩ=10^6Ω。

线性电阻元件的电压电流关系(或称伏安特性)是通过 u-i 平面原点的一条直线,如图 1-6(b)所示,直线的斜率与元件的 R 有关。因电压电流关系的英文表示为 Voltage and Current Relationship,故常用 VCR 表示电压电流关系一词。

当线性电阻元件的电压 u 和电流 i 为如图 1-6(a)所示的关联方向时,功率计算式为

$$p = ui = Ri^2 = u^2 / R \tag{1-7}$$

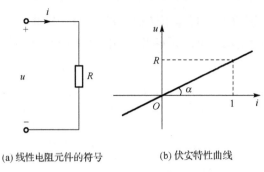

(a) 线性电阻元件的符号　　　　　　　　(b) 伏安特性曲线

图 1-6　线性电阻元件及其伏安特性

或

$$p = ui = Gu^2 = i^2 / G \tag{1-8}$$

可知 t_0 到 t 时间内，该电阻元件吸收（消耗）的电能为

$$W_R = \int_{t_0}^{t} Ri^2(\xi)\mathrm{d}\xi \tag{1-9}$$

当 $R \to \infty$，电阻两端的电压无论为何值时，流过它的电流恒为零，此种情况称为开路，也常称为断路；当 $R = 0\Omega$ 时，流过电阻的电流无论为何值时，其两端的电压始终为零，此种情况称为短路。

实际电阻器件与理想电阻元件的特性是完全不同的，例如，在反映理想电阻元件特性的式(1-5)中，电压和电流可为无穷大，而实际电阻器件上的电压和电流是受限制的。当实际电阻器件上的电压和电流过大时，电阻会被烧毁。在实际电阻器件能够正常工作的电压和电流范围内，当其上的电压电流关系近似符合式(1-5)所示关系时，就可以把实际电阻模型化为线性电阻，以方便进行理论上的分析和计算。

理想电阻是为了反映实际电路中消耗电能这一现象而定义的，结合这一情况，线性电阻元件的定义式 $u = Ri$ 中，R 值应大于零。但在电路理论中，R 值并不限定大于零，可以是零值，也可以是负值。当为零值时就是理想导线；当为负值时表明该元件发出能量。实际电阻器件均是消耗能量的，实际电源的用途是用来发出能量的。在某些情况下，可以把一个发出能量的实际二端电路用负电阻表示，即模型化为负电阻。

1.2.2　独立电源

独立电源是为了描述实际电路中某些器件对外提供电能这一现象而定义的，这里的独立二字是相对后面要讨论的受控电源而言的。独立电源也称为理想电源，包括理想电压源和理想电流源两种。

1. 理想电压源

理想电压源的定义：端电压为一个确定的时间函数或常量，该电压与端子上流过的电流无关。

理想电压源可简称为电压源，其电路符号如图 1-7(a)所示，伏安特性为

$$\begin{cases} u(t) = u_S(t) \\ i(t)\text{由外接电路决定，值域为}(-\infty, +\infty) \end{cases} \tag{1-10}$$

式中，$u_S(t)$ 为给定的时间函数，与流过的电流 $i(t)$ 无关；$i(t)$ 由外电路确定，值域范围为

$(-\infty,+\infty)$。当 $u_S(t)=U_S$ 为恒定值时,电压源称为直流电压源,此时电压源也往往用图 1-7(b) 所示符号表示,其中长划线表示电压源参考方向的 "+" 极,短划线表示参考方向的 "-" 极,U_S 为恒定电压值。

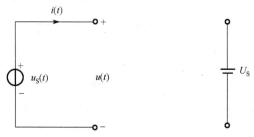

(a) 理想电压源的符号 (b) 直流时常用的理想电压源的符号

图 1-7 理想电压源的两种符号

图 1-8(a) 给出的是电压源与外电路相连接的情况,其端子 1、2 之间的电压 $u(t)$ 等于 $u_S(t)$,它不受外电路的影响。图 1-8(b) 给出的是 $u_S(t)=U_S$ 的直流电压源的伏安特性曲线,它是一条平行于电流轴的固定直线,这表明该电压源的电压始终为 U_S,电流可以在 $-\infty \to +\infty$ 范围内取值。若 $u_S(t)$ 随时间变化,针对每一个时刻,都可得到一个与图 1-8(b) 类似的伏安特性图,不同时间平行于横轴的直线处于图中不同的位置。

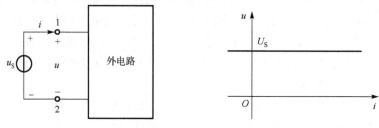

(a) 接外电路的理想电压源 (b) 理想电压源的特性曲线

图 1-8 接外电路的理想电压源和理想电压源的特性

2. 理想电流源

理想电流源的定义:端子上的电流为一个确定的时间函数或常量,该电流与两个端子间的电压无关。

理想电流源可简称为电流源,其电路符号如图 1-9(a) 所示,伏安特性可用公式表述为

$$\begin{cases} i(t)=i_S(t) \\ u(t) \text{由外接电路决定,值域为}(-\infty,+\infty) \end{cases} \tag{1-11}$$

式 (1-11) 中,$i_S(t)$ 为给定的时间函数,与两个端子间的电压 $u(t)$ 无关;$u(t)$ 由外接电路决定,值域范围为 $-\infty \to +\infty$。图 1-9(b) 给出了电流源与外电路相连接的情况。

当 $i_S(t)=I_S$ 为恒定值时,电流源称为直流电流源,其伏安特性如图 1-9(c) 所示为一条平行于电压轴的固定直线。这表明该电流源的电流始终为 I_S,电压可以在 $-\infty \to +\infty$ 范围内取值。若 $i_S(t)$ 随时间变化,则针对每一个时刻,都可得到一个与图 1-9(c) 类似的伏安特性图,不同时刻平行于纵轴的直线处于图中不同的位置。

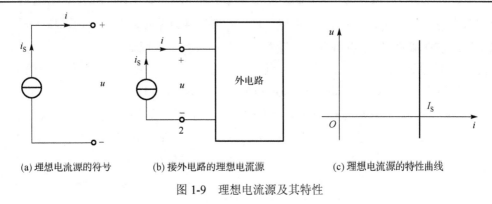

(a) 理想电流源的符号　　　　(b) 接外电路的理想电流源　　　　(c) 理想电流源的特性曲线

图 1-9　理想电流源及其特性

1.3　基尔霍夫定律

1.3.1　几个相关概念

这里介绍几个重要的电路术语。①支路：通过相同电流的一段电路。支路可仅由一个元件构成，也可规定某种结构为一条支路。②节点：三条或三条以上支路的连接点。在有些情况下，可将两条支路的连接点称为节点。③回路(网孔)：由支路构成的闭合路径称为回路。当闭合路径呈现为一个自然的孔时，这样的回路称为网孔。

图 1-10 所示电路有两个节点，即 a、b；有三条支路，即 ab、acb、adb。有时，也将 c、d 称为节点，这样，电路就有四个节点，五个支路。该电路的回路为三个，即 abca、 abda、adbca；网孔为两个，即 abca、 abda。

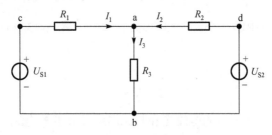

图 1-10　用于介绍电路术语的电路

元件(支路)的相互连接构成电路，电路需遵循两类约束：一类是元件(支路)约束；另一类是拓扑约束。元件(支路)约束用元件(支路)的 VCR 表示，拓扑约束由基尔霍夫定律描述。

1.3.2　基尔霍夫电流定律

基尔霍夫电流定律(KCL)表述为：对电路中的任一节点，在任何时刻流入(或流出)该节点电流的代数和等于零，即

$$\sum_k \pm i_k = 0 \tag{1-12}$$

列写式(1-12)的常用规则是当 i_k 的参考方向背离节点时，i_k 前面取"+"号；当 i_k 的参考方

向指向节点时，i_k 前面取 "−" 号。当然，规定 i_k 的参考方向指向节点时前面取 "+" 号，背离节点时前面取 "−" 号也可行，但针对一个节点只有一个规则。

对图 1-11 所示的电路，规定流出节点的电流前面用 "+" 号，流入节点的电流前面用 "−" 号，则针对节点 1、节点 2、节点 3，可列出如下 KCL 方程：

$$\begin{cases} +i_1 + (+i_4) + (-i_6) = 0 \\ -i_2 + (-i_4) + (+i_5) = 0 \\ +i_3 + (-i_5) + (+i_6) = 0 \end{cases} \quad 或 \quad \begin{cases} i_1 + i_4 - i_6 = 0 \\ -i_2 - i_4 + i_5 = 0 \\ i_3 - i_5 + i_6 = 0 \end{cases} \tag{1-13}$$

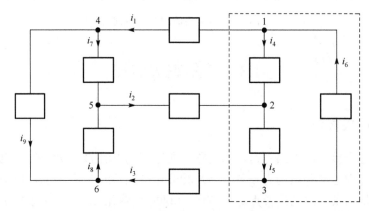

图 1-11　节点及广义节点示例

KCL 不仅适用于集中参数电路中的任何节点，也适用于电路中任何一个闭合面，即广义节点。如图 1-11 所示的虚线所包围的封闭区域就是一个广义节点，对其可列出 KCL 方程

$$+i_1 + (-i_2) + (+i_3) = 0 \quad 或 \quad i_1 - i_2 + i_3 = 0 \tag{1-14}$$

式(1-14)也可由式(1-13)中的三个方程相加得到。所以，式(1-13)和式(1-14)中包含的四个方程不是相互独立的。

式(1-14)可改写为

$$i_1 + i_3 = i_2 \tag{1-15}$$

式(1-15)的含义是流进广义节点的电流之和与流出广义节点的电流之和相等。

基尔霍夫电流定律(KCL)也可表示为

$$\sum_m i_{流入m} = \sum_n i_{流出n} \tag{1-16}$$

式(1-15)所示即式(1-16)对应的形式。

1.3.3　基尔霍夫电压定律

基尔霍夫电压定律(KVL)表述为：对电路中的任一闭合回路，在任何时刻沿闭合回路电压降的代数和等于零，即

$$\sum_k \pm u_k = 0 \tag{1-17}$$

按式(1-17)列写回路的 KVL 方程时，需确定对应回路的绕行方向。回路绕行方向通常确定为顺时针方向，但确定为逆时针方向也可行，针对一个回路采用的规则统一就可行。当支

路电压 u_k 的参考方向与回路的绕行方向一致时，u_k 前面取 "+" 号，反之取 "−" 号；或 u_k 的参考方向与回路的绕行方向相反时，u_k 前面取 "+" 号，反之取 "−" 号。

在图 1-12 所示电路中，支路 1、2、3、4 构成了一个回路，规定该回路的绕行方向为顺时针方向，如虚线上的箭头所示，则对该回路列写 KVL 方程有

$$+u_1+(+u_2)+(-u_3)+(+u_4)=0 \quad 或 \quad u_1+u_2-u_3+u_4=0 \tag{1-18}$$

式 (1-18) 可改写为

$$u_1+u_2+u_4=u_3 \tag{1-19}$$

式 (1-19) 说明，节点③、④之间的电压 u_3 与路径无关，对沿支路 3 或沿支路 1、2、4 构成的路径而言，节点③与节点④之间的电压数值相等。

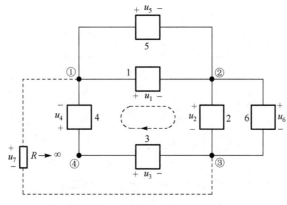

图 1-12　回路及广义回路示例

支路构成的闭合路径称为回路，非闭合路径通过在断开处添加一个电阻为无穷大的支路后可构成闭合路径，称为广义回路。广义回路也满足 KVL。如图 1-12 所示电路中，节点①与节点③之间无直接相连支路，添加一个电阻为无穷大的支路后（如图中虚线所示支路），该支路与支路 3、4 一起构成广义回路，该广义回路的 KVL 方程为

$$-u_4+(+u_3)+(-u_7)=0 \quad 或 \quad -u_4+u_3-u_7=0 \tag{1-20}$$

式中，u_7 是添加支路的电压，实际是节点①与节点③之间的电压。

基尔霍夫电压定律 (KVL) 还可表示为

$$\sum_m u_{一致m}=\sum_n u_{相反n} \tag{1-21}$$

式 (1-20) 所示为式 (1-21) 对应的形式。

习　　题

1-1　电路如题 1-1 图所示，写出各元件 u 和 i 的约束方程。

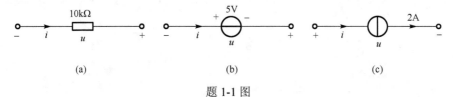

题 1-1 图

1-2 求题 1-2 图所示各电路中的 u 或 i 。

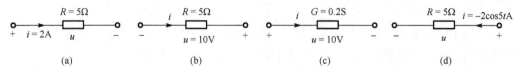

题 1-2 图

1-3 各个元件的电压、电流数值如题 1-3 图所示。
(1) 若元件 a 吸收的功率为 10W，求 u_a ；
(2) 若元件 b 发出的功率为 10W，求 i_b ；
(3) 若元件 c 吸收的功率为 -10W，求 i_c ；
(4) 若元件 d 发出的功率为 -10W，求 i_d 。

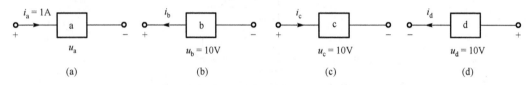

题 1-3 图

1-4 电路如题 1-4 图所示，求电流 I 和电压 U 。

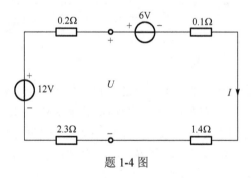

题 1-4 图

1-5 在题 1-5 图所示电路中，已知 $i_1 = 1A$ 、 $i_4 = 2A$ 、 $i_5 = 3A$ ，试求其余各支路的电流。

1-6 题 1-6 图所示为某一电路的局部电路，求 I_1 、 I_2 、 U 、 U_R 和 R 。

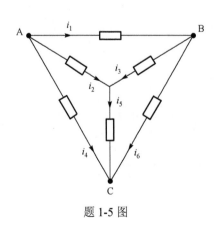

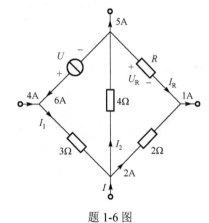

题 1-5 图   题 1-6 图

1-7 利用元件约束和拓扑约束求题 1-7 图所示电路中的电压 u。

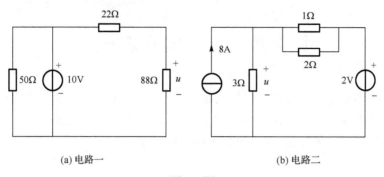

(a) 电路一   (b) 电路二

题 1-7 图

1-8 题 1-8 图所示为某一电路的局部电路，求电流 I_1、I_2 和 I_3。

1-9 电路如题 1-9 图所示，试计算 U。

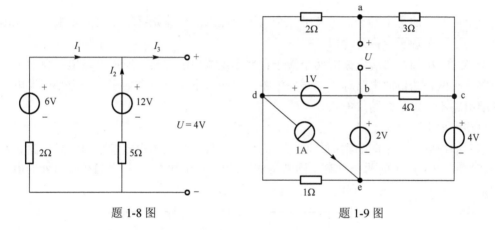

题 1-8 图   题 1-9 图

1-10 电路如题 1-10 图所示，已知图中电流 $I = 1A$，求电压 U_{ab}、U 及电流源 I_S 的功率。

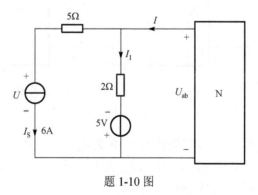

题 1-10 图

第2章 电路的分析方法

本章介绍电路的等效变换和电路的一般分析方法等内容，它们是电路理论中的基础和核心内容。具体内容为电路的等效变换、电路的一般分析方法、电路定理、电路的对偶性、受控源及含受控源电路的分析、非线性电阻电路的分析、应用实例。

2.1 电路的等效变换

2.1.1 等效变换的概念

一个电路中的两个端子，若其中一个端子上流入的电流始终等于另一个端子上流出的电流，则这两个端子合称为端口。

据 KCL 可知，二端电路的两个端子自然满足端口的定义，所以二端电路自然为一端口电路。有两个端口的电路称为二端口电路，二端口电路有四个端子，一定是四端电路，但四端电路不一定是二端口电路。

电路端口上的电压电流关系，称为端口特性。

不同的电路具有不同的结构，结构不同但端口特性相同的电路互称为等效电路。对于如图 2-1(a)、(b)所示的两个具有不同结构的二端电路 N_1 和 N_2，若它们在端口处的电压电流约束关系 $u = f(i)$ 相同，则两者互称为等效电路。

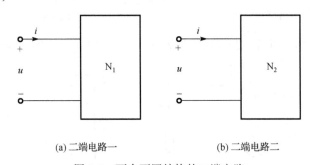

(a) 二端电路一   (b) 二端电路二

图 2-1 两个不同结构的二端电路

把电路 N_1 变化为电路 N_2，或把电路 N_2 变化为电路 N_1，称为等效变换。

假设电路 N_1 由多个电阻联结构成，电路 N_2 仅由一个电阻 R 构成，当电路 N_1 与电路 N_2 具有相同的特性时，R 就称为等效电阻。

各种场合下的等效变换通常是将一个结构复杂的电路转换为一个结构简单的电路，因此，等效变换的方法也称为电路化简的方法。

2.1.2 电阻的串联

若各元件流过的是同一电流，则称为串联连接，简称串联。串联的根本特征是通过同一电流。如图 2-2(a) 所示为由 n 个电阻 $R_1, R_2, \cdots, R_n$ 串联而成的电路，根据 KVL 有

$$u = u_1 + u_2 + \cdots + u_n \tag{2-1}$$

根据电阻的元件约束有 $u_1 = R_1 i, u_2 = R_2 i, \cdots, u_n = R_n i$。将这些元件约束代入式(2-1)中可得

$$u = R_1 i + R_2 i + \cdots + R_n i = (R_1 + R_2 + \cdots + R_n)i \tag{2-2}$$

可构造图 2-2(b) 所示电路，并令其中的电阻 $R = R_1 + R_2 + \cdots + R_n = \sum_{k=1}^{n} R_k$，此种情况下，

图 2-2(a) 所示的电路与图 2-2(b) 所示的电路在 1-1′端口处具有相同的 VCR(电压电流约束关系)，故两电路互称为等效电路。等效变换通常是把图 2-2(a) 所示电路转化为图 2-2(b) 所示电路，图 2-2(b) 中的 R 便是图 2-2(a) 中的 n 个电阻串联时的等效电阻。

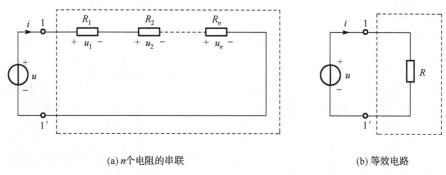

(a) n 个电阻的串联　　　　　　　　　(b) 等效电路

图 2-2　n 个电阻的串联及其等效电路

电阻串联时，各个电阻上的电压为

$$u_k = R_k i = R_k \frac{u}{R} = \frac{R_k}{R_1 + R_2 + \cdots + R_n} u, \qquad k = 1, 2, \cdots, n \tag{2-3}$$

可见，串联电阻的电压与其电阻值成正比，式(2-3)称为分压公式。

2.1.3　电阻的并联

若各二端元件两端所加的是同一电压，称为并联连接，简称并联。并联的根本特征是所加电压为同一电压。图 2-3(a) 所示为由 n 个电阻(这里表示为电导) $G_1, G_2, \cdots, G_n$ 并联而成的电路。根据 KCL 和电导的元件约束可得

$$i = i_1 + i_2 + \cdots + i_n = G_1 u + G_2 u + \cdots + G_n u = (G_1 + G_2 + \cdots + G_n)u \tag{2-4}$$

可构造如图 2-3(b) 所示电路，其中的电导 $G = G_1 + G_2 + \cdots + G_n = \sum_{k=1}^{n} G_k$。图 2-3(a) 与(b)在

1-1′端口处具有相同的电压电流约束关系，它们互称为等效电路，图 2-3(b) 中的 G 是图 2-3(a) 中 n 个电导并联时的等效电导。

电导并联时，各电导中的电流为

$$i_k = G_k u = G_k \frac{i}{G} = \frac{G_k}{G_1 + G_2 + \cdots + G_n} i, \qquad k = 1, 2, \cdots, n \tag{2-5}$$

可见，并联电导中的电流与各自的电导成正比，式(2-5)是并联电导的分流公式。

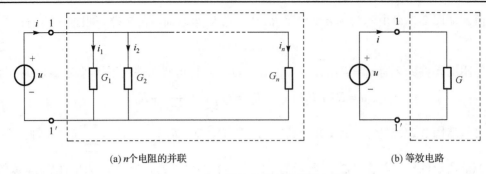

(a) n 个电阻的并联　　　　　　　　　　　(b) 等效电路

图 2-3　n 个电阻的并联及其等效电路

【例 2-1】　图 2-4 所示电路中，$I_S = 33\text{mA}$，$R_1 = 40\text{k}\Omega$，$R_2 = 10\text{k}\Omega$，$R_3 = 25\text{k}\Omega$，求 I_1、I_2 和 I_3。

解　由题给条件，可知

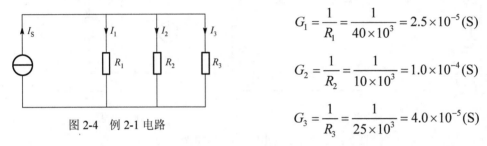

图 2-4　例 2-1 电路

$$G_1 = \frac{1}{R_1} = \frac{1}{40 \times 10^3} = 2.5 \times 10^{-5} (\text{S})$$

$$G_2 = \frac{1}{R_2} = \frac{1}{10 \times 10^3} = 1.0 \times 10^{-4} (\text{S})$$

$$G_3 = \frac{1}{R_3} = \frac{1}{25 \times 10^3} = 4.0 \times 10^{-5} (\text{S})$$

根据分电流公式，可得

$$I_1 = \frac{G_1}{G_1 + G_2 + G_3} \times I_S = \frac{2.5 \times 10^{-5} \times 33}{2.5 \times 10^{-5} + 1.0 \times 10^{-4} + 4.0 \times 10^{-5}} = 5 (\text{mA})$$

$$I_2 = \frac{G_2}{G_1 + G_2 + G_3} \times I_S = \frac{1.0 \times 10^{-4} \times 33}{2.5 \times 10^{-5} + 1.0 \times 10^{-4} + 4.0 \times 10^{-5}} = 20 (\text{mA})$$

$$I_3 = \frac{G_3}{G_1 + G_2 + G_3} \times I_S = \frac{4.0 \times 10^{-5} \times 33}{2.5 \times 10^{-5} + 1.0 \times 10^{-4} + 4.0 \times 10^{-5}} = 8 (\text{mA})$$

2.1.4　电阻的混联

在仅由电阻构成的二端电路中，当其中的电阻既有串联，又有并联时，称为电阻的混合联结，简称混联。从端口特性来看，此二端电路可用一个电阻来等效，等效的过程是先将电路中的局部串联电路和局部并联电路用等效电阻表示，再根据得到的新电路中电阻之间的连接关系继续用电阻串联和并联的规律做等效简化，直到简化为一个等效电阻为止。

【例 2-2】　图 2-5 所示电路为混联电路，试求其等效电阻。

解　在图 2-5 中，R_3 与 R_4 串联后与 R_2 并联，再与 R_1 串联，则其等效电阻为

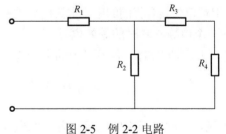

图 2-5　例 2-2 电路

$$R = R_1 + \frac{R_2(R_3 + R_4)}{R_2 + (R_3 + R_4)}$$

为简化起见，可将并联关系用符号"//"表示，故上式也可写为

$$R = R_1 + R_2 // (R_3 + R_4)$$

2.1.5 电阻的星形连接与三角形连接的等效变换

电路中，若三个电阻元件连接成图 2-6(a)所示的形式，就称为电阻的 Y 连接(或星形连接)，该电路也称为 Y 形电路；若三个电阻元件连接成图 2-6(b)所示的形式，则称为电阻的△连接(或三角形连接)，该电路也称为△形电路。

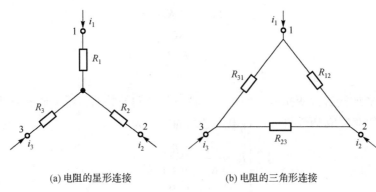

(a) 电阻的星形连接　　　　　　　(b) 电阻的三角形连接

图 2-6　电阻的星形连接和三角形连接

电路分析时，往往需要将 Y 形电路和△形电路相互做等效变换。这里，电路等效的含义是两电路的三个端子之间的电压 u_{12}、u_{23}、u_{31} 分别对应相等时，两电路三个端子上的电流 i_1、i_2、i_3 也分别对应相等。下面推导两电路互为等效电路的条件。

对图 2-6(a)所示 Y 形电路，根据拓扑约束和元件约束，可得以下方程

$$\begin{cases} i_1 + i_2 + i_3 = 0 \\ R_1 i_1 - R_2 i_2 = u_{12} \\ R_2 i_2 - R_3 i_3 = u_{23} \end{cases} \tag{2-6}$$

设 u_{12}、u_{23} 为已知量，i_1、i_2、i_3 为未知量，通过一定的数学运算，并利用 $u_{12} + u_{23} + u_{31} = 0$ 的关系，可以求解出

$$\begin{cases} i_1 = \dfrac{R_3 u_{12}}{R_1 R_2 + R_2 R_3 + R_3 R_1} - \dfrac{R_2 u_{31}}{R_1 R_2 + R_2 R_3 + R_3 R_1} \\[2mm] i_2 = \dfrac{R_1 u_{23}}{R_1 R_2 + R_2 R_3 + R_3 R_1} - \dfrac{R_3 u_{12}}{R_1 R_2 + R_2 R_3 + R_3 R_1} \\[2mm] i_3 = \dfrac{R_2 u_{31}}{R_1 R_2 + R_2 R_3 + R_3 R_1} - \dfrac{R_1 u_{23}}{R_1 R_2 + R_2 R_3 + R_3 R_1} \end{cases} \tag{2-7}$$

对图 2-6(b)所示△形电路，根据拓扑约束和元件约束，可得出以下方程

$$\begin{cases} i_1 = \dfrac{u_{12}}{R_{12}} - \dfrac{u_{31}}{R_{31}} \\[3mm] i_2 = \dfrac{u_{23}}{R_{23}} - \dfrac{u_{12}}{R_{12}} \\[3mm] i_3 = \dfrac{u_{31}}{R_{31}} - \dfrac{u_{23}}{R_{23}} \end{cases} \tag{2-8}$$

若 Y 形电路和 △ 形电路是等效电路，根据等效电路的定义知，必然会有式(2-7)与式(2-8)完全相同的情况，由此可得

$$\begin{cases} R_{12} = \dfrac{R_1 R_2 + R_2 R_3 + R_3 R_1}{R_3} \\[3mm] R_{23} = \dfrac{R_1 R_2 + R_2 R_3 + R_3 R_1}{R_1} \\[3mm] R_{31} = \dfrac{R_1 R_2 + R_2 R_3 + R_3 R_1}{R_2} \end{cases} \tag{2-9}$$

以上为电阻的 Y 连接等效变换成 △ 连接时，各电阻之间的关系。用类似的方法，可推出电阻的 △ 连接等效变换成 Y 连接时，各电阻之间的关系为

$$\begin{cases} R_1 = \dfrac{R_{12} R_{31}}{R_{12} + R_{23} + R_{31}} \\[3mm] R_2 = \dfrac{R_{23} R_{12}}{R_{12} + R_{23} + R_{31}} \\[3mm] R_3 = \dfrac{R_{31} R_{23}}{R_{12} + R_{23} + R_{31}} \end{cases} \tag{2-10}$$

如果电路对称，即 $R_1 = R_2 = R_3 = R_Y$，$R_{12} = R_{23} = R_{31} = R_\triangle$，则 Y 形电路和 △ 形电路之间的变换关系为

$$R_\triangle = 3 R_Y \tag{2-11}$$

$$R_Y = \frac{1}{3} R_\triangle \tag{2-12}$$

【例2-3】 图2-7(a)所示为一个桥式电路，已知 $R_1 = 50\Omega$，$R_2 = 40\Omega$，$R_3 = 15\Omega$，$R_4 = 26\Omega$，$R_5 = 10\Omega$，试求此桥式电路的等效电阻。

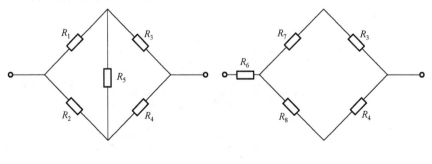

(a) 原电路　　　　　　　　　　　　　(b) 等效变换后的电路

图 2-7　例 2-8 电路

解　将 R_1, R_2, R_5 组成的△连接变换成由 R_6、R_7、R_8 组成的 Y 连接，如图 2-7(b) 所示，由电阻 △-Y 之间的变换公式，可得

$$R_6 = \frac{R_1 R_2}{R_1 + R_5 + R_2} = \frac{50 \times 40}{50 + 10 + 40} = 20(\Omega)$$

$$R_7 = \frac{R_5 R_1}{R_1 + R_5 + R_2} = \frac{10 \times 50}{50 + 10 + 40} = 5(\Omega)$$

$$R_8 = \frac{R_2 R_5}{R_1 + R_5 + R_2} = \frac{40 \times 10}{50 + 10 + 40} = 4(\Omega)$$

应用电阻串并联公式，可求得整个电路的等效电阻为

$$R = R_6 + (R_7 + R_3)//(R_8 + R_4) = 20 + (5 + 15)//(4 + 26) = 32(\Omega)$$

2.1.6　实际电源的两种模型及其等效变换

图 2-8(a) 和 (b) 分别为实际电压源和实际电流源的常用模型。当这两个电路端口处的电压电流关系相同时，就互为等效电路。下面推导这两个电路等效的条件。

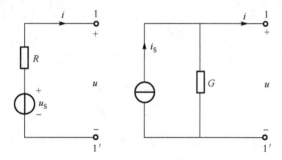

(a) 实际电压源的模型　　　　(b) 实际电流源的模型

图 2-8　实际电压源和实际电流源的模型

如图 2-8(a) 所示电路端口 1-1′ 处电压 u 与电流 i 的关系为

$$u = u_S - Ri \quad \text{或} \quad i = \frac{1}{R}u_S - \frac{1}{R}u \tag{2-13}$$

如图 2-8(b) 所示电路端口 1-1′ 处电压 u 与电流 i 的关系为

$$u = \frac{1}{G}i_S - \frac{1}{G}i \quad \text{或} \quad i = i_S - Gu \tag{2-14}$$

比较式 (2-13) 和式 (2-14) 可知，若两电路互为等效电路，则必须满足下列条件

$$\begin{cases} u_S = \dfrac{1}{G}i_S \\ R = \dfrac{1}{G} \end{cases} \tag{2-15a}$$

$$\begin{cases} i_S = \dfrac{1}{R}u_S \\ G = \dfrac{1}{R} \end{cases} \tag{2-15b}$$

式(2-15a)给出了将电流源模型转化为电压源模型的方法，式(2-15b)给出了将电压源模型转化为电流源模型的方法。

【例 2-4】 应用等效变换的方法，求图 2-9(a)所示电路中的电流 i。

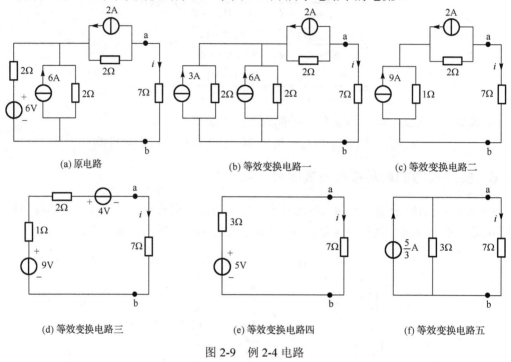

(a) 原电路   (b) 等效变换电路一   (c) 等效变换电路二

(d) 等效变换电路三   (e) 等效变换电路四   (f) 等效变换电路五

图 2-9 例 2-4 电路

解 不断对电路做等效变换，可有如下过程：图 2-9(a)→图 2-9(b)→图 2-9(c)→图 2-9(d)→图 2-9(e)或图 2-9(f)。由图 2-9(e)得

$$i = \frac{5}{3+7} = 0.5(\text{A})$$

或由图 2-9(f)得

$$i = \frac{5}{3} \times \frac{3}{3+7} = 0.5(\text{A})$$

对比图 2-9(a)、(e)可知，含有多个线性电阻元件和独立电源的二端局部电路，最终可用电压源和电阻的串联组合即实际电压源的模型表示，这也是后面将要论述的戴维南定理的内容。对比图 2-9(a)、(f)可知，含有多个线性电阻元件和独立电源的二端局部电路，最终可用电流源和电阻的并联组合即实际电流源的模型表示，这也是后面将要论述的诺顿定理的内容。

2.2 电路的一般分析方法

2.2.1 电路的支路约束和方程的独立性

1. 常见的三种支路形式及其约束

电路分析的主要内容是对已知(即给定)结构和元件参数的电路，求解出其中各元件

(支路)的电流、电压或功率。

求解电流、电压需建立描述电路的数学方程，方程建立的依据是拓扑约束和支路(或元件)约束。下面介绍三种常见的支路形式及其约束关系，具体如图 2-10 所示。

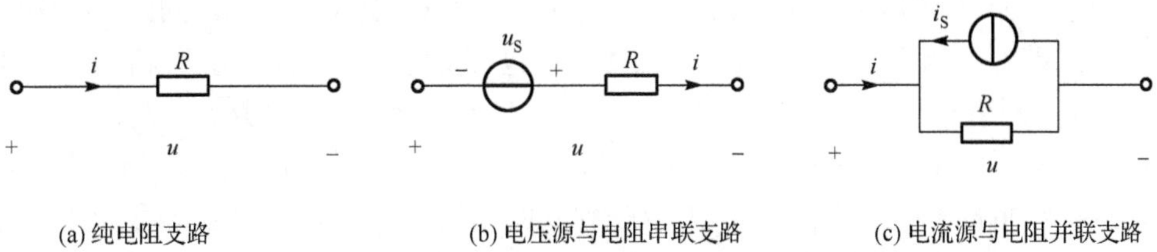

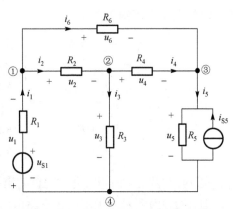

(a) 纯电阻支路　　　　　　(b) 电压源与电阻串联支路　　　　(c) 电流源与电阻并联支路

图 2-10　三种常见的支路形式及其约束关系

对图 2-10(a)所示的纯电阻支路，其电压电流的约束关系为

$$u = Ri \quad 或 \quad i = \frac{u}{R} \tag{2-16}$$

对图 2-10(b)所示的电压源与电阻串联支路，其电压电流的约束关系为

$$u = -u_S + Ri \quad 或 \quad i = (u + u_S)/R \tag{2-17}$$

对图 2-10(c)所示的电流源与电阻并联支路，其电压电流的约束关系为

$$u = R(i + i_S) \quad 或 \quad i = u/R - i_S \tag{2-18}$$

由式(2-16)~式(2-18)给出的约束关系可知，图 2-10 所示的三种支路若知道其电流，则电压就已知，反之亦然。

2. 独立拓扑约束

电路的方程是根据电路的支路(或元件)约束和拓扑约束列写出来的，但并非每一个节点的 KCL 方程和每一个回路的 KVL 方程均对电路求解有作用，起作用的是独立方程。

独立方程指不可能由其他同类方程通过组合的方式得到的方程，独立 KCL 方程或独立 KVL 方程中一定存在其他方程中所不包含的电流或电压。可以证明，对于具有 n 个节点，b 条支路的电路，其独立的 KCL 方程数为 $n-1$，独立的 KVL 方程数为 $b-(n-1)$。能够列写出独立 KCL 方程的节点称为独立节点，能够列写出独立 KVL 方程的回路称为独立回路。由此可知，电路的独立节点数比电路的全部节点数少 1，独立回路数为电路的全部支路数减去独立节点数。

独立节点的确定比较容易，去掉电路中的任意一个节点，剩下的 $n-1$ 个节点为独立节点。独立回路的确定要复杂一些，具体方法有三种：一是以电路中出现的自然孔即网孔作为独立回路；二是通过观察选定独立回路，需保证每个回路中均包含有其他回路所不包含的支路；三是系统法，此处不做详细介绍。

图 2-11 所示电路的节点数 $n=4$，支路数 $b=6$，故电路的独立节点数为 $n-1=3$，独立回路数为 $b-(n-1)=3$。

图 2-11　说明独立节点和独立回路的电路

对图 2-11 所示电路，去掉节点④，剩余的节点①、②、③为一组独立节点；去掉节点①，剩余的节点②、③、④为一组独立节点。该电路的独立节点组合总共有 4 种。

图 2-11 所示电路共有 7 个回路，分别是回路 l_1：包含支路 2、3、1（从水平支路开始，按顺时针绕行方向排列支路顺序，下同）。回路 l_2：包含支路 4、5、3。回路 l_3：包含支路 6、4、2。回路 l_4：包含支路 6、5、1。回路 l_5：包含支路 6、4、3、1。回路 l_6：包含支路 6、5、3、2。回路 l_7：包含支路 2、4、5、1。在 7 个回路当中，回路 l_1、l_2、l_3 是网孔。

图 2-11 所示电路有很多独立回路组，例如，三个网孔 l_1、l_2、l_3 是独立回路组，回路 l_1、l_2、l_4 是独立回路组，回路 l_1、l_4、l_7 也是独立回路组，还有其他的独立回路组。但是，回路 l_1、l_2、l_7 不是独立回路组，这是因为回路 l_1、l_2 的 KVL 方程分别为 $u_1 + u_2 + u_3 = 0$ 和 $-u_3 + u_4 + u_5 = 0$，将这两者相加，就得到了回路 l_7 的 KVL 方程 $u_1 + u_2 + u_4 + u_5 = 0$。

2.2.2　支路法

1. 2b 法

对于一个具有 b 条支路、n 个节点的电路，当支路电流和支路电压均为待求量时，未知量总计 $2b$ 个，求解需要建立 $2b$ 个方程，这就是 $2b$ 法名称的由来。

根据前面的论述可知，对于一个具有 b 条支路、n 个节点的电路，可列出的独立方程有 $n-1$ 个独立的 KCL 方程、$b-(n-1)$ 个独立的 KVL 方程、b 个支路的电压电流约束方程，由此即给出了 $2b$ 法方程。

对图 2-11 所示电路，选节点④为参考节点，对节点①、②、③建立 KCL 方程有

$$\begin{cases} -i_1 + i_2 + i_6 = 0 \\ -i_2 + i_3 + i_4 = 0 \\ -i_4 + i_5 - i_6 = 0 \end{cases} \tag{2-19}$$

由图 2-11 可见，各支路电压的参考方向与各支路电流一致，为关联方向。以网孔为回路并令回路绕行方向为顺时针，列 KVL 方程，有

$$\begin{cases} u_1 + u_2 + u_3 = 0 \\ -u_3 + u_4 + u_5 = 0 \\ -u_2 - u_4 + u_6 = 0 \end{cases} \tag{2-20}$$

各支路的电压电流约束关系为

$$\begin{cases} u_1 = -u_{S1} + R_1 i_1 \\ u_2 = R_2 i_2 \\ u_3 = R_3 i_3 \\ u_4 = R_4 i_4 \\ u_5 = R_5 i_5 + R_5 i_{S5} \\ u_6 = R_6 i_6 \end{cases} \text{或} \begin{cases} -R_1 i_1 + u_1 = -u_{S1} \\ -R_2 i_2 + u_2 = 0 \\ -R_3 i_3 + u_3 = 0 \\ -R_4 i_4 + u_4 = 0 \\ -R_5 i_5 + u_5 = R_5 i_{S5} \\ -R_6 i_6 + u_6 = 0 \end{cases} \text{或} \begin{cases} i_1 = (u_{S1} + u_1) / R_1 \\ i_2 = u_2 / R_2 \\ i_3 = u_3 / R_3 \\ i_4 = u_4 / R_4 \\ i_5 = u_5 / R_5 - i_{S5} \\ i_6 = u_6 / R_6 \end{cases} \tag{2-21}$$

将式 (2-19) 和式 (2-20) 以及式 (2-21) 的第二种形式三者合并，共 12 个方程，此即 $2b$ 法方程，如式 (2-22) 所示，求解得各支路电压和支路电流。

$$
\begin{bmatrix}
-1 & 1 & 0 & 0 & 0 & 1 & 0 & 0 & 0 & 0 & 0 & 0 \\
0 & -1 & 1 & 1 & 0 & 0 & 0 & 0 & 0 & 0 & 0 & 0 \\
0 & 0 & 0 & -1 & 1 & -1 & 0 & 0 & 0 & 0 & 0 & 0 \\
0 & 0 & 0 & 0 & 0 & 0 & 1 & 1 & 1 & 0 & 0 & 0 \\
0 & 0 & 0 & 0 & 0 & 0 & 0 & 0 & -1 & 1 & 1 & 0 \\
0 & 0 & 0 & 0 & 0 & 0 & -1 & 0 & -1 & 0 & 1 \\
-R_1 & 0 & 0 & 0 & 0 & 0 & 1 & 0 & 0 & 0 & 0 & 0 \\
0 & -R_2 & 0 & 0 & 0 & 0 & 0 & 1 & 0 & 0 & 0 & 0 \\
0 & 0 & -R_3 & 0 & 0 & 0 & 0 & 0 & 1 & 0 & 0 & 0 \\
0 & 0 & 0 & -R_4 & 0 & 0 & 0 & 0 & 0 & 1 & 0 & 0 \\
0 & 0 & 0 & 0 & -R_5 & 0 & 0 & 0 & 0 & 0 & 1 & 0 \\
0 & 0 & 0 & 0 & 0 & -R_6 & 0 & 0 & 0 & 0 & 0 & 1
\end{bmatrix}
\begin{bmatrix}
i_1 \\ i_2 \\ i_3 \\ i_4 \\ i_5 \\ i_6 \\ u_1 \\ u_2 \\ u_3 \\ u_4 \\ u_5 \\ u_6
\end{bmatrix}
=
\begin{bmatrix}
0 \\ 0 \\ 0 \\ 0 \\ 0 \\ 0 \\ -u_{S1} \\ 0 \\ 0 \\ 0 \\ R_5 i_{S5} \\ 0
\end{bmatrix}
\tag{2-22}
$$

$2b$ 法的突出优点是方程列写简单，并直观地给出了这样一个道理：模型电路分析方法本质上建立在全部独立拓扑约束和全部元件约束(可不包括虚元件)基础上。

虚元件是指对电路所分析的问题不起作用的元件。如电阻与电流源串联时，或电阻与电压源并联时，对外电路而言，电阻就是虚元件，因为无论电阻存在与否或参数是否变化，对外电路均无影响。

列写电路方程时，一定要将全部独立拓扑约束和全部元件约束反映出来，如果有独立拓扑约束或元件约束未在方程中反映出来，便不可能得到电路的解。从信息论的角度看问题，方程若能解，所列方程一定反映了电路的全部信息。若没有把电路的全部信息反映出来，就无法得到电路的解。

$2b$ 法因方程数量多，求解比较麻烦，故在手工运算中很少采用。但从电路理论的角度看，$2b$ 法是最有价值的方法，因为后续的各种分析方法，实质上都是由 $2b$ 法演化而来的。

2. 支路电流法

支路电流法是以支路电流作为待求量建立方程求解电路的方法。方程数量为 b，由 $n-1$ 个独立的 KCL 方程、$b-(n-1)$ 个独立的 KVL 方程构成，b 个支路(元件)约束在 KVL 方程中隐含体现。下面仍以图 2-11 所示电路为例加以说明。

把式(2-21)的第一种形式代入式(2-20)所示的 KVL 方程中，可得

$$
\begin{cases}
-u_{S1} + R_1 i_1 + R_2 i_2 + R_3 i_3 = 0 \\
-R_3 i_3 + R_4 i_4 + R_5 i_5 + R_5 i_{S5} = 0 \\
-R_2 i_2 - R_4 i_4 + R_6 i_6 = 0
\end{cases}
\tag{2-23}
$$

整理式(2-23)，然后与式(2-19)结合，此即支路电流法方程，方程共计 6 个。求解这 6 个方程，即可求出各支路电流，然后通过式(2-21)的第一种形式，就可求出各支路电压。

用支路电流法列方程时，为简化列写步骤，式(2-23)可直接写出。

【例 2-5】　列出图 2-12 所示电路的支路电流法方程。

解　图 2-12 所示电路共有两个节点，独立节点数为 $2-1=1$。按流出节点的支路电流前面取"+"、流入节点的支路电流前面取"−"的方法对节点①列 KCL 方程，可得

$$-i_1 + i_2 + i_3 = 0$$

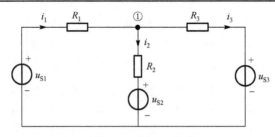

图 2-12　例 2-5 电路

图 2-12 所示电路有两个网孔，按顺时针方向对两个网孔列 KVL 方程(列方程时将元件约束带入)，可得

$$-u_{S1} + R_1 i_1 + R_2 i_2 + u_{S2} = 0$$
$$-u_{S2} - R_2 i_2 + R_3 i_3 + u_{S3} = 0$$

整理后有

$$R_1 i_1 + R_2 i_2 = u_{S1} - u_{S2}$$
$$-R_2 i_2 + R_3 i_3 = u_{S2} - u_{S3}$$

将前面的 KCL 方程与整理后的 KVL 方程结合，即支路电流法方程。

2.2.3　回路电流法

回路电流是一种假想的沿着回路流动的电流。以回路电流作为待求量建立方程求解电路的方法，称为回路电流法，简称为回路法。回路电流法由支路电流法演化而来，方程数量为 $b-(n-1)$，较支路电流法方程数量少。

当选网孔作为独立回路时，回路电流法就可称为网孔电流法，简称网孔法。

全部独立回路(网孔)电流是一组独立完备的电路变量。独立是指这些变量之间不能相互表示；完备是指这些变量能提供解决问题的充分信息。

求得回路(网孔)电流后，利用支路电流与回路(网孔)电流的关系，可得到各支路电流；再利用支路电压与支路电流的关系，就可得到各支路电压。

对图 2-13 所示电路，可列出如下支路电流法方程：

$$\begin{cases} -u_{S1} + R_1 i_1 + R_2 i_2 + u_{S2} = 0 \\ -u_{S2} - R_2 i_2 + R_3 i_3 + u_{S3} = 0 \\ -i_1 + i_2 + i_3 = 0 \end{cases} \tag{2-24}$$

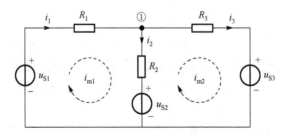

图 2-13　说明网孔电流法的电路

对图 2-13 所示电路，独立回路选为网孔。设回路(网孔)电流为 i_{m1}、i_{m2}，参考方向均

为顺时针，因 R_1 与 u_{S1} 串联支路中只有回路(网孔)电流 i_{m1} 流过，且 i_{m1} 与支路电流 i_1 方向一致，故有 $i_1 = i_{m1}$，同理有 $i_3 = i_{m2}$。由式(2-24)中的 KCL 方程可知 $i_2 = i_1 - i_3 = i_{m1} - i_{m2}$，可见支路电流与回路(网孔)电流的关系中包含了 KCL。

将支路电流与回路(网孔)电流的关系式代入式(2-23)中的前两式，可得

$$\begin{cases} -u_{S1} + R_1 i_{m1} + R_2 (i_{m1} - i_{m2}) + u_{S2} = 0 \\ -u_{S2} - R_2 (i_{m1} - i_{m2}) + R_3 i_{m2} + u_{S3} = 0 \end{cases} \tag{2-25}$$

整理以上方程有

$$\begin{cases} (R_1 + R_2) i_{m1} - R_2 i_{m2} = u_{S1} - u_{S2} \\ -R_2 i_{m1} + (R_2 + R_3) i_{m2} = u_{S2} - u_{S3} \end{cases} \tag{2-26}$$

式(2-26)即为图 2-13 所示电路的网孔电流方程。

式(2-26)可写为一般形式

$$\begin{cases} R_{11} i_{m1} + R_{12} i_{m2} = u_{S11} \\ R_{21} i_{m1} + R_{22} i_{m2} = u_{S22} \end{cases} \tag{2-27}$$

式中，R_{11} 和 R_{22} 称为网孔的自电阻，简称自阻，分别是网孔 1 和网孔 2 中所有电阻之和，即 $R_{11} = R_1 + R_2$，$R_{22} = R_2 + R_3$；R_{12} 和 R_{21} 称为互电阻，简称互阻，表示网孔 1 和网孔 2 共有的电阻，有 $R_{12} = R_{21} = -R_2$，这里 R_2 前的负号是因为两个网孔电流流过该电阻时参考方向相反造成的，若相同，则为正号；u_{S11}、u_{S22} 分别是网孔 1 和网孔 2 中所有电压源电压的代数和，电压源方向与网孔绕行方向一致时前面加 " – " 号，否则加 "+" 号，故有 $u_{S11} = u_{S1} - u_{S2}$，$u_{S22} = u_{S2} - u_{S3}$。

对具有 k 个回路的平面电路，回路电流方程的一般形式可由式(2-27)推广而得，即

$$\begin{cases} R_{11} i_{m1} + R_{12} i_{m2} + R_{13} i_{m3} + \cdots + R_{1k} i_{mk} = u_{S11} \\ R_{21} i_{m1} + R_{22} i_{m2} + R_{23} i_{m3} + \cdots + R_{2k} i_{mk} = u_{S22} \\ \qquad\qquad\qquad\qquad \vdots \\ R_{k1} i_{m1} + R_{k2} i_{m2} + R_{k3} i_{m3} + \cdots + R_{kk} i_{mk} = u_{Skk} \end{cases} \tag{2-28}$$

式中，下标相同的自电阻 R_{ii} $(i = 1, 2, \cdots, k)$ 由回路 i 中存在的全部电阻直接相加得到；下标不同的互电阻 R_{ij} $(i \neq j)$ 由回路 i 与回路 j 共有的电阻组成，其值可以是负值(两回路电流流过共有电阻时参考方向相反)，也可以是正值(两回路电流流过共有电阻时参考方向相同)，或是零(两回路之间没有共有电阻或共有支路)，对一般电路存在 $R_{ij} = R_{ji}$ 的关系；u_{Sii} 是回路 i 内所有电压源(包括由电流源与电阻并联支路等效变换成电压源与电阻串联支路中的电压源)电压的代数和，求和时，当一个电压源参考方向与回路绕行方向一致时该电压源前面加 " – " 号，否则加 "+" 号。

【例 2-6】 对图 2-14 所示电路，根据选定的独立回路列出对应的回路电流方程。

解 按回路电流方程的一般规律，可直接写出回路电流方程为

$$\begin{cases} (R_1 + R_3 + R_5 + R_4) I_{l1} + (R_5 + R_4) I_{l2} - (R_3 + R_5) I_{l3} = -u_{S1} + u_{S5} \\ (R_5 + R_4) I_{l1} + (R_2 + R_5 + R_4) I_{l2} - R_5 I_{l3} = u_{S5} \\ -(R_3 + R_5) I_{l1} - R_5 I_{l2} + (R_3 + R_6 + R_5) I_{l3} = -u_{S5} \end{cases}$$

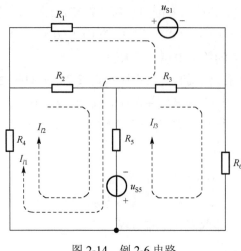

图 2-14　例 2-6 电路

也可针对每个元件建立起元件电压与回路电流的关系，然后根据 KVL 直接列出如下方程：

$$\begin{cases} R_1 I_{l1} + u_{S1} + R_3(I_{l1} - I_{l3}) + R_5(I_{l1} + I_{l2} - I_{l3}) - u_{S5} + R_4(I_{l1} + I_{l2}) = 0 \\ R_2 I_{l2} + R_5(I_{l1} + I_{l2} - I_{l3}) - u_{S5} + R_4(I_{l1} + I_{l2}) = 0 \\ R_3(I_{l3} - I_{l1}) + R_6 I_{l3} + u_{S5} + R_5(I_{l3} - I_{l1} - I_{l2}) = 0 \end{cases}$$

整理方程，可得一般形式回路电流方程。

先根据 KVL 直接列方程，然后再将其整理成一般形式，这种做法便于检查，不易出错，比较适合初学者。

2.2.4　节点电压法

对具有 n 个节点的电路，选一个节点为参考节点，其余的 $n-1$ 个节点为独立节点，独立节点对参考节点的电压称为节点电压。参考节点的电位往往设为零，此时节点电压就等于节点电位，故节点电压往往也称为节点电位。

全部节点电压是一组独立完备的电路变量。

节点电压法是以节点电压为待求量建立方程求解电路的方法，简称为节点法。求得节点电压后，利用支路电压与节点电压的关系，可得到各支路电压；再利用支路电流与支路电压的关系，就可得到各支路电流。

为叙述方便起见，在这里重画图 2-11，如图 2-15 所示。设节点④为参考节点，节点①、节点②、节点③的电压分别为 u_{n1}、u_{n2}、u_{n3}。

由图 2-15 可见，支路 1、支路 3、支路 5 的电压与节点电压的关系为 $u_1 = -u_{n1}$、$u_3 = u_{n2}$、$u_5 = u_{n3}$，根据三个网孔的 KVL 方程，可知支路 2、支路 4、支路 6 的电压与节点电压的关系为 $u_2 = -u_1 - u_3 = u_{n1} - u_{n2}$、$u_4 = u_3 - u_5 = u_{n2} - u_{n3}$、$u_6 = -u_1 - u_5 = u_{n1} - u_{n3}$。可见，支路电压与节点电压的关系中隐含体现了 KVL。

对节点①、节点②、节点③建立 KCL 方程并用节点电压表示支路电压有

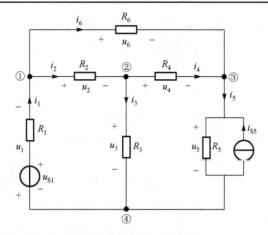

图 2-15 说明节点电压法的电路

$$\begin{cases} -i_1+i_2+i_6=-\dfrac{u_1+u_{S1}}{R_1}+\dfrac{u_2}{R_2}+\dfrac{u_6}{R_6}=-\dfrac{-u_{n1}+u_{S1}}{R_1}+\dfrac{u_{n1}-u_{n2}}{R_2}+\dfrac{u_{n1}-u_{n3}}{R_6}=0 \\[2mm] -i_2+i_3+i_4=-\dfrac{u_2}{R_2}+\dfrac{u_3}{R_3}+\dfrac{u_4}{R_4}=-\dfrac{u_{n1}-u_{n2}}{R_2}+\dfrac{u_{n2}}{R_3}+\dfrac{u_{n2}-u_{n3}}{R_4}=0 \\[2mm] -i_4+i_5-i_6=-\dfrac{u_4}{R_4}+\left(\dfrac{u_5}{R_5}-i_{S5}\right)-\dfrac{u_6}{R_6}=-\dfrac{u_{n2}-u_{n3}}{R_4}+\left(\dfrac{u_{n3}}{R_5}-i_{S5}\right)-\dfrac{u_{n1}-u_{n3}}{R_6}=0 \end{cases} \quad (2\text{-}29)$$

整理式(2-29)中包含节点电压内容的等式，可得

$$\begin{cases} \left(\dfrac{1}{R_1}+\dfrac{1}{R_2}+\dfrac{1}{R_6}\right)u_{n1}-\dfrac{1}{R_2}u_{n2}-\dfrac{1}{R_6}u_{n3}=\dfrac{u_{S1}}{R_1} \\[3mm] -\dfrac{1}{R_2}u_{n1}+\left(\dfrac{1}{R_2}+\dfrac{1}{R_3}+\dfrac{1}{R_4}\right)u_{n2}-\dfrac{1}{R_4}u_{n3}=0 \\[3mm] -\dfrac{1}{R_6}u_{n1}-\dfrac{1}{R_4}u_{n2}+\left(\dfrac{1}{R_4}+\dfrac{1}{R_5}+\dfrac{1}{R_6}\right)u_{n3}=i_{S5} \end{cases} \quad (2\text{-}30)$$

此即标准形式的节点电压方程。

将式(2-30)中所有电阻的倒数用电导表示，则方程变为

$$\begin{cases} (G_1+G_2+G_6)u_{n1}-G_2u_{n2}-G_6u_{n3}=G_1u_{S1} \\ -G_2u_{n1}+(G_2+G_3+G_4)u_{n2}-G_4u_{n2}=0 \\ -G_6u_{n1}-G_4u_{n2}+(G_4+G_5+G_6)u_{n3}=i_{S5} \end{cases} \quad (2\text{-}31)$$

可将式(2-31)写成如下形式：

$$\begin{cases} G_{11}u_{n1}+G_{12}u_{n2}+G_{13}u_{n3}=i_{S11} \\ G_{21}u_{n1}+G_{22}u_{n2}+G_{23}u_{n3}=i_{S22} \\ G_{31}u_{n1}+G_{32}u_{n2}+G_{33}u_{n3}=i_{S23} \end{cases} \quad (2\text{-}32)$$

式中，$G_{11}=G_1+G_2+G_6$，$G_{22}=G_2+G_3+G_4$，$G_{33}=G_4+G_5+G_6$，它们分别是节点①、节点②、节点③相连的所有电导之和，称为自电导，简称自导。$G_{ij}(i\neq j)$ 是节点 i 与节点 j 之间相连的所有电导之和的负值，称为互电导，简称互导；并且 $G_{12}=G_{21}=-G_2$，

$G_{13} = G_{31} = -G_6$，$G_{23} = G_{32} = -G_4$。i_{S11}、i_{S22}、i_{S33} 分别是节点①、节点②、节点③所连的所有电流源电流的代数和，并有 $i_{S11} = G_1 u_{S1}$、$i_{S22} = 0$、$i_{S33} = i_{S5}$。

可将式(2-32)推广到一般情况。即对于具有 k 个节点的电路，节点电压法方程的一般形式为

$$\begin{cases} G_{11}u_{n1} + G_{12}u_{n2} + G_{13}u_{n3} + \cdots + G_{1(k-1)}u_{n(k-1)} = i_{S11} \\ G_{21}u_{n1} + G_{22}u_{n2} + G_{23}u_{n3} + \cdots + G_{2(k-1)}u_{n(k-1)} = i_{S22} \\ \qquad\qquad\qquad\qquad \vdots \\ G_{(k-1)1}u_{n1} + G_{(k-1)2}u_{n2} + G_{(k-1)3}u_{n3} + \cdots + G_{(k-1)(k-1)}u_{n(k-1)} = i_{S(k-1)(k-1)} \end{cases} \qquad (2\text{-}33)$$

式中，G_{ii} $(i=1,2,\cdots,k-1)$ 为自电导，它由与节点 i 相连的所有电导相加构成，总为正；G_{ij} $(i \neq j)$ 为互电导，它由节点 i 与节点 j 之间相连的所有电导相加并取负构成，总为负，对一般电路存在 $G_{ij}=G_{ji}$ 的关系；i_{Sii} 为与节点 i 相连的所有电流源(包括由电压源与电阻串联支路等效变换成电流源与电阻并联支路中的电流源)电流的代数和，求和时，若某一电流源电流的参考方向指向节点，该电流源前面取"+"，否则取"−"。

【例2-7】 列出如图2-16所示电路的节点电压方程。

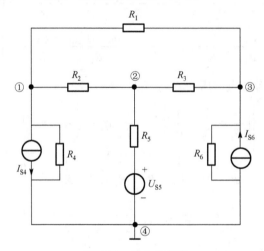

图 2-16 例 2-7 电路

解 选取节点④为参考点，把电压源与电阻串联支路做等效变换转换成电流源与电阻并联支路，依节点电压方程呈现的规律，可列出节点电压方程为

$$\left(\frac{1}{R_1} + \frac{1}{R_2} + \frac{1}{R_4} \right)U_{n1} - \frac{1}{R_2} \times U_{n2} - \frac{1}{R_1} \times U_{n3} = -I_{S4}$$

$$-\frac{1}{R_2} \times U_{n1} + \left(\frac{1}{R_2} + \frac{1}{R_3} + \frac{1}{R_5} \right)U_{n2} - \frac{1}{R_3} \times U_{n3} = \frac{U_{S5}}{R_5}$$

$$-\frac{1}{R_1} \times U_{n1} - \frac{1}{R_3} \times U_{n2} + \left(\frac{1}{R_1} + \frac{1}{R_3} + \frac{1}{R_6} \right)U_{n3} = I_{S6}$$

以上标准形式的节点电压方程实际是根据 KCL 直接列出的方程整理得到的。

$$\left(I_{S4} + \frac{U_{n1}}{R_4} \right) + \frac{U_{n1} - U_{n2}}{R_2} + \frac{U_{n1} - U_{n3}}{R_1} = 0$$

$$-\frac{U_{n1}-U_{n2}}{R_2}+\frac{U_{n2}-U_{S5}}{R_5}+\frac{U_{n2}-U_{n3}}{R_3}=0$$

$$-\frac{U_{n1}-U_{n3}}{R_1}-\frac{U_{n2}-U_{n3}}{R_3}+\left(\frac{U_{n3}}{R_6}-I_{S6}\right)=0$$

根据 KCL 首先直接列出方程，然后整理得到标准形式的节点电压方程，这种做法便于检查，不易出错，对初学者比较适用。

2.3　电　路　定　理

2.3.1　叠加定理与齐性定理

除电源以外，若电路中的其他元件均为线性元件，这样的电路称为线性电路；若其他元件中包含非线性元件，这样的电路称为非线性电路。

线性电路最基本的性质是叠加性，叠加定理是这一性质的概括与体现。该定理的内容可表述为：任何一个具有唯一解的线性电路，在含有多个独立源的情况下，电路中任何支路上的电压或电流等于各个独立源单独作用时在该支路中产生的电压或电流的代数和。

叠加定理可证明如下。

对一个具有 b 条支路、$n+1$ 个节点的电路，独立节点数为 n。记 n 个独立节点电压为 $u_{nk}(k=1,2,\cdots,n)$，用节点电压法建立的方程为

$$\begin{cases} G_{11}u_{n1}+G_{12}u_{n2}+\cdots+G_{1k}u_{nk}+\cdots+G_{1n}u_{nn}=i_{S11} \\ G_{21}u_{n1}+G_{22}u_{n2}+\cdots+G_{2k}u_{nk}+\cdots+G_{2n}u_{nn}=i_{S22} \\ \qquad\qquad\qquad\vdots \\ G_{k1}u_{n1}+G_{k2}u_{n2}+\cdots+G_{kk}u_{nk}+\cdots+G_{kn}u_{nn}=i_{Skk} \\ \qquad\qquad\qquad\vdots \\ G_{m1}u_{n1}+G_{n2}u_{n2}+\cdots+G_{nk}u_{nk}+\cdots+G_{nn}u_{nn}=i_{Snn} \end{cases} \tag{2-34}$$

用线性代数的方法，可解出各节点的电压为

$$u_{nk}=\frac{\Delta_{1k}}{\Delta}i_{S11}+\frac{\Delta_{2k}}{\Delta}i_{S22}+\cdots+\frac{\Delta_{kk}}{\Delta}i_{Skk}+\cdots+\frac{\Delta_{nk}}{\Delta}i_{Snn},\qquad k=1,2,\cdots,n \tag{2-35}$$

式中，Δ 为节点电压方程的系数行列式，$\Delta_{jk}(j=1,2,\cdots,n;k=1,2,\cdots,n)$ 为 Δ 的第 j 行、第 k 列的余子式，对于线性电路，它们均为常数。由于 $i_{S11},i_{S22},\cdots,i_{Skk},\cdots,i_{Snn}$ 都是电路中独立源的线性组合，故任何一个节点电压都是电路中独立源的线性组合。由于节点电压是一组独立电路变量，电路中任何支路的电压、电流均可由节点电压的组合求出，即当电路中有 g 个电压源和 h 个电流源时，任一支路的电压 $u_f(f=1,2,\cdots,b)$ 和支路的电流 $i_f(f=1,2,\cdots,b)$ 都可写为

$$u_f=K_{f1}u_{S1}+K_{f2}u_{S2}+\cdots+K_{fg}u_{Sg}+k_{f1}i_{S1}+k_{f2}i_{S2}+\cdots+k_{fh}i_{Sh}$$

$$=\sum_{m=1}^{g}K_{fm}u_{Sm}+\sum_{m=1}^{h}k_{fm}i_{Sm},\qquad f=1,2,\cdots,b \tag{2-36}$$

$$i_f = K'_{f1}u_{S1} + K'_{f2}u_{S2} + \cdots + K'_{fg}u_{Sg} + k'_{f1}i_{S1} + k'_{f2}i_{S2} + \cdots + k'_{fh}i_{Sh}$$

$$= \sum_{m=1}^{g} K'_{fm}u_{Sm} + \sum_{m=1}^{h} k'_{fm}i_{Sm}, \qquad f = 1, 2, \cdots, b \tag{2-37}$$

可见，任何支路上的电压、电流均是独立源的线性组合，等于电路中各个独立源单独作用时在该支路中产生的电压或电流的代数和。

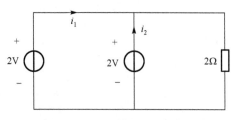

图 2-17　不具有唯一解的电路

以上的证明过程是在式 (2-34) 所示方程的系数行列式 $\Delta \neq 0$ 的条件下得到的，这时，方程的解 (节点电压) 存在且唯一，这说明叠加定理需在电路具有唯一解的条件下应用。如图 2-17 所示电路，求电流 i_1 和 i_2 时，叠加定理就不可应用，因为虽然 $i_1 + i_2 = 2/2 = 1\text{A}$，但 i_1 和 i_2 具体为何值无法确定，电路不具有唯一解。后面涉及叠加定理时，讨论的线性电路均指具有唯一解的线性电路。

应用叠加定理涉及独立源单独作用，此时，需将其他独立源置零。将电压源置零，即令 $u_S = 0$，做法是将其短路；将电流源置零，即令 $i_S = 0$，做法是将其断路。这可通过图 2-18 加以说明。

图 2-18(a) 所示是直流电压源的特性曲线，令 $U_S = 0$，可得图 2-18(b)，对应于短路的电压电流关系。因此，将电压源置零，对应于将其短路。图 2-18(c) 是直流电流源的特性曲线，令 $I_S = 0$，可得图 2-18(d)，对应于断路的电压电流关系。因此，将电流源置零，对应于将其断路。

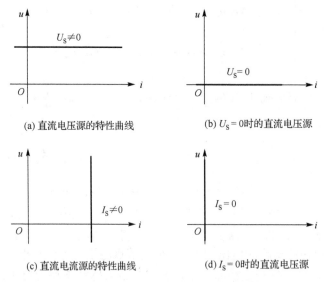

(a) 直流电压源的特性曲线　　　　　　(b) $U_S = 0$ 时的直流电压源

(c) 直流电流源的特性曲线　　　　　　(d) $I_S = 0$ 时的直流电压源

图 2-18　独立电源置零时对应的情况

应用叠加定理时要注意以下三点：①不能用于非线性电路。②只适用于计算线性电路的电压、电流，不适用于计算功率。③受控源不能单独作用，即独立源单独作用时，受控源应保留在电路中。受控源将在 2.5 节中介绍。

叠加定理可分组应用。若电路中存在多个独立源，可将独立源分组，分别计算每一组独立源产生的电压电流，然后将各组结果叠加，可得最终结果。

【例 2-8】　在图 2-19(a) 所示电路中，$U_S = 5V$、$I_S = 6A$、$R_1 = 2\Omega$、$R_2 = 3\Omega$、$R_3 = 1\Omega$、$R_4 = 4\Omega$，用叠加定理求 R_4 所在支路的电压 U。

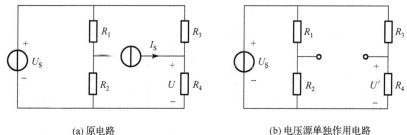

(a) 原电路　　　　　　　　　　　　　　(b) 电压源单独作用电路

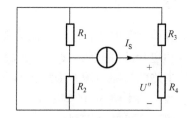

(c) 电流源单独作用电路

图 2-19　例 2-8 电路

解　(1) 当 5V 电压源单独作用时，将电流源开路，见图 2-19(b)。此时 4Ω 电阻上的电压用 U' 表示。应用分压公式可求得

$$U' = \frac{R_4}{R_3 + R_4} \times U_S = \frac{4}{1+4} \times 5 = 4(V)$$

(2) 当 6A 电流源单独作用时，将电压源短路。见图 2-19(c)，这时 4Ω 电阻上的电压 U'' 可利用分流公式和电阻的元件约束求得，即

$$U'' = \frac{R_3}{R_3 + R_4} \times I_S \times R_4 = \frac{1}{1+4} \times 6 \times 4 = 4.8(V)$$

(3) 当 5V 电压源与 6A 电流源共同作用时，则

$$U = U' + U'' = 4 + 4.8 = 8.8(V)$$

可见，应用叠加定理，可以把复杂电路转换成相对简单的电路，并通过串联、并联和分流、分压的方式来进行处理。

与叠加定理密切相关的是齐性定理，其内容是线性电路中，当所有独立源都同时增加或缩小 K 倍时，各支路上的电压和电流也将同样增大或缩小 K 倍；若电路中只有一个独立源，则各支路电压和电流与该独立源成正比。

齐性定理的证明可通过类似于叠加定理的证明过程完成，也可利用叠加定理来加以证明。

2.3.2　戴维南定理和诺顿定理

戴维南定理的内容是任何一个含有独立源的线性二端电阻性电路 N_S（图 2-20(a)），对

外部电路而言，可以用一个理想电压源和电阻的串联组合来等效替代(图 2-20(b))。该串联组合中理想电压源的电压等于原二端电路的开路电压 u_{oc} (图 2-20(c))，电阻等于将原二端电路内所有独立源置零后得到的无独立源二端电路 N_o 的等效电阻 R_{eq} (图 2-20(d))。

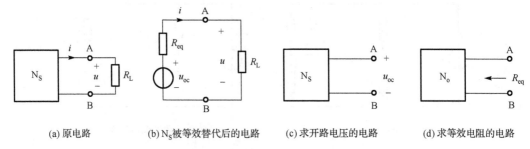

(a) 原电路　　　(b) N_S 被等效替代后的电路　　　(c) 求开路电压的电路　　　(d) 求等效电阻的电路

图 2-20　说明戴维南定理的电路

　　诺顿定理的内容是任何一个含独立源的线性二端电阻电路 N_S (图 2-21(a))，对外部电路而言，可以用一个理想电流源和电导的并联组合来等效代替(图 2-21(b))。该并联组合中理想电流源的电流等于原二端电路的短路电流 i_{sc} (图 2-21(c))，电导等于原二端电路内所有独立源置零后得到的无独立源二端电路 N_o 的等效电导 G_{eq} (图 2-21(d))。

　　戴维南定理和诺顿定理的证明可参见其他资料。

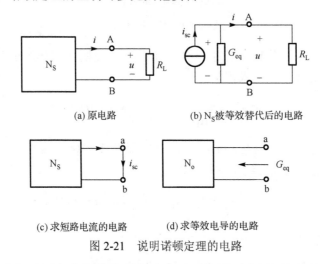

(a) 原电路　　　　　　　(b) N_S 被等效替代后的电路

(c) 求短路电流的电路　　　(d) 求等效电导的电路

图 2-21　说明诺顿定理的电路

　　前面已讨论过电压源和电阻的串联组合与电流源和电导的并联组合之间的等效变换关系。应用该关系，可将包含独立源的线性二端电路的戴维南等效电路转换为诺顿等效电路。戴维南等效电路和诺顿等效电路与实际电源的两种模型相同，因此，戴维南定理和诺顿定理也被合称为等效电源定理。

　　戴维南定理和诺顿定理只适用于线性二端电路，不能适用于非线性电路。戴维南定理和诺顿定理中的等效电阻(等效电导)可通过等效变换法求得，或利用开路电压短路电流法等方法求得。

　　开路电压短路电流法就是按图 2-20(c)所示的电路求得开路电压 u_{oc} 以后，再由图 2-21(c)所示电路求得短路电流 i_{sc}，由此求得二端电路的等效电阻 $R_{eq} = u_{oc} / i_{sc}$ 或等效电导 $G_{eq} = i_{sc} / u_{oc}$。

【例 2-9】 在图 2-22(a)所示电路中，电流源 $I_{S1} = 1A$，电压源 $U_{S2} = 10V$，$R_1 = R_2 = 2\Omega$，负载电阻 $R_L = 20\Omega$。(1)用戴维南定理求负载电流 I_L；(2)用诺顿定理求负载电流 I_L。

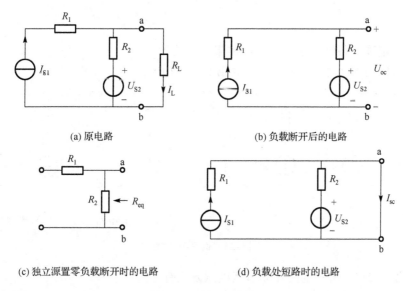

(a) 原电路　　　　　　　　　　　　(b) 负载断开后的电路

(c) 独立源置零负载断开时的电路　　　　　(d) 负载处短路时的电路

图 2-22　例 2-9 电路

解　(1)用戴维南定理求负载电流 I_L。

令负载 R_L 断开，可得图 2-22(b)所示电路。注意，电路中的 R_1 与电流源串联，其存在与否对所求问题没有影响，为虚元件。由此可求得开路电压为

$$U_{oc} = U_{S2} + I_{S1}R_2 = 10 + 1 \times 2 = 12(V)$$

将图 2-22(b)电路中的独立源置零，可得图 2-22(c)的电路，由此可得戴维南等效电阻为

$$R_{eq} = R_2 = 2\Omega$$

由戴维南等效电路可求得负载电流为

$$I_L = \frac{U_{oc}}{R_{eq} + R_L} = \frac{12}{2 + 20} = 0.545(A)$$

(2)用诺顿定理求负载电流 I_L。

令负载 R_L 短路，可得图 2-22(d)，由此可求得短路电流为

$$I_{sc} = I_{S1} + \frac{U_{S2}}{R_2} = 1 + \frac{10}{2} = 6(A)$$

由图 2-22(c)可得诺顿电路的等效电导为

$$G_{eq} = \frac{1}{R_{eq}} = \frac{1}{R_2} = \frac{1}{2} = 0.5(S)$$

利用分流公式，由诺顿等效电路可求得负载电流为

$$I_{\mathrm{L}} = \frac{\dfrac{1}{R_{\mathrm{L}}}}{G_{\mathrm{eq}} + \dfrac{1}{R_{\mathrm{L}}}} I_{\mathrm{sc}} = \frac{1}{R_{\mathrm{L}} G_{\mathrm{eq}} + 1} I_{\mathrm{sc}} = \frac{1}{20 \times \dfrac{1}{2} + 1} \times 6 = 0.545(\mathrm{A})$$

可见，用诺顿定理和戴维南定理求得的结果是一致的。

【例 2-10】　求图 2-23（a）所示电路的最简等效电路。

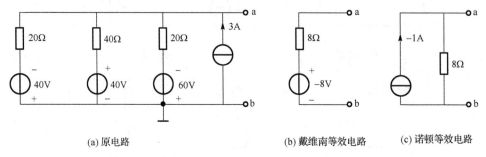

(a) 原电路　　　　　　　　　　　　　(b) 戴维南等效电路　　　　(c) 诺顿等效电路

图 2-23　例 2-10 电路

解　对图 2-23（a）所示电路建立节点电压方程有

$$\left(\frac{1}{20} + \frac{1}{40} - \frac{1}{20} \right) U_{\mathrm{ab}} = -\frac{40}{20} + \frac{40}{40} - \frac{60}{20} + 3$$

解得 $U_{\mathrm{ab}} = -8\mathrm{V}$，所以开路电压为 $U_{\mathrm{oc}} = U_{\mathrm{ab}} = -8\mathrm{V}$。

将此电路内部所有独立源置零，所得电路为三个电阻并联，可求得等效电阻为

$$R_{\mathrm{eq}} = 20 // 40 // 20 = 8(\Omega)$$

于是，可得戴维南等效电路如图 2-23（b）所示。设端口处短路电流 I_{sc} 的参考方向由上至下，可得短路电流为

$$I_{\mathrm{sc}} = \frac{U_{\mathrm{oc}}}{R_{\mathrm{eq}}} = \frac{-8}{8} = -1(\mathrm{A})$$

所以，可得诺顿等效电路如图 2-23（c）所示。

2.3.3　最大功率传输定理

工程中经常要讨论当一个可变负载接入电路中时，在什么条件下负载能够获得最大功率的问题。

设负载 R_{L} 接入后的电路如图 2-24 所示，则负载功率为

$$P_{\mathrm{L}} = i^2 R_{\mathrm{L}} = \left(\frac{u_{\mathrm{S}}}{R_{\mathrm{S}} + R_{\mathrm{L}}} \right)^2 R_{\mathrm{L}} \tag{2-38}$$

若 R_{L} 发生变化，则 P_{L} 随 R_{L} 而变，当 $\dfrac{\mathrm{d}P_{\mathrm{L}}}{\mathrm{d}R_{\mathrm{L}}} = 0$ 时，P_{L} 对应有最大值，即

$$\frac{\mathrm{d}P_{\mathrm{L}}}{\mathrm{d}R_{\mathrm{L}}} = \frac{(R_{\mathrm{S}} + R_{\mathrm{L}})^2 - 2(R_{\mathrm{S}} + R_{\mathrm{L}})R_{\mathrm{L}}}{(R_{\mathrm{S}} + R_{\mathrm{L}})^4} u_{\mathrm{S}}^2 = \frac{R_{\mathrm{S}} - R_{\mathrm{L}}}{(R_{\mathrm{S}} + R_{\mathrm{L}})^3} u_{\mathrm{S}}^2 = 0 \tag{2-39}$$

因此，当 $R_{\mathrm{L}} = R_{\mathrm{S}}$ 时，P_{L} 取得最大值。由式（2-38）可知，P_{L} 的极大值为

$$P_{L\max} = \frac{u_S^2}{4R_S} \tag{2-40}$$

总结以上内容，可得最大功率传输定理为含独立源线性二端电阻电路，若其开路电压为 u_{oc}，戴维南等效电阻为 R_{eq}，当负载电阻 R_L 与戴维南等效电阻 R_{eq} 相等时，负载电阻可获得最大功率且该最大功率为 $P_{L\max} = \frac{u_{oc}^2}{4R_{eq}}$。

【例 2-11】 电路如图 2-25 所示，问 R_L 为何值时可获得最大功率？并求此最大功率。

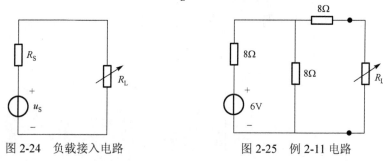

图 2-24 负载接入电路 　　　　图 2-25 例 2-11 电路

解 由电路可得 R_L 移走后电路的开路电压为 $u_{oc} = 3V$，等效电阻为 $R_{eq} = 12\Omega$，所以当 $R_L = 12\Omega$ 时可获得最大功率，该最大功率为 $P_{L\max} = \frac{u_{oc}^2}{4R_{eq}} = \frac{3^2}{4 \times 12} = 0.1875(W)$。

2.4 电路的对偶性

对电路进行分析的过程中，可以发现许多成对出现的相似内容，对偶原理是这些内容的集中体现，反映了电路中存在的对偶性。

对偶原理可表述为：电路中若存在某一内容（包括结构、定律、定理、元件、变量等），则另有其对偶内容存在。

支路电压 u 与支路电流 i 是对偶变量，电阻 R 与电导 G 是对偶元件（参数），KCL 与 KVL 是对偶定律。把一个关系式中的各元件与变量用对偶元件和变量代换后，就可得到对偶关系式。例如，在关联参考方向下，电阻的约束关系为 $u = Ri$ 或 $i = Gu$，这两个式子是对偶关系式，从数学角度分析，这两个式子没有任何区别。把 $u = Ri$ 中各元件和变量用对偶元件与变量代换，就可得 $i = Gu$。

电路中的串联连接和并联连接是对偶连接关系。图 2-26(a) 为 n 个电阻组成的串联电路，图 2-26(b) 为 n 个电导组成的并联电路。

对图 2-26(a) 所示电路有

$$\begin{cases} R = \sum_{k=1}^{n} R_k \\ i = \dfrac{u_S}{R} \\ u_k = \dfrac{R_k}{R} u_S \end{cases} \tag{2-41}$$

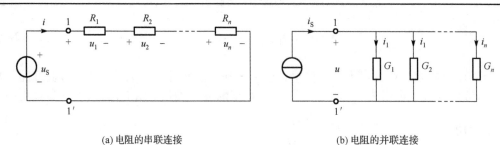

(a) 电阻的串联连接　　　　　　　　(b) 电阻的并联连接

图 2-26　电阻的串联连接和并联连接

把式(2-41)中各元件与变量用对偶元件和变量代换，可得

$$\begin{cases} G = \sum_{k=1}^{n} G_k \\ u = \dfrac{i_S}{G} \\ i_k = \dfrac{G_k}{G} i_S \end{cases} \tag{2-42}$$

以上关系式就是图 2-26(b)所示电路具有的关系式，所以图 2-26(a)和(b)是对偶电路。

电路对偶的内容十分丰富，表现形式多种多样，表 2-1 给出了前面已接触到的一些对偶内容。后面还会出现一些对偶内容，读者应注意总结。

表 2-1　电路中的对偶内容

对偶内容		对偶内容	
电压	电流	分压(公式)	分流(公式)
电荷	磁通	星形电路	三角形电路
电阻	电导	电压源与电阻串联	电流源与电导并联
开路(断路)	短路	节点(电压)	网孔(电流)
电压源	电流源	自电阻	自电导
KCL	KVL	互电阻	互电导
串联	并联	戴维南定理	诺顿定理

利用电路的对偶性，如果已知某一电路的方程式和解，那么可直接写出其对偶电路的方程式和解。可见，掌握了对偶原理，就具有了举一返三的能力。也就是说，根据电路的对偶性，全部的电路问题只需研究一半就行了。

对偶原理为电路分析提供了新的途径，并具有帮助记忆相关内容的作用。大家应重视对偶原理的意义与作用。

2.5　受控源及含受控源电路的分析

2.5.1　受控电源

受控电源简称为受控源，也称为非独立源，其输出的电压或电流不由自身决定，而是由电路中其他部分的电压或电流所控制。

受控源的四个引出端子形成两个端口：输入端口、输出端口。受控源为二端口元件，分两类四种，如图 2-27(a)～(d)所示。

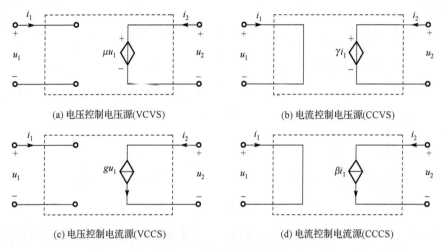

(a) 电压控制电压源(VCVS)　　　　　　　　　　(b) 电流控制电压源(CCVS)

(c) 电压控制电流源(VCCS)　　　　　　　　　　(d) 电流控制电流源(CCCS)

图 2-27　受控源图形符号

图 2-27(a)所示为电压控制电压源(VCVS)，其特性定义为

$$\begin{cases} i_1 = 0 \\ u_2 = \mu u_1 \\ i_2 \text{由外电路决定，值域为}(-\infty, +\infty) \end{cases} \tag{2-43}$$

图 2-27(b)所示为电流控制电压源(CCVS)，其特性定义为

$$\begin{cases} u_1 = 0 \\ u_2 = \gamma i_1 \\ i_2 \text{由外电路决定，值域为}(-\infty, +\infty) \end{cases} \tag{2-44}$$

图 2-27(c)所示为电压控制电流源(VCCS)，其特性定义为

$$\begin{cases} i_1 = 0 \\ i_2 = g u_1 \\ u_2 \text{由外电路决定，值域为}(-\infty, +\infty) \end{cases} \tag{2-45}$$

图 2-27(d)所示为电流控制电流源(CCCS)，其特性定义为

$$\begin{cases} u_1 = 0 \\ i_2 = \beta i_1 \\ u_2 \text{由外电路决定，值域为}(-\infty, +\infty) \end{cases} \tag{2-46}$$

受控源接入电路时应表示为如图 2-28(a)、(b)所示的形式，但实际上往往用如图 2-28(c)、(d)所示的形式表示。

由于受控源的输入端口接入电路并不改变电路原有结构，所以该端口在电路中可以不用专门表现出来(见图 2-28(c)、(d))，此时，可将受控源看成一个二端元件。由于受控源的输入端口既不吸收能量，也不发出能量，从能量吸收和发出的角度看，受控源是一个二端元件。

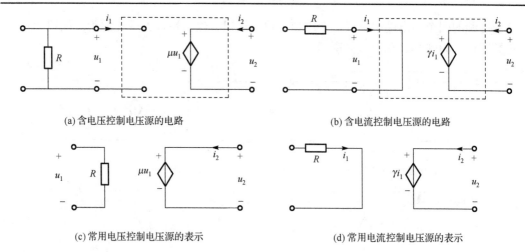

(a) 含电压控制电压源的电路　　　　　　　　　　(b) 含电流控制电压源的电路

(c) 常用电压控制电压源的表示　　　　　　　　　(d) 常用电流控制电压源的表示

图 2-28　受控源在电路中的情景

受控源与独立源的不同之处：受控源的电压或电流受其他支路电压或电流控制，而独立源的电压或电流是独立存在的。

受控源与独立源的相同之处：既可以发出能量，也可以吸收能量；电压源的输出电流由外电路定，电流源的输出电压由外电路定。

2.5.2　输入电阻与输出电阻

在传送或处理信号的电路中，输入电阻与输出电阻是两个经常要用到的术语。当两个电路前后相连时，前一级电路作为信号的输出电路，会用到输出电阻一词；后一级电路作为信号的接收（输入）电路，会用到输入电阻一词。

对于一个不含独立源（可以含有受控源）的二端电路 N_o，设端口电压 u 和端口电流 i 取关联参考方向，如图 2-29（a）所示，则该二端电路的输入电阻定义为

$$R_i = \frac{u}{i} \tag{2-47}$$

输入电阻与等效电阻定义方式不同，概念上存在差异，但数值相同，所以两者名称可混用，求解方法也可通用。

对于一个含有独立电源的二端电路 N_S，设端口开路时电压为 u_{oc}，端口短路时电流为 i_{sc}，如图 2-29（b）所示，则该二端网络的输出电阻定义为

$$R_o = \frac{u_{oc}}{i_{sc}} \tag{2-48}$$

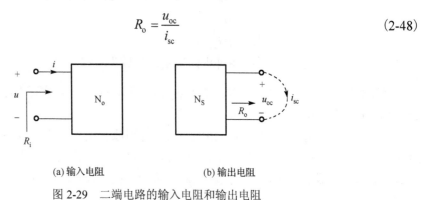

(a) 输入电阻　　　　　　　　　　(b) 输出电阻

图 2-29　二端电路的输入电阻和输出电阻

输出电阻实际也是戴维南电路的等效电阻，所以对有些电路，用等效变换的方法也可求得输出电阻。

输入电阻和输出电阻是电子技术中很重要的概念，电子技术中求解输入电阻和输出电阻时，通常与受控源联系在一起。

2.5.3　含受控源电路的分析

含受控源电路的分析方法与不含受控源电路的分析方法本质上并无不同，均需首先依据拓扑约束和元件约束建立方程，然后求解方程。

前面介绍过的 $2b$ 法、支路电流法、回路电流法、节点电压法均可应用于含受控源电路的分析，分析的要点是先将受控源视为理想源列方程，然后补充控制量与待求量关系的方程，接下来整理并求解方程。下面通过例题介绍相关内容。

【例 2-12】 在图 2-30 所示电路中，各电阻和各电源均为已知，试列写电路的网孔电流方程，并求出网孔电流。

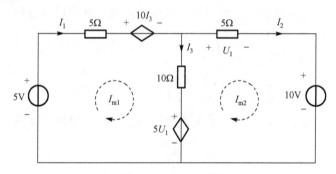

图 2-30　例 2-12 电路

解　选网孔电流 I_{m1}、I_{m2} 及其参考方向如图 2-30 所示，将受控源看成独立源，用网孔法列方程可得

$$(5+10)I_{m1} - 10I_{m2} = 5 - 10I_3 - 5U_1$$
$$-10I_{m1} + (5+10)I_{m2} = 5U_1 - 10$$

补充控制量与网孔电流关系的方程

$$I_3 = I_{m1} - I_{m2}$$
$$U_1 = 5I_2 = 5I_{m2}$$

把控制量与网孔电流关系方程代入网孔电流方程中，消去控制量，可得

$$5I_{m1} + I_{m2} = 1$$
$$2I_{m1} + 2I_{m2} = 2$$

写成矩阵形式有

$$\begin{bmatrix} 5 & 1 \\ 2 & 2 \end{bmatrix} \begin{bmatrix} I_{m1} \\ I_{m2} \end{bmatrix} = \begin{bmatrix} 1 \\ 2 \end{bmatrix}$$

可见 $R_{12} \neq R_{21}$，说明网孔电流方程系数矩阵不是对称矩阵。求解以上方程可得

$$I_{m1} = 0, \qquad I_{m2} = 1A$$

【例 2-13】 在图 2-31 所示电路中，各电阻和各电流源以及受控电流源均为已知，试列写此电路的节点方程并求出节点电压。

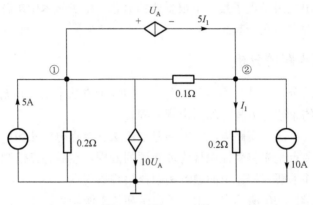

图 2-31　例 2-13 电路

解　电路中存在受控电流源，可先将其看成独立源，列出以下方程

$$\left(\frac{1}{0.2}+\frac{1}{0.1}\right)U_{n1}-\frac{1}{0.1}U_{n2}=5-10U_{A}-5I_{1}$$

$$-\frac{1}{0.1}U_{n1}+\left(\frac{1}{0.2}+\frac{1}{0.1}\right)U_{n2}=-10+5I_{1}$$

因为电路中存在两个控制量，所以需补充两个控制量与节点电压关系的方程，所得方程为

$$I_{1}=\frac{U_{n2}}{0.2}$$

$$U_{A}=U_{n1}-U_{n2}$$

联立求解上述方程，可得

$$U_{n1}=0,\quad U_{n2}=1\mathrm{V}$$

【例 2-14】 如图 2-32(a)所示的二端电路，求其输入电阻。

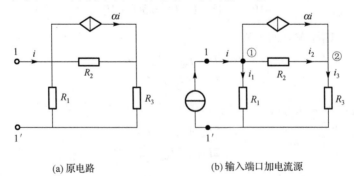

(a) 原电路　　　　　　　　(b) 输入端口加电流源

图 2-32　例 2-14 电路

解　在该电路端口 1-1′处加入电流源，如图 2-32(b)所示，用节点电压法建立方程有

$$\left(\frac{1}{R_{1}}+\frac{1}{R_{2}}\right)u_{n1}-\frac{1}{R_{2}}u_{n2}=i-\alpha i$$

$$-\frac{1}{R_2}u_{n1} + \left(\frac{1}{R_2} + \frac{1}{R_3}\right)u_{n2} = \alpha i$$

解得

$$u_{n1} = \frac{R_1R_3 + (1-\alpha)R_1R_2}{R_1 + R_2 + R_3} \times i$$

所以，该网络端口输入电阻为 $R_i = \dfrac{u_{n1}}{i} = \dfrac{R_1R_3 + (1-\alpha)R_1R_2}{R_1 + R_2 + R_3}$

本题还可用支路电流法求解。对图 2-32(b)所示电路，可列出如下方程：

$$-i + i_1 + i_2 + \alpha i = 0$$
$$-\alpha i - i_2 + i_3 = 0$$
$$-R_1 i_1 + R_2 i_2 + R_3 i_3 = 0$$

可解出

$$i_1 = \frac{R_3 + (1-\alpha)R_2}{R_1 + R_2 + R_3} \times i$$

所以，该网络端口输入电阻为 $R_i = \dfrac{R_1 i_1}{i} = \dfrac{R_1R_3 + (1-\alpha)R_1R_2}{R_1 + R_2 + R_3}$

另外，根据本题求出的 R_i 的表达式可见，在一定的参数条件下，R_i 的值有可能大于零、等于零或者小于零。例如，当 $R_1 = R_2 = 1\Omega$、$R_3 = 2\Omega$、$\alpha = 5$ 时，$R_i = -0.5\Omega$。此种情况下，该二端电路对外提供能量，这一能量来源于二端电路中的受控源。受控源提供的能量比该二端电路对外提供的能量要大，因为有一部分能量被电阻 R_1、R_2、R_3 消耗掉了。

【例 2-15】 如图 2-33(a)所示的二端电路中，有一电流控制电流源 $i_c = 0.75i_1$，求该电路的输出电阻。

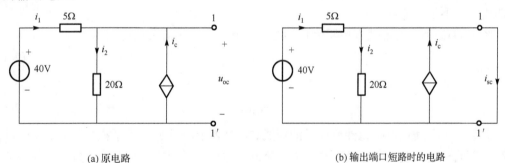

(a) 原电路   (b) 输出端口短路时的电路

图 2-33   例 2-15 电路

解   先求开路电压 u_{oc}，由节点法有

$$\left(\frac{1}{5} + \frac{1}{20}\right)u_{oc} = i_c + \frac{40}{5}$$

$$i_c = 0.75i_1 = 0.75 \times \frac{40 - u_{oc}}{5}$$

解得 $u_{oc} = 35\text{V}$。

再求短路电流，当端口 1-1′短路时，如图 2-33(b)所示，此时 20Ω 电阻两端电压为零，故有 $i_2 = 0$。

由 KCL 有

$$i_{sc} = i_1 + i_c = i_1 + 0.75i_1 = 1.75i_1 = 1.75 \times \frac{40}{5} = 14(\text{A})$$

则该二端电路的输出电阻为

$$R_o = \frac{u_{oc}}{i_{sc}} = \frac{35}{14} = 2.5(\Omega)$$

2.6　非线性电阻电路的分析

2.6.1　非线性电路的概念

任何一个实际器件，从本质上来说，其 $u\text{-}i$ 关系(或 $u\text{-}q$ 关系、$\psi\text{-}i$ 关系)都是非线性的，但若在我们关心的实际器件特性范围内，器件的非线性程度较轻以致可以忽略时，就可将实际器件用线性元件建模。但许多实际电路的非线性特征不容忽略，否则就会出现理论计算结果与实际观测结果相差太大而无意义的情况，这时就涉及非线性电路的分析问题。

分析非线性电路的方法很多，有解析法、图解法、分段线性法、小信号分析法等。本书只对解析法和图解法做简单介绍。

2.6.2　非线性电阻元件

线性电阻元件其特性是 $u\text{-}i$ 平面上过原点的一条直线，即线性电阻元件的电压与电流满足线性函数关系。但对非线性电阻元件来说，其电压与电流却是非线性关系，对应的特性曲线一般不是一条直线。

图 2-34(a)所示为非线性电阻元件的符号，其电压、电流关系可表示为

$$u = f(i) \tag{2-49}$$

或

$$i = g(u) \tag{2-50}$$

若某一个非线性电阻元件特性只能用式(2-49)表示，说明该元件的电压是电流的单值函数，而同一电压值，可能对应着多个电流值，称这种类型的非线性电阻为电流控制型非线性电阻。充气二极管是电流控制型非线性电阻，其伏安特性曲线如图 2-34(b)所示。

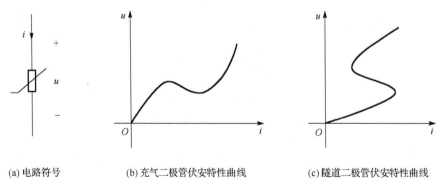

(a) 电路符号　　　　　(b) 充气二极管伏安特性曲线　　　　　(c) 隧道二极管伏安特性曲线

图 2-34　非线性电阻的符号及其伏安特性

若某一非线性电阻元件特性只能用式 (2-50) 表示，则说明该元件的电流是电压的单值函数，同一电流值，可能对应着多个电压值，称这种类型的非线性电阻为电压控制型非线性电阻。隧道二极管是电压控制型非线性电阻，其伏安特性曲线如图 2-34 (c) 所示。

若某一个非线性电阻元件特性既能用式 (2-49) 表示，也能用式 (2-50) 表示，说明该元件的伏安特性是严格单调变化的。这种元件既属于电流控制型，也属于电压控制型，半导体二极管就属于这种类型。图 2-35 (a) 所示为二极管电路符号，其伏安特性曲线如图 2-35 (b) 所示。

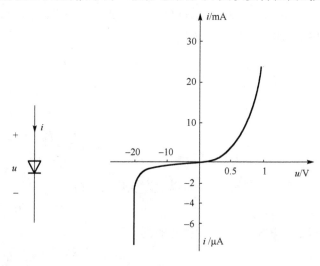

(a) 二极管电路符号   (b) 二极管伏安特性曲线

图 2-35 二极管及其伏安特性

与线性元件不同，非线性元件存在静态参数和动态参数两种参数。静态参数是针对不变的电压电流而提出的一个概念，动态参数是针对变化的电压电流而提出的一个概念。非线性元件的静态参数和动态参数随工作点的不同而不同。对非线性电阻元件而言，在特性曲线上某一点 P 处的静态电阻 R 和动态电阻 R_d 分别定义为

$$R = \frac{u}{i}\Big|_P \qquad (2-51)$$

$$R_d = \frac{du}{di}\Big|_P \qquad (2-52)$$

由图 2-36 可以看出，P 点的静态电阻 R 正比于 $\tan\alpha$，动态电阻 R_d 正比于 $\tan\beta$。一般情况下，$R \neq R_d$。实际非线性电阻的静态电阻均为正值，但动态电阻随工作点不同可能为正也可能为负。由式 (2-52) 可见，在特性曲线斜率为负的区域动态电阻将为负值，表现为负电阻性质（仅对工作点处小范围变化的电压电流而言）。

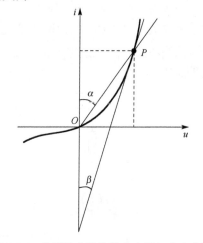

图 2-36 非线性电阻的静态电阻与动态电阻

与动态电阻定义类似，P 处的动态电导定义为

$$G_d = \frac{di}{du}\Big|_P \qquad (2-53)$$

2.6.3　解析法

用解析法对非线性电路做分析首先需要建立描述电路的方程，方程建立的依据是拓扑约束和元件约束。非线性电路的拓扑约束依然是 KCL、KVL，但元件约束中有非线性的关系。下面给出一个用解析法求解非线性电路的例子。

【例 2-16】　如图 2-37 所示非线性电阻电路中，非线性电阻是电流控制型的，特性方程为 $u_3 = f(i_3) = 2i_3^2 + 1$，$R_1 = 2\Omega$，$R_2 = 6\Omega$，$i_S = 2\text{A}$，$u_S = 7\text{V}$。试求 R_1 两端的电压 u_1。

解　根据拓扑约束和元件约束可列出如下方程：

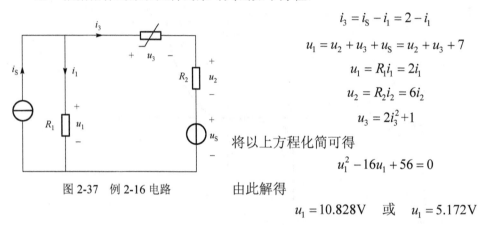

$$i_3 = i_S - i_1 = 2 - i_1$$
$$u_1 = u_2 + u_3 + u_S = u_2 + u_3 + 7$$
$$u_1 = R_1 i_1 = 2i_1$$
$$u_2 = R_2 i_2 = 6i_2$$
$$u_3 = 2i_3^2 + 1$$

将以上方程化简可得

$$u_1^2 - 16u_1 + 56 = 0$$

图 2-37　例 2-16 电路　　　由此解得

$$u_1 = 10.828\text{V} \quad 或 \quad u_1 = 5.172\text{V}$$

可见，非线性电路的解有时不是唯一的。

2.6.4　图解法

图解法是通过在 $u\text{-}i$ 平面上画出元件或局部电路的特性曲线，并在此基础上对电路进行求解的一种方法，是非线性电阻电路分析的重要方法。图解法通常只适用于简单电路的分析。

如图 2-38(a) 所示的非线性电阻电路中，U_S 为直流电压源，R_S 为线性电阻。U_S 与 R_S 串联构成的二端电路其端口的特性方程为 $u = U_S - R_S i$，如图 2-38(b) 中的直线所示，非线性电阻 R 的特性如图 2-38(b) 中的曲线所示。由于直线与曲线的交点 Q 既满足直线约束又满足曲线约束，因此该交点的坐标为电路的解。这种作图求解电路的方法称为图解法，也称为曲线相交法。

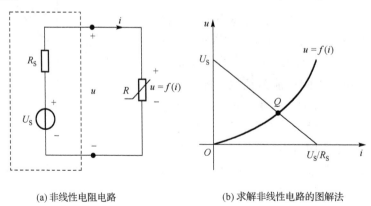

(a) 非线性电阻电路　　　　　　　　　　(b) 求解非线性电路的图解法

图 2-38　非线性电阻电路曲线相交法求解示意图

　　图 2-38(b)中的交点 Q 是在电源为直流情况下得到的，交点不会发生变化，所以称其为静态工作点。在某些情况下，电路的静态工作点可能有多个，例如，当图 2-38(b)中的非线性电阻不是单调型时，就可能会有多个静态工作点，如图 2-39 所示是一种情况。实际电路在某一具体时间其静态工作点只能是一个，当用曲线相交法得出多个静态工作点时，应根据实际电路开始工作时的情况开展分析，方可明确具体的工作点。

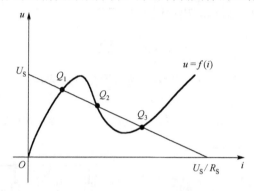

图 2-39　多个静态工作点的情况

2.7　应 用 实 例

【实例 2-1】　电阻串联构成分压器。

　　电阻串联可以起分压作用，分压器在工程中有很多应有，例如，收音机中的音量控制电路，晶体管放大电路中的直流偏置电路等。在实际分压器设计中必须考虑负载的效应，即后续电路对分压器的影响，如图 2-40 所示。图 2-40 中将负载的效应等效为一个负载电阻 R_L 的作用。

　　当 $R_L=100\Omega$ 时，　$U_2=\dfrac{100//100}{100+100//100}\times150=50(\text{V})$

　　当 $R_L=100\text{k}\Omega$ 时，　$U_2=\dfrac{10000//100}{100+10000//100}\times150=74.96(\text{V})\approx75(\text{V})$

　　可见负载效应的等效电阻越大，对分压器的影响就越小。

【实例 2-2】　用电桥平衡法测电阻阻值。

　　精确测量电阻阻值可通过电桥进行，电路结构如图 2-41 所示。

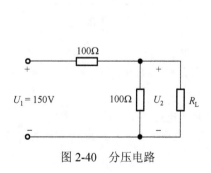

图 2-40　分压电路

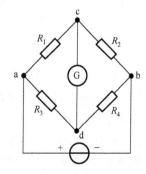

图 2-41　电桥测电阻阻值

在图 2-41 中，接通电源，电流流过电桥的各个支路，当 c、d 支路电流为零，即检流计指针指零时，c、d 之间的电位相等，我们把电桥的这种状态称为平衡状态。反之，当 c、d 支路电流不为零，即检流计指针不指零，c、d 之间的电位不相等时，这种状态称为不平衡状态。由电桥平衡状态的关系我们推算出电桥平衡的条件即电桥对应臂电阻乘积相等，表达式为 $R_1 \times R_4 = R_2 \times R_3$。当知道电阻 R_1、R_2、R_4 的阻值时，从电桥的平衡的条件，即可根据关系式 $R_1 \times R_4 = R_2 \times R_3$ 推算出电阻 R_3 的阻值。

习　　题

2-1　题 2-1 图所示电路中，已知 $R_1 = 10\text{k}\Omega$，$R_2 = 5\text{k}\Omega$，$R_3 = 2\text{k}\Omega$，$R_4 = 1\text{k}\Omega$，$U = 6\text{V}$，求通过 R_3 的电流 I。

2-2　题 2-2 图所示电路中，$G_1 = G_2 = 1\text{S}$，$R_3 = R_4 = 2\Omega$，求等效电阻 R_{ab}。

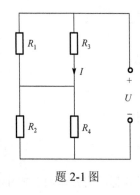

题 2-1 图

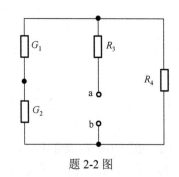

题 2-2 图

2-3　求题 2-3 图所示二端网络的等效电阻 R_{ab}。

2-4　求题 2-4 图所示电路中的电流 i。

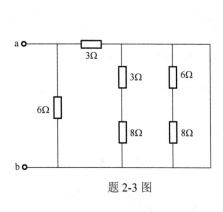

题 2-3 图

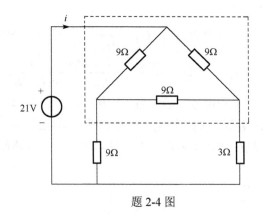

题 2-4 图

2-5　求题 2-5 图所示电路中的电压 U。

2-6　题 2-6 图所示电路中，下面各点为接地点，实际是相连的。已知 $I_{S1} = I_{S2} = I_{S3} = \cdots = I_{Sn} = I_S$，求负载中的电流 I_L。

2-7　利用电源的等效变换，求题 2-7 图所示电路中的电流 i。

2-8　用 $2b$ 法列写题 2-8 图所示电路的方程，并求各支路电流 I_1、I_2、I_3。

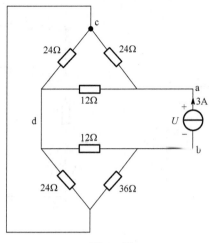

题 2-5 图

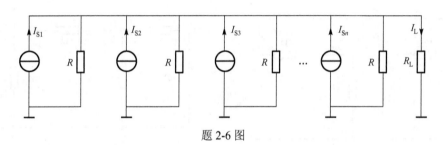

题 2-6 图

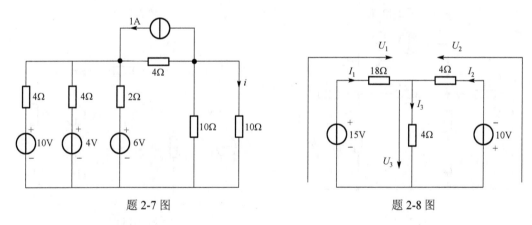

题 2-7 图　　　　　　　　　　题 2-8 图

2-9　用支路电流法列写题 2-8 图所示电路的方程。

2-10　题 2-10 图所示电路中，已知：$R_1 = 10\Omega$，$R_2 = 3\Omega$，$R_3 = 12\Omega$，$R_S = 2\Omega$，$u_{S1} = 12V$，$u_{S2} = 5V$，用支路电流法求解各支路电流 i_1、i_2、i_3，并通过功率平衡法检验计算结果的正确性。

2-11　利用网孔分析法求题 2-11 图所示电路中的电流 i_1 和 i_2。

2-12　用网孔电流法求题 2-12 图所示电路的开路电压 u_{oc}。

2-13　列出题 2-13 图所示电路的节点电压方程。

2-14　列出题 2-14 图所示电路的节点电压方程。

2-15　试用叠加定理求题 2-15 图所示电路的响应 u。

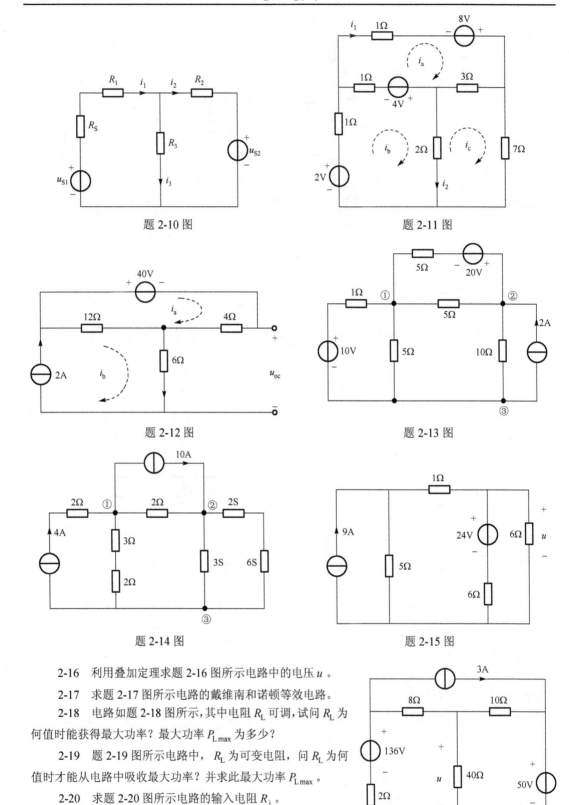

题 2-10 图

题 2-11 图

题 2-12 图

题 2-13 图

题 2-14 图

题 2-15 图

2-16　利用叠加定理求题 2-16 图所示电路中的电压 u 。

2-17　求题 2-17 图所示电路的戴维南和诺顿等效电路。

2-18　电路如题 2-18 图所示,其中电阻 R_L 可调,试问 R_L 为何值时能获得最大功率? 最大功率 $P_{L\,max}$ 为多少?

2-19　题 2-19 图所示电路中, R_L 为可变电阻,问 R_L 为何值时才能从电路中吸收最大功率? 并求此最大功率 $P_{L\,max}$ 。

2-20　求题 2-20 图所示电路的输入电阻 R_i 。

2-21　求题 2-21 图所示电路的输出电阻 R_o 。

题 2-16 图

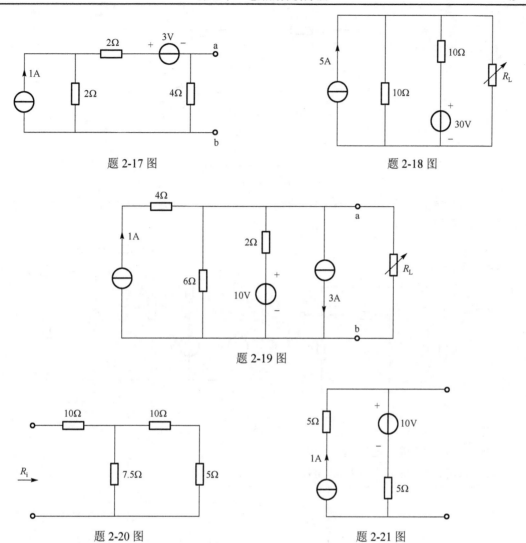

题 2-17 图

题 2-18 图

题 2-19 图

题 2-20 图

题 2-21 图

2-22 求题 2-22 图所示电路的输出电阻 R_o。

2-23 题 2-23 图所示电路中,已知 $u_{S1} = 3V$, $R_1 = 1\Omega$, $i_{S2} = 1A$, $\alpha = 2$, $R_2 = 2\Omega$, $R_3 = 3\Omega$, $u_{S3} = 2V$, $R_4 = 4\Omega$, $R_5 = 5\Omega$ 。用回路(网孔)电流法求 u_{S1} 的功率。

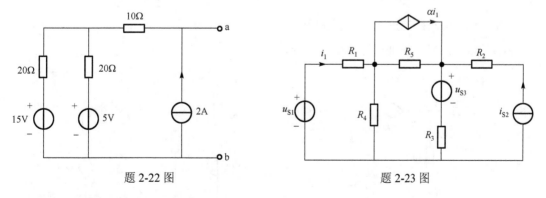

题 2-22 图

题 2-23 图

2-24 求题 2-24 图所示电路中的 I_1 和 U_0 。

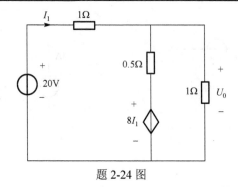

题 2-24 图

2-25 题 2-25 图(a)所示是画电路图的一种简便方法，也可画为如题 2-25(b)图所示，试用节点法求输出端对参考节点的电压 u_o 。

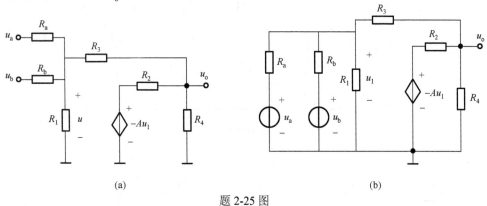

(a)　　　　　　　　　　　　　　　　(b)

题 2-25 图

2-26 求题 2-26 图所示电路的输入电阻 R_i 。

2-27 求题 2-27 图所示电路的输出电阻 R_o 。

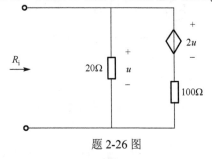

题 2-26 图

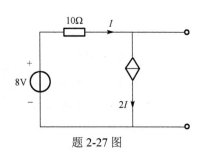

题 2-27 图

2-28 求题 2-28 图所示电路的输出电阻 R_o 。

2-29 求题 2-29 图所示电路的戴维南和诺顿等效电路。

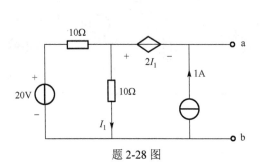

题 2-28 图

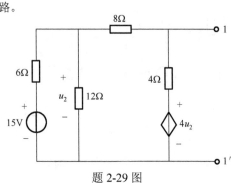

题 2-29 图

2-30　在题 2-30 图所示电路中，用求戴维南等效电路的方法求 $R = 1\Omega$ 时的电流 I。

2-31　试确定题 2-31 图所示电路中非线性电阻的静态工作点。

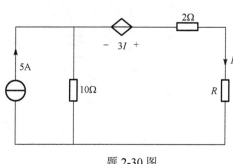

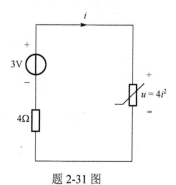

题 2-30 图　　　　　　　　　　　　题 2-31 图

2-32　题 2-32 图所示电路，已知 $U = I^2 + 2I$，试求电压 U。

2-33　题 2-33 图所示电路中，非线性电阻的伏安特性为 $U = \begin{cases} 0, & I \leqslant 0 \\ I^2 + 1, & I > 0 \end{cases}$，求 I 和 U。

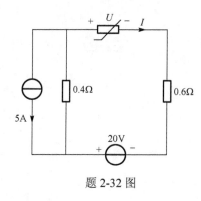

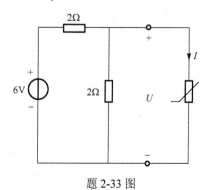

题 2-32 图　　　　　　　　　　　　题 2-33 图

2-34　电路如题 2-34(a) 图所示，其中 $U_S = 16V$，$R_1 = R_2 = 2\Omega$，$R_3 = 1\Omega$，非线性电阻的伏安特性如题 2-34(b) 图曲线所示。试计算各支路的电压、电流。

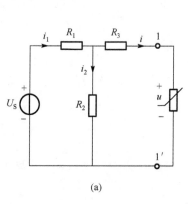

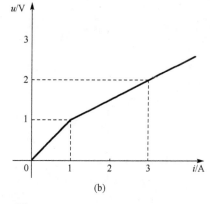

(a)　　　　　　　　　　　　(b)

题 2-34 图

2-35　题 2-35(a) 图所示电路中，已知 $U_S = 6V$，$I_S = 2A$，$R_1 = 1\Omega$，R_2、R_3 为非线性电阻，其伏安特性如题 2-35(b) 图曲线所示，求电流 I_2、I_3。

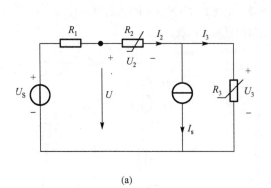

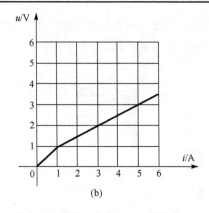

(a)　　　　　　　　　　　　　　(b)

题 2-35 图

第 3 章　电路的暂态分析

本章介绍一阶电路的相关概念和响应的求解方法，该内容属于动态电路的范畴，为一类重要的电路。具体内容为电容元件与电感元件、换路定理及电路的初始值、RC 电路的暂态响应、一阶电路求解的三要素法、RL 电路的暂态响应、应用实例。

3.1　电容元件与电感元件

3.1.1　电容元件

等量异号的电荷在实际电路中间隔一定距离时，异号电荷之间的空间中存在电场。为描述实际电路中的电场效应(储存电场能量)，定义了电容元件。

线性电容是一种理想电容，其特性定义如下：元件上存储的电荷量 q 与其两端间的电压 u 成正比，即

$$q = Cu \tag{3-1}$$

式中，C 为电容元件的参数，简称电容，其图形符号如图 3-1(a)所示。在国际单位制中，电容的单位是法拉，简称法，符号为 F。工程技术中，电容常用的单位还有微法(μF)和皮法(pF)，它们的换算关系是 $1\mu F=10^{-6}F$，$1pF=10^{-12}F$。

线性电容元件的库伏特性，可用以 q-u 为轴的平面直角坐标系中的一条过原点的直线来表示，如图 3-1(b)所示。

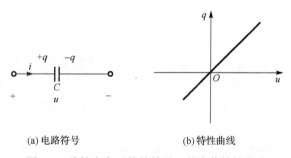

(a) 电路符号　　　　　　　(b) 特性曲线

图 3-1　线性电容元件的符号及其库伏特性曲线

理想电容元件的特性是定义的，实际电容器并不满足理想电容元件的特性。针对理想电容元件的式(3-1)，电压可为无穷大，而实际电容器上的电压是受限制的，当电压过大时，实际电容器就会被击穿。在实际电容器能够正常工作的电压范围内，若其上的电压与电荷之间的关系近似符合线性关系时，就可用图 3-1(a)所示的线性电容对其建模，从而得到供理论分析和计算所用的电路模型。

若必须考虑实际电容在工作时消耗能量的属性，实际电容的模型可用图 3-2 所示的电路模型表示。

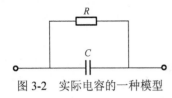

图 3-2　实际电容的一种模型

当电容元件上的电压 u 随时间发生变化时，存储在电容元件上的电荷随之变化，这样便出现了充电或放电现象，就有电流在连接电容元件的导线上流过。如果电压 u 和电流 i 取关联参考方向，由式 (3-1) 可得

$$i = \frac{\mathrm{d}q}{\mathrm{d}t} = \frac{\mathrm{d}(Cu)}{\mathrm{d}t} = C\frac{\mathrm{d}u}{\mathrm{d}t} \tag{3-2}$$

对式 (3-2) 进行积分可得

$$u(t) = \frac{1}{C}\int_{-\infty}^{t} i(\xi)\mathrm{d}\xi = \frac{1}{C}\int_{-\infty}^{0_-} i(\xi)\mathrm{d}\xi + \frac{1}{C}\int_{0_-}^{t} i(\xi)\mathrm{d}\xi = u(0_-) + \frac{1}{C}\int_{0_-}^{t} i(\xi)\mathrm{d}\xi \tag{3-3}$$

式 (3-3) 中的 $u(0_-)$ 是 $t = 0_-$ 时刻电容元件上已有的电压，此电压描述了电容元件过去的状态，称为初始电压，而 $\frac{1}{C}\int_{0_-}^{t} i(\xi)\,\mathrm{d}\xi$ 是 $t = 0_-$ 以后在电容元件上新增的电压。式 (3-3) 说明：电容在时刻 t 时的电压，不仅取决于 t 时刻的电流值，而且取决于 $-\infty \to t$ 所有时刻的电流值，即与电流过去的全部历史状况有关。由此可见，电容元件有记忆电流的作用，所以该元件被认为是记忆元件。

关联参考方向下，电容的瞬时功率为

$$p = ui = Cu\frac{\mathrm{d}u}{\mathrm{d}t} \tag{3-4}$$

若 $p > 0$，说明电容元件在吸收能量，即处于被充电状态；若 $p < 0$，说明电容元件在释放能量，处于放电状态。当电容元件从初始时刻 t_0 到任意时刻 t 有电流流过，在此阶段它吸收的能量 ΔW_C 为

$$\Delta W_C = \int_{t_0}^{t} p(\xi)\mathrm{d}\xi = \int_{t_0}^{t} u(\xi)\,i(\xi)\,\mathrm{d}t = \int_{t_0}^{t} Cu\frac{\mathrm{d}u}{\mathrm{d}\xi}\mathrm{d}\xi = \frac{1}{2}Cu^2(t) - \frac{1}{2}Cu^2(t_0) \tag{3-5}$$

电容元件吸收的能量以电场能量的形式存储，t 时刻电容元件储存的电场能量 $W_C(t)$ 为

$$W_C(t) = \frac{1}{2}Cu^2(t) \tag{3-6}$$

当电容元件充电时，$|u(t)|$ 增加，$W_C(t)$ 增加，元件吸收能量；当电容元件放电时，$|u(t)|$ 减少，$W_C(t)$ 减少，元件释放能量。一个电容元件若原来没有充电，则在充电时它所吸收并存储起来的能量会在放电时释放出来。理想电容充放电过程不消耗能量，吸收的能量会全部释放出来，但实际电容在充放电过程中会消耗一部分能量，所以实际电容释放的能量会小于它所吸收的能量。电容元件是一种储能元件，由于它不会释放出多于它吸收（或存储）的能量，所以它又是一种无源元件。

电容元件的电压与电流关系满足微分或积分形式。当电容电压保持不变时，电容上的电荷不变，其连接导线上的电流为零，此时，电容相当于断路。

3.1.2　电感元件

实际电感线圈如图 3-3 所示，当导线中通有电流时，线圈中就会产生磁场。变化的电流会产生变化的磁通 ϕ 或磁通链 ψ。为描述实际电路中的磁场效应（储存磁场能量），定义了电感元件。

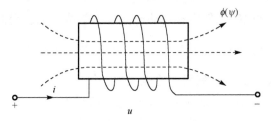

图 3-3　实际电感线圈示意图

线性电感常是一种理想电感，其特性定义如下：元件中的磁通链 ψ 与流过的电流 i 成正比，即

$$\psi = Li \tag{3-7}$$

式中，L 为电感元件的参数，简称电感，其图形符号如图 3-4(a) 所示。在国际单位制中，电感的单位是亨利（H）。亨利是比较大的单位，工程中常用的电感单位有毫亨（mH）和微亨（μH）。它们和亨利的换算关系为 $1\text{mH} = 10^{-3}\text{H}$，$1\mu\text{H} = 10^{-6}\text{H}$。

线性电感元件磁链 ψ 与电流 i 之间的关系可用 ψ-i 为轴的平面直角坐标系中的一条过原点的直线表示，如图 3-4(b) 所示。

理想电感元件的特性是定义出来的，实际电感元件并不满足理想电感元件的特性。针对理想电感元件的式(3-7)中，电流可为无穷大，而实际电感元件上的电流是受限制的。当电流过大时，实际电感元件会因过热而烧毁。在实际电感元件能够正常工作的电压电流范围内，若其上的电流与磁链间的关系近似符合线性

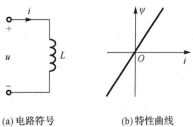

(a) 电路符号　　　(b) 特性曲线

图 3-4　线性电感元件的符号及其韦安特性曲线

关系时，可把实际电感模型化为图 3-4(a) 所示的线性电感，由此得到供理论分析和计算所用的电路模型。若必须考虑实际电感工作时消耗能量的属性，实际电感可用图 3-5(a) 所示电路模型表示；若还必须考虑实际电感工作时的电场效应，则实际电感可用图 3-5(b) 所示电路模型表示。还可以构造更复杂的模型。

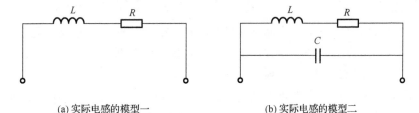

(a) 实际电感的模型一　　　　　　　　(b) 实际电感的模型二

图 3-5　实际电感的两种模型

对图 3-4(a) 所示的电感，u 与 i 为关联参考方向，有

$$u = \frac{\mathrm{d}\psi}{\mathrm{d}t} = L\frac{\mathrm{d}i}{\mathrm{d}t} \tag{3-8}$$

对式(3-8)进行积分可得

$$i(t) = \frac{1}{L}\int_{-\infty}^{t} u(\xi)\mathrm{d}\xi = \frac{1}{L}\int_{-\infty}^{0} u(\xi)\mathrm{d}\xi + \frac{1}{L}\int_{0_-}^{t} u(\xi)\mathrm{d}\xi = i(0_-) + \frac{1}{L}\int_{0_-}^{t} u(\xi)\mathrm{d}\xi \tag{3-9}$$

式中，$i(0_-)$ 是 $t = 0_-$ 时刻电感元件中存在的电流，它总结了电感元件过去的历史状况，称为初始电流。$\dfrac{1}{L} \displaystyle\int_{0_-}^{t} u(\xi)\mathrm{d}\xi$ 是 $t = 0_-$ 以后在电感元件中增加的电流。式 (3-9) 说明，t 时刻电感元件上的电流不仅取决于该时刻其上的电压值，还取决于 $-\infty \to t$ 所有时刻其上的电压值，即与电感电压过去全部的历史有关。电感电压在 $t = 0_-$ 以前的全部历史，可用 $i(0_-)$ 表示。可见，电感元件有记忆电压的功能，它是一种记忆元件。

关联参考方向时，电感元件的瞬时功率为

$$p = ui = Li\frac{\mathrm{d}i}{\mathrm{d}t} \tag{3-10}$$

若 $p > 0$，说明电感元件在吸收能量；若 $p < 0$，说明电感元件在释放能量。从初始时刻 t_0 到任意时间 t 期间内，电感吸收的能量 ΔW_{L} 为

$$\Delta W_{\mathrm{L}} = \int_{t_0}^{t} p\mathrm{d}\xi = L\int_{t_0}^{t} i\mathrm{d}i = \frac{1}{2}Li^2(t) - \frac{1}{2}Li^2(t_0) \tag{3-11}$$

电感元件在任意时刻 t 存储的磁场能量 $W_{\mathrm{L}}(t)$ 为

$$W_{\mathrm{L}}(t) = \frac{1}{2}Li^2(t) \tag{3-12}$$

由式 (3-12) 可知，当 $|i|$ 增加时，W_{L} 增加，电感元件吸收能量；当 $|i|$ 减小时，W_{L} 减少，电感元件释放能量。理想电感元件不会把吸收的能量消耗掉，而是以磁场能的形式储存在磁场中，所以电感元件是一种储能元件。由于电感元件不会释放出多于它吸收（或存储）的能量，所以它是一种无源元件。

电感元件的电压与电流关系满足微分或积分形式，在电感电流不变时，电感上的磁通链不变，电压为零，此时，电感相当于短路。

3.2　换路定理及电路的初始值

3.2.1　换路定理

当电路中含有电容、电感这类储能元件（又称动态元件）时，由于储能元件上电压和电流的约束关系具有微分或积分的形式，故列出的电路方程是微分方程。当方程为一阶微分方程时，相应的电路称为一阶动态电路，简称一阶电路。

动态电路具有的特点：当电路的结构或元件的参数发生了变化，如电路中的电源或其他元件接入、断开、短路等，电路就会经历从一个工作状态转变为另一个工作状态的过程。该过程称为暂态过程或过渡过程。

电路理论中，把电路结构或参数的变化统称为换路。一般规定换路在 $t = 0$ 瞬间进行，$t = 0_-$ 时换路还未进行，$t = 0_+$ 时换路已经结束。

动态电路方程求解时，需用到初始条件，初始条件的确定需用到换路定理。

1. 电容元件的换路定理

若换路时电容电流为有限值，则换路前后电容电压保持不变。写成数学公式有

$$u_C(0_+) = u_C(0_-) \tag{3-13}$$

上述电容元件的换路定理可证明如下：电容的元件约束为 $u(t) = u(0_-) + \dfrac{1}{C}\displaystyle\int_{0_-}^{t} i(\xi)\mathrm{d}\xi$，令 $t = 0_+$，则有 $u(0_+) = u(0_-) + \dfrac{1}{C}\displaystyle\int_{0_-}^{0_+} i(\xi)\,\mathrm{d}\xi$。若换路时电容电流为有限值，则 $\dfrac{1}{C}\displaystyle\int_{0_-}^{0_+} i(\xi)\,\mathrm{d}\xi = 0$，所以有 $u_C(0_+) = u_C(0_-)$，得证。

2. 电感元件的换路定理

若换路时电感电压为有限值，则在换路前后电感电流保持不变。写成数学公式有

$$i_L(0_+) = i_L(0_-) \tag{3-14}$$

以上电感元件的换路定理证明如下：电感的元件约束为 $i(t) = i(0_-) + \dfrac{1}{L}\displaystyle\int_{0_-}^{t} u(\xi)\mathrm{d}\xi$，令 $t = 0_+$，则有 $i(0_+) = i(0_-) + \dfrac{1}{L}\displaystyle\int_{0_-}^{0_+} u(\xi)\mathrm{d}\xi$。若换路时电感电压为有限值，则 $\displaystyle\int_{0_-}^{0_+} u(\xi)\mathrm{d}\xi = 0$，所以有 $i_L(0_+) = i_L(0_-)$，得证。

值得指出，上述换路定理是存在前提的，即换路时电容电流或电感电压为有限值，若不满足这一前提，换路定理就不能成立。例如，将一个初始值 $u_C(0_-) = 0$ 的电容元件在 $t = 0$ 时与理想电压源 U_S 接通，依据 KVL 有 $u_C(0_+) = U_S$，此种情况下前述电容元件的换路定理不再成立，原因是出现了无限大电流。对电感元件，也有类似情况。

3.2.2　电路初始值的确定

电路换路后在 $t = 0_+$ 时的电压、电流值称为电路的初始值（即电路微分方程的初始条件），其中，电容电压的初始值 $u_C(0_+)$ 和电感电流的初始值 $i_L(0_+)$ 称为初始状态。根据换路定理 $u_C(0_+) = u_C(0_-)$ 和 $i_L(0_+) = i_L(0_-)$，初始状态的确定只需知道 $u_C(0_-)$ 和 $i_L(0_-)$ 即可。通过 $t = 0_-$ 时的等效电路，由换路前已达到稳定工作状态的电路可确定 $u_C(0_-)$ 和 $i_L(0_-)$。

电路中的其他变量如 i_C、u_L、i_R、u_R 的初始值 $i_C(0_+)$、$u_L(0_+)$、$i_R(0_+)$、$u_R(0_+)$，需通过 $t = 0_+$ 时的等效电路确定。$t = 0_+$ 时等效电路的构成方法是：将电容用值为 $u_C(0_+)$ 的电压源表示，将电感用值为 $i_L(0_+)$ 的电流源表示，电源取 $t = 0_+$ 时的值，电路的其他部分不发生变化，此时对应的是一个仅含电阻和电源的直流电路。

【例 3-1】　在如图 3-6(a)所示的电路中，试求开关 K 闭合后电容电压的初始值和各支路电流的初始值。

解　开关 K 闭合前电路已达稳态，电容电压不再变化，此时电容电流为零，电容相当于断开，由此可得如图 3-6(b)所示 $t = 0_-$ 时的等效电路。从该电路可得

$$u_C(0_-) = 12\text{V}$$

由换路定理可得

$$u_C(0_+) = u_C(0_-) = 12\text{V}$$

为了计算开关闭合后各支路电流的初始值，可画出换路后 $t = 0_+$ 时的等效电路，见图 3-6(c)。利用拓扑约束和元件约束可求得

$$i_1(0_+) = \frac{12 - u_C(0_+)}{R_1} = \frac{12 - 12}{4 \times 10^3} = 0$$

$$i_R(0_+) = \frac{u_C(0_+)}{R_L} = \frac{12}{2 \times 10^3} = 6 \times 10^{-3}(\text{A})$$

$$i_C(0_+) = i_1(0_+) - i_R(0_+) = -6 \times 10^{-3}(\text{A})$$

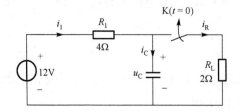 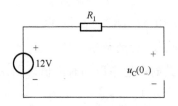

(a) 原电路　　　　　　　　　　　　　　　(b) $t = 0_-$时的等效电路

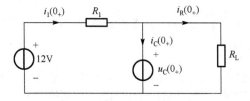

(c) $t = 0_+$时的等效电路

图 3-6　例 3-1 图

【例 3-2】　在如图 3-7 所示电路中，电路已处于稳定状态，直流电压源电压为 U_0。在 $t = 0$ 时打开开关 K，试求初始值 $u_C(0_+)$、$i_L(0_+)$、$i_C(0_+)$、$u_L(0_+)$ 和 $u_{R2}(0_+)$。

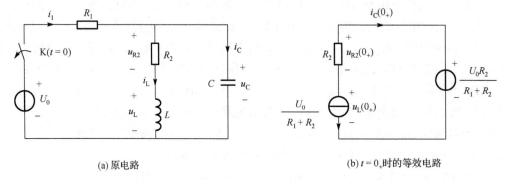

(a) 原电路　　　　　　　　　　　　　　　(b) $t = 0_+$时的等效电路

图 3-7　例 3-2 电路

解　开关动作前电路已处于稳定状态，电容电压和电感电流不变，电容相当于断开，电感相当于短路，故得

$$u_C(0_-) = \frac{U_0 R_2}{R_1 + R_2}, \qquad i_L(0_-) = \frac{U_0}{R_1 + R_2}$$

当开关打开后，由换路定理得

$$u_C(0_+) = u_C(0_-) = \frac{U_0 R_2}{R_1 + R_2}$$

$$i_L(0_+) = i_L(0_-) = \frac{U_0}{R_1 + R_2}$$

构造 $t=0_+$ 时的等效电路，如图 3-7(b) 所示，由此可求得

$$i_C(0_+) = -\frac{U_0}{R_1+R_2}$$

$$u_{R_2}(0_+) = -R_2 i_C(0_+) = \frac{U_0 R_2}{R_1+R_2}$$

$$u_L(0_+) = -u_{R2}(0_+) + \frac{U_0 R_2}{R_1+R_2} = 0$$

3.3　RC 电路的暂态响应

3.3.1　RC 电路的零输入响应

零输入响应就是动态电路在没有外加激励(无独立源)时，由电路中储能元件的初始储能释放而引起的响应。

如图 3-8 所示为一 RC 串联电路，开关 K 在 $t=0$ 闭合前，电容 C 已充电，其电压为 $u_C(0_-)=U_0$。开关闭合后，电容 C 储存的电能通过电阻 R 释放出来。下面对放电过程进行分析。

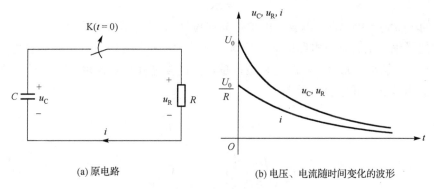

(a) 原电路　　　　　　　　(b) 电压、电流随时间变化的波形

图 3-8　RC 电路的零输入响应

开关在 $t=0_+$ 时已合上，针对 $t \ge 0_+$ 时的电路列 KVL 方程，可得

$$u_R - u_C = 0 \tag{3-15}$$

根据元件约束有 $u_R = Ri$，$i = -C\dfrac{du_C}{dt}$，代入上述方程即得

$$RC\frac{du_C}{dt} + u_C = 0 \tag{3-16}$$

这是一阶齐次微分方程，该方程在 $t \ge 0_+$ 时成立，方程的初始条件为 $u_C(0_+)=u_C(0_-)=U_0$。令方程的通解为 $u_C = Ae^{Pt}$，代入方程后可得

$$(RCP+1)Ae^{Pt} = 0$$

相应的特征方程为

$$RCP + 1 = 0$$

特征根为

$$P = -\frac{1}{RC}$$

将初始条件 $u_C(0_+) = U_0$ 代入 $u_C = Ae^{Pt}$，即可求得积分常数 $A = u_C(0_+) = U_0$。于是满足初始条件的微分方程解为

$$u_C = U_0 e^{-\frac{1}{RC}t}, \qquad t \geq 0_+ \tag{3-17}$$

这就是电容放电过程中电压 u_C 的表达式。

电路中的电流 i 为

$$i = -C\frac{du_C}{dt} = \frac{U_0}{R}e^{-\frac{1}{RC}t}, \qquad t \geq 0_+ \tag{3-18}$$

电阻上的电压为

$$u_R = u_C = U_0 e^{-\frac{1}{RC}t}, \qquad t \geq 0_+ \tag{3-19}$$

由上述表达式可以看出，RC 电路的零输入响应 u_C、i 及 u_R 都是按同样的指数规律随时间衰减的，它们衰减的快慢取决于 RC 的大小。令

$$\tau = RC \tag{3-20}$$

式中，R 的单位为欧姆（Ω），电容 C 的单位为法拉（F），则乘积 RC 的单位为秒（s），说明 τ 具有时间的量纲，故称 τ 为电路的时间常数。τ 越大，u_C 和 i 随时间衰减得越慢，过渡过程相对就长。τ 越小，u_C 和 i 随时间衰减得越快，过渡过程相对较短。引入时间常数 τ 后，电容电压 u_C 和电流 i 可分别表示为

$$u_C = U_0 e^{-\frac{t}{\tau}}, \qquad t \geq 0_+ \tag{3-21}$$

$$i = \frac{U_0}{R} e^{-\frac{t}{\tau}}, \qquad t \geq 0_+ \tag{3-22}$$

以电容电压为例，计算可得 $t = 0$ 时，$u_C(0) = U_0$；$t = \tau$ 时，$u_C = U_0 e^{-1} = 0.368U_0$；$t = 3\tau$ 时，$u_C = U_0 e^{-3} = 0.05U_0$；$t = 5\tau$ 时，$u_C = U_0 e^{-5} = 0.0067U_0$。

理论上讲，经过无限长的时间电容电压才会衰减到零，此时过渡过程结束。但由于换路后经过 $3\tau \sim 5\tau$ 时间，电容电压已大大降低，电容的储能已所剩无几，故在实际中，一般认为经过 $3\tau \sim 5\tau$ 时间，过渡过程结束。图 3-8(b) 给出了 u_C、u_R 和 i 随时间变化的曲线。

在 RC 电路的放电过程中，电容释放的能量不断被电阻所消耗。最终，电容储存的能量全部被电阻所消耗。即

$$W_R = \int_0^\infty i^2(t)R dt = \int_0^\infty \left(\frac{U_0}{R}e^{-\frac{1}{RC}t}\right) R dt = \frac{U_0}{R}\int_0^\infty e^{-\frac{2t}{RC}}dt = \frac{1}{2}CU_0^2 = W_C$$

【例 3-3】　电路如图 3-9(a) 所示，开关 K 闭合前电路已达稳态，在 $t = 0$ 时开关闭合，试求 $t \geq 0_+$ 时的电流 i。

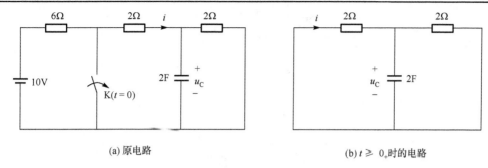

(a) 原电路　　　　　　　　　　　　　　　　(b) $t \geqslant 0_+$ 时的电路

图 3-9　例 3-3 图

解　根据电路可知换路前电容电压为

$$u_C(0_-) = \frac{2}{6+2+2} \times 10 = 2(\text{V})$$

由换路定理知换路后的电容电压为

$$u_C(0_+) = u_C(0_-) = 2\text{V}$$

换路后，求电流 i 的电路如图 3-9(b) 所示。

电容两端等效电阻 R 为两个 2Ω 电阻的并联，即

$$R = \frac{2 \times 2}{2 + 2} = 1(\Omega)$$

则电路的时间常数为

$$\tau = RC = 2 \times 1 = 2(\text{s})$$

故得

$$u_C(t) = u_C(0_+)\mathrm{e}^{-\frac{t}{\tau}} = 2\mathrm{e}^{-\frac{t}{2}}\text{V}$$

所以

$$i(t) = -\frac{u_C}{2} = -0.5\mathrm{e}^{-\frac{t}{2}} = -0.5\mathrm{e}^{-0.5t}(\text{A})$$

3.3.2　RC 电路的零状态响应

若电路中储能元件的初始状态为零 (初始储能为零)，仅由外加激励 (独立源) 引起的响应称为零状态响应。

图 3-10 所示的 RC 电路中，开关 K 闭合前电路处于零初始状态，$u_C(0_-) = 0$。在 $t = 0$ 时开关闭合，直流电压源接入电路。由 KVL，有

$$u_R + u_C = U_S, \qquad t \geqslant 0_+ \tag{3-23}$$

因 $u_R = Ri$、$i = C\dfrac{\mathrm{d}u_C}{\mathrm{d}t}$，将它们代入式 (3-23)，可得电路的微分方程为

$$RC\frac{\mathrm{d}u_C}{\mathrm{d}t} + u_C = U_S, \qquad t \geqslant 0_+ \tag{3-24}$$

此方程是一阶线性非齐次微分方程。方程的解 u_C 由特解 u_C' 和对应的齐次方程的通解 u_C'' 两部分组成，即

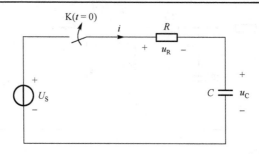

图 3-10　RC 电路

$$u_C = u'_C + u''_C \tag{3-25}$$

式中，u'_C、u''_C 分别满足：

$$RC \frac{\mathrm{d}u'_C}{\mathrm{d}t} + u'_C = U_S$$

$$RC \frac{\mathrm{d}u''_C}{\mathrm{d}t} + u''_C = 0$$

可解得 $u'_C = U_S$，$u''_C = A\mathrm{e}^{-\frac{t}{\tau}}$，其中 $\tau = RC$，为该电路的时间常数。因此

$$u_C = U_S + A\mathrm{e}^{-\frac{t}{\tau}}, \qquad t \geqslant 0_+ \tag{3-26}$$

利用 $u_C(0_+) = u_C(0_-) = 0\ \mathrm{V}$，可以求得

$$A = -U_S$$

将 A 代入方程的解，即得

$$u_C = U_S - U_S \mathrm{e}^{-\frac{t}{\tau}} = U_S \left(1 - \mathrm{e}^{-\frac{t}{\tau}} \right), \qquad t \geqslant 0_+ \tag{3-27}$$

于是

$$i = C \frac{\mathrm{d}u_C}{\mathrm{d}t} = \frac{U_S}{R} \mathrm{e}^{-\frac{t}{\tau}}, \qquad t \geqslant 0_+ \tag{3-28}$$

u_C 和 i 以及 u_C 的两个分量 u'_C、u''_C 随时间变化的曲线如图 3-11 所示。

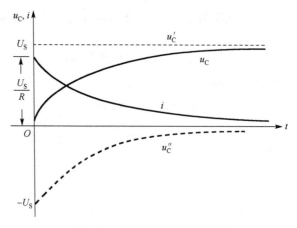

图 3-11　RC 电路的零状态响应

由上述分析可以看出，u_C 按指数规律变化，最终趋于稳定值 U_S。到达稳定值后，电压和电流不再变化。方程的特解 $u_C'(=U_S)$ 的变化规律与外加激励一致，称为强制分量，又由于它不随时间变化，又称为稳态分量。齐次方程的通解 u_C'' 其变化规律取决于特征根而与外加激励无关，所以称为自由分量，由于该分量按指数规律衰减，最终趋于零，所以又称为暂态分量。相应地，对电流 i 也可做类似的阐述。

3.3.3　RC 电路的全响应

初始状态不为零的动态电路在外加激励作用下的响应称为全响应。

如图 3-12 所示的 RC 电路，已知电容初始值 $u_C(0_-) = U_0$，$t = 0$ 时开关合上，独立电压源 U_S 接入电路，$t \geqslant 0_+$ 时的响应为全响应。

对由线性元件构成的电路，根据叠加定理可知全响应等于零输入响应和零状态响应的叠加，即

$$全响应=零输入响应+零状态响应 \tag{3-29}$$

因此，对图 3-12 所示电路，可先把电路中的电压源置为零（短路），求出此时的零输入响应，再把电路中电容电压初始值置为零，求出此时的零状态响应，然后把两者叠加，从而求出 RC 电路的全响应。

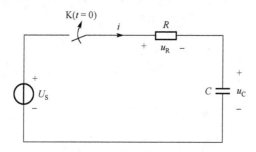

图 3-12　RC 电路的全响应

由前面的分析结果知，对图 3-12 所示电路，将电压源置为零时的零输入响应（用下标 zero-input 表示，简记为 zi）为

$$u_{Czi}(t) = U_0 e^{-\frac{1}{RC}t}, \qquad t \geqslant 0_+ \tag{3-30}$$

将电容初始值置为零，此时的零状态响应（用下标 zero-state 表示，简记为 zs），为

$$u_{Czs}(t) = U_S - U_S e^{-\frac{t}{RC}} = U_S\left(1 - e^{-\frac{t}{RC}}\right), \qquad t \geqslant 0_+ \tag{3-31}$$

所以全响应为

$$u_C(t) = u_{Czi}(t) + u_{Czs}(t) = U_0 e^{-\frac{t}{RC}} + (U_S - U_S e^{-\frac{t}{RC}}) = U_S + (U_0 - U_S)e^{-\frac{t}{RC}}, \qquad t \geqslant 0_+ \tag{3-32}$$

从式 (3-32) 可以看出，等式右边的第一项等于外施的直流电压，它不随时间变化，称为稳态分量；等式右边的第二项随时间按指数规律逐渐衰减为零，每时每刻都在变化，称为暂态分量。所以，全响应又可以表示为

$$全响应=稳态分量+暂态分量 \tag{3-33}$$

无论是把全响应分解为稳态分量与暂态分量之和或是分解为零输入响应与零状态响应之和，都是为了分析方便人为地所做的分解。把全响应分解为稳态分量与暂态分量之和，是着眼于电路的工作状态；把全响应分解为零输入响应与零状态响应之和，是着眼于电路的因果关系。电路真实显现出来的只是全响应。

3.4　一阶电路求解的三要素法

对一阶电路的求解，比较方便的方法是三要素法。下面以 RC 电路的全响应求解为例，推导三要素法公式。

如图 3-10 所示的 RC 电路，在开关 K 闭合之前电容 C 已充电，其电压为 U_0，$t=0$ 时开关闭合后，直流电压源 U_S 接入电路，根据拓扑约束和元件约束建立方程有

$$RC\frac{\mathrm{d}u_\mathrm{C}}{\mathrm{d}t}+u_\mathrm{C}=U_\mathrm{S}, \qquad t\geqslant 0_+ \tag{3-34}$$

由换路定理可知初始条件为

$$u_\mathrm{C}(0_+)=u_\mathrm{C}(0_-)=U_0$$

方程的解为 $u_\mathrm{C}=u_\mathrm{C}'+u_\mathrm{C}''$，其中 u_C' 为方程的特解，u_C'' 为相应齐次方程的通解，它们分别满足：

$$RC\frac{\mathrm{d}u_\mathrm{C}'}{\mathrm{d}t}+u_\mathrm{C}'=U_\mathrm{S}$$

$$RC\frac{\mathrm{d}u_\mathrm{C}''}{\mathrm{d}t}+u_\mathrm{C}''=0$$

可解出 $u_\mathrm{C}'=U_\mathrm{S}$，$u_\mathrm{C}''=A\mathrm{e}^{-\frac{t}{RC}}$，所以有

$$u_\mathrm{C}=U_\mathrm{S}+A\mathrm{e}^{-\frac{t}{RC}}, \qquad t\geqslant 0_+$$

将初始条件 $u_\mathrm{C}(0_+)=u_\mathrm{C}(0_-)=U_0$ 代入上式即可求得积分常数为

$$A=U_0-U_\mathrm{S}$$

故得电容电压为

$$u_\mathrm{C}=U_\mathrm{S}+(U_0-U_\mathrm{S})\mathrm{e}^{-\frac{t}{RC}}, \qquad t\geqslant 0_+ \tag{3-35}$$

这就是电容电压在 $t\geqslant 0_+$ 时全响应的表达式，与前面利用零输入响应加零状态响应得到的结果相同。

由式 (3-35) 的结果可以看出，在直流激励下，RC 电路的全响应由初始值 U_0、稳态值（稳态分量）U_S、时间常数 $\tau=RC$ 这三个要素决定。若用 $f(t)$ 表示电路的响应（电压或电流），用 $f(0_+)$ 表示该响应的初始值，$f(\infty)$ 表示该响应的稳态值，τ 表示电路的时间常数，则电路的响应可表示为

$$f(t)=f(\infty)+[f(0_+)-f(\infty)]\mathrm{e}^{-\frac{t}{\tau}} \tag{3-36}$$

以上为在直流激励作用下，计算一阶电路中任意变量全响应的通式。任何一个一阶电路，不论其结构如何，只要知道了电路中的 $f(0_+)$、$f(\infty)$ 和 τ 这三个要素，就可以根据

式 (3-36) 直接求出电路中的电流或电压。这种求解一阶电路响应的方法称为三要素法。应用三要素法求解一阶电路，可以避免建立微分方程和求解微分方程的麻烦，是一种比较便捷的方法。

应该指出，以上三要素法公式虽然是通过一阶电路全响应的计算推出的，但实际上也适用于一阶电路零输入响应和零状态响应的求解。

应用三要素法求解电路中响应的关键是如何确定该响应的三要素。现以输入为直流的背景将确定三要素的方法归纳如下。

(1) 初始值 $f(0_+)$ 的确定。

首先确定电路换路前的初始状态 $u_C(0_-)$ 或 $i_L(0_-)$，然后用换路定理得到 $u_C(0_+)$ 和 $i_L(0_+)$，若待求量为 $u_C(t)$ 或 $i_L(t)$，则初始值 $f(0_+)$ 即已求得。

若待求量不为 $u_C(t)$ 或 $i_L(t)$，就需要构造 0_+ 等效电路，即将电容用值为 $u_C(0_+)$ 的电压源替代，将电感用值为 $i_L(0_+)$ 的电流源替代，电路的其余部分保持不变。显然，该电路为含电阻和独立源的电路，由此可解出 $f(0_+)$。

(2) 稳态值 $f(\infty)$ 的确定。

对于直流输入的情况，$t = \infty$ 时电路已达到稳态，电容电流为零，电感电压为零。此时，将电容用开路替代，电感用短路替代，电路的其余部分保持不变，由此得到的电路称为 $t = \infty$ 时的等效电路。$t = \infty$ 时的等效电路为一个含电阻和独立源的电路，由此可解出 $f(\infty)$。

(3) 时间常数 τ 的确定。

对于 RC 电路，$\tau = R_{eq}C$；对于 RL 电路，$\tau = L/R_{eq}$，其中 R_{eq} 为一阶电路中所有独立源置零后，电容或电感以外部分电路的戴维南等效电阻。

求得三要素 $f(0_+)$、$f(\infty)$ 和 τ 后，代入三要素法公式(式(3-36))，即可求得相应的响应 $f(t)$。

如果一阶电路是受正弦信号激励，则相应电路方程的特解 $f'(t)$ 是时间的正弦函数，此时的三要素法公式为

$$f(t) = f'(t) + \left[f(0_+) - f'(0_+) \right] \mathrm{e}^{-\frac{t}{\tau}} \tag{3-37}$$

式中，特解 $f'(t)$ 为电路的稳态分量(稳态解)，$f'(0_+)$ 是稳态分量在 $t = 0_+$ 时的初始值，$f(0_+)$ 和 τ 的含义与前面相同，$f'(t)$、$f'(0_+)$、τ 为三要素。

【例 3-4】 如图 3-13(a) 所示电路中，开关 K 闭合前，电容 C_1 和 C_2 上的电压为零，即 $u_{C1}(0_-) = u_{C2}(0_-) = 0$，在 $t = 0$ 时，开关 K 闭合，电路接入 $U=10\mathrm{V}$ 的电源。试求电流 i 和电容 C_2 上的电压 u_{C2}。

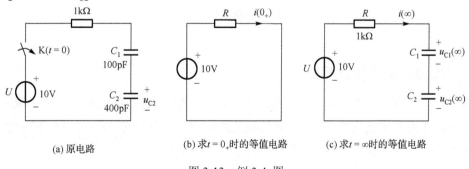

(a) 原电路   (b) 求 $t = 0_+$ 时的等值电路   (c) 求 $t = \infty$ 时的等值电路

图 3-13 例 3-4 图

解 （1）求时间常数 τ 。

C_1 和 C_2 相串联的等效电容为

$$C = \frac{C_1 C_2}{C_1 + C_2}$$

则

$$\tau = RC = 1 \times 10^3 \times \frac{100 \times 400}{100 + 400} \times 10^{-12} \text{s} = 0.08 \mu \text{s}$$

（2）求初始值。

由换路定理可知

$$u_{C1}(0_+) = u_{C1}(0_-) = 0$$

$$u_{C2}(0_+) = u_{C2}(0_-) = 0$$

当 $t = 0_+$ 时电容 C_1 和 C_2 的初始电压为零，相当于短路，此时的等效电路如图 3-13（b）所示，故得

$$i(0_+) = \frac{U}{R} = \frac{10}{1 \times 10^3} = 10^{-2}(\text{A}) = 10(\text{mA})$$

（3）求稳态值。

$t = \infty$ 时的电路如图 3-13（c）所示，此时 $i(\infty) = 0$ 。因为电阻上没有电压，电源电压全部加在串联电容 C_1 和 C_2 上。根据串联电容充电时各极板电荷量相等的特点和 KVL，可得

$$C_1 u_{C1}(\infty) = C_2 u_{C2}(\infty)$$

$$u_{C1}(\infty) + u_{C2}(\infty) = U$$

所以

$$u_{C2}(\infty) = \frac{U C_1}{C_1 + C_2} = \frac{10 \times 100 \times 10^{-12}}{(100 + 400) \times 10^{-12}} = 2(\text{V})$$

由三要素公式可得

$$u_{C2}(t) = u_{C2}(\infty) + [u_{C2}(0_+) - u_{C2}(\infty)]e^{-\frac{t}{\tau}} = 2 + (0 - 2)e^{-\frac{t}{\tau}} = 2(1 - e^{-\frac{t}{0.08 \times 10^{-6}}})(\text{V}), \qquad t \geqslant 0_+$$

$$i(t) = i(\infty) + [i(0_+) - i(\infty)]e^{-\frac{t}{\tau}} = 0 + (10 - 0)e^{-\frac{t}{\tau}} = 10e^{-\frac{t}{0.08 \times 10^{-6}}}(\text{mA}), \qquad t \geqslant 0_+$$

3.5 *RL* 电路的暂态响应

3.5.1 *RL* 电路的零输入响应

图 3-14（a）所示的电路在开关 K 动作之前已处于稳态，电感中的电流 $i(0_-) = U_0/R_0 = I_0$ 。在 $t = 0$ 时，开关由 1 接到 2，使具有初始电流的电感与电阻相连，构成一个闭合回路，如图 3-14（b）所示，此时的响应为零输入响应。

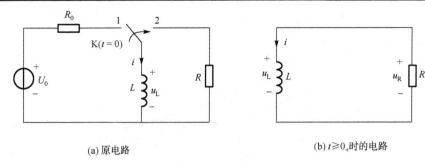

(a) 原电路 　　　　　(b) $t \geqslant 0_+$ 时的电路

图 3-14 RL 电路

根据 KVL 有

$$u_R - u_L = 0 \tag{3-38}$$

因 $u_R = -Ri$、$u_L = L\dfrac{\mathrm{d}i}{\mathrm{d}t}$，可得电路的微分方程为

$$L\frac{\mathrm{d}i}{\mathrm{d}t} + Ri = 0 , \qquad t \geqslant 0_+ \tag{3-39}$$

令 $i = Ae^{pt}$，并代入式 (3-39) 可得特征方程为

$$LP + R = 0$$

其特征根为

$$P = -\frac{R}{L}$$

故电流为

$$i = Ae^{-\frac{R}{L}t}$$

由换路定理得 $i(0_+) = i(0_-) = I_0$，代入上式可求得 $A = i(0_+) = I_0$，则

$$i = i(0_+)e^{-\frac{R}{L}t} = I_0 e^{-\frac{R}{L}t} , \qquad t \geqslant 0_+ \tag{3-40}$$

电阻和电感上的电压分别为

$$u_R = Ri = RI_0 e^{-\frac{R}{L}t} , \qquad t \geqslant 0_+ \tag{3-41}$$

$$u_L = L\frac{\mathrm{d}i}{\mathrm{d}t} = -RI_0 e^{-\frac{R}{L}t} , \qquad t \geqslant 0_+ \tag{3-42}$$

与 RC 电路类似，令 $\tau = \dfrac{L}{R}$，称为 RL 电路的时间常数，则式 (3-40)～式 (3-42) 可以写成

$$i = I_0 e^{-\frac{t}{\tau}} , \qquad t \geqslant 0_+ \tag{3-43}$$

$$u_R = RI_0 e^{-\frac{t}{\tau}} , \qquad t \geqslant 0_+ \tag{3-44}$$

$$u_L = -RI_0 e^{-\frac{t}{\tau}} \qquad t \geqslant 0_+ \tag{3-45}$$

以上结果也可用三要素法求出。i, u_R, u_L 随着时间的变化曲线如图 3-15 所示。

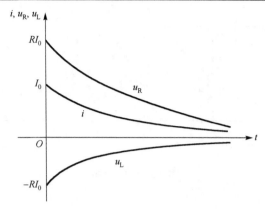

图 3-15　*RL* 电路的零输入响应

【例 3-5】 如图 3-16(a)所示电路中，开关 K 合在 1 时电路已处于稳态。当 *t*=0 时，开关从 1 接到 2，试求 *t* ≥ 0₊ 时电感电流和电感电压。

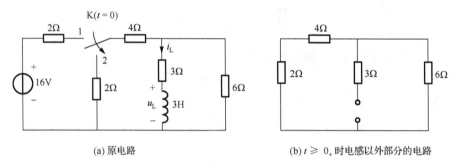

(a) 原电路　　　　　　　　　　　　　　(b) *t* ≥ 0₊ 时电感以外部分的电路

图 3-16　例 3-5 电路

解　当 *t* = 0₋ 时电路已处于稳态，电感相当于短路，由分流公式可求得

$$i_L(0_-) = \frac{16}{2+4+\dfrac{3\times 6}{3+6}} \times \frac{6}{3+6} = \frac{4}{3}(\text{A})$$

由换路定理知

$$i_L(0_+) = i_L(0_-) = \frac{4}{3}\text{A}$$

当 *t* ≥ 0₊ 时，电感 *L* 以外部分电路如图 3-15(b)所示。由此可求得等效电阻为

$$R_{eq} = 3 + \frac{(2+4)\times 6}{(2+4)+6} = 6(\Omega)$$

则时间常数为

$$\tau = \frac{L}{R_{eq}} = \frac{3}{6} = 0.5(\text{s})$$

因为是零输入响应，故 $i_L(\infty) = 0$。由三要素法公式可得 *t* ≥ 0₊ 时

$$i_L(t) = i_L(\infty) + \left[i_L(0_+) - i_L(\infty)\right]\text{e}^{-\frac{t}{\tau}} = i_L(0_+)\text{e}^{-\frac{t}{\tau}} = \frac{4}{3}\text{e}^{-2t}\text{A}$$

所以

$$u_L(t) = L\frac{di_L(t)}{dt} = 3 \times \frac{4}{3} \times (-2)e^{-2t} = -8e^{-2t}(\text{V})\,, \qquad t \geqslant 0_+$$

3.5.2　RL 电路的零状态响应

　　图 3-17 所示为 RL 串联电路，直流电压源的电压为 U_S，开关 K 闭合前电感 L 中的电流为零。在 t=0 时开关闭合，恒定电压 U 接入 RL 电路。利用拓扑约束和元件约束可得到描述电路的微分方程，求解该微分方程可得电路的解。

　　下面用三要素法求解该电路。由换路定理知 $i(0_+) = i(0_-) = 0$，由开关接通后的电路知 $i(\infty) = U/R$，$\tau = L/R$，所以

$$i(t) = i(\infty) + [i(0_+) - i(\infty)]e^{-\frac{t}{\tau}} = \frac{U}{R}\left(1 - e^{-\frac{Rt}{L}}\right)\,, \qquad t \geqslant 0_+ \tag{3-46}$$

而

$$u_L(t) = L\frac{di}{dt} = Ue^{-\frac{Rt}{L}}\,, \qquad t \geqslant 0_+ \tag{3-47}$$

i 和 u_L 随时间的变化曲线如图 3-18 所示。

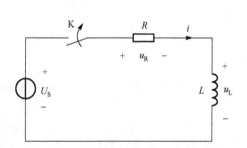

图 3-17　零状态响应对应的 RL 串联电路

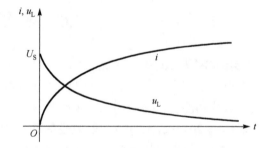

图 3-18　RL 串联电路的零状态响应

3.5.3　RL 电路的全响应

　　下面以一个电路为例，介绍用三要素法求解 RL 电路全响应的过程。

　　【例 3-6】　图 3-19(a) 所示电路中，开关 K 闭合在 1 时已达到稳定状态。当 t=0 时，开关由 1 合向 2，试求 $t \geqslant 0_+$ 时的电感电压 u_L。

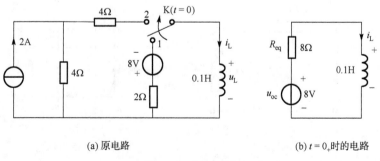

(a) 原电路　　　　　　　　　　　(b) $t=0_+$ 时的电路

图 3-19　例 2-6 图

解　换路前，电感电流为

$$i_L(0_-) = -\frac{8}{2} = -4(A)$$

利用换路定理可得

$$i_L(0_+) = i_L(0_-) = -4A$$

求换路后电感以外电路的戴维南等效电路，可得 $R_{eq} = 8\Omega$，$u_{oc} = 8V$，由此可得图 3-19(b) 所示电路，所以

$$i_L(\infty) = u_{oc} / R_{eq} = 1A$$

电路的时间常数为

$$\tau = L / R_{eq} = 0.1 / 8s$$

根据三要素公式可得

$$i_L = i_L(\infty) + [i_L(0_+) - i_L(\infty)]e^{-\frac{t}{\tau}} = 1 + [-4-1]e^{-\frac{t}{0.1/8}} = 1 - 5e^{-80t}(A), \qquad t \geq 0_+$$

所以

$$u_L = L\frac{di_L}{dt} = 0.1 \times 400e^{-80t} = 40e^{-80t}(V), \qquad t \geq 0_+$$

3.6　应　用　实　例

【实例 3-1】　RC 微分电路。

在电子电路中，经常需要通过微分电路和积分电路实现脉冲波形的变换。用 RC 电路可实现微分功能。

对图 3-20(a) 所示电路，取电阻的两端为输出端，选择适当的电路参数使时间常数 $\tau \ll \tau_p$（$\tau_p = t_1$ 为矩形脉冲的脉宽）。由于 $\tau \ll \tau_p$，因此电容充放电进行得很快，在脉冲作用的大部分时间里输出电压已衰减为零，即脉冲作用的大部分时间里电容 C 上的电压 $u_C(t)$ 接近等于输入电压 $u_i(t)$，这时输出电压为

$$u_o(t) = Ri_C = RC\frac{du_C}{dt} \approx RC\frac{du_i(t)}{dt}$$

上式表明，输出电压 $u_o(t)$ 与输入电压 $u_i(t)$ 为近似微分关系，所以图 3-20(a) 为一个微分电路。

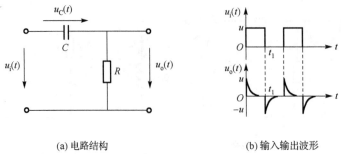

(a) 电路结构　　　　　　　　　　　　(b) 输入输出波形

图 3-20　RC 微分电路

【实例 3-2】　RC 积分电路。

对如图 3-21(a) 所示电路，取电容两端的电压为输出，并使电路参数满足 $\tau \gg \tau_p$ 的条件，就构成了积分电路。$\tau \gg \tau_p$ 导致这种电路充放电进行得很慢，电容器上的电压 $u_o(t)$ 始终很小，因此电阻 R 上的电压 $u_R(t)$ 与输入电压 $u_i(t)$ 近似相等，则其输出电压 $u_o(t)$ 为

$$u_o(t) = u_C(t) = \frac{1}{C}\int i_C(t)\,\mathrm{d}t = \frac{1}{C}\int \frac{u_R(t)}{R}\,\mathrm{d}t \approx \frac{1}{RC}\int u_i(t)\,\mathrm{d}t$$

上式表明，输出电压 $u_i(t)$ 与输入电压 $u_o(t)$ 近似地呈积分关系，所以，图 3-21(a) 为一个积分电路。

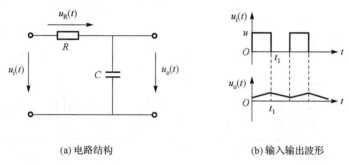

(a) 电路结构　　　　　　　　　(b) 输入输出波形

图 3-21　RC 积分电路

习　　题

3-1　题 3-1(a) 图所示的电路，已知 $i_S(t)$ 波形如题 3-1(b) 图所示，且电容电压初始值为 0。试求电容电压 $u_C(t)$，并绘出其波形。

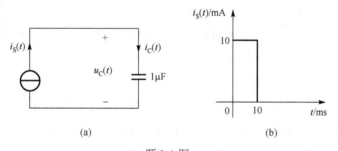

(a)　　　　　　　　　　　(b)

题 3-1 图

3-2　题 3-2 图所示电路中，$u_C(0_-) = 0$，开关 K 原为断开，电路已处于稳态。$t = 0$ 时将开关 K 闭合。试求 $i_1(0_+)$，$i_2(0_+)$，$u_L(0_+)$ 和 $\left.\dfrac{\mathrm{d}u_C}{\mathrm{d}t}\right|_{t=0_+}$。

3-3　题 3-3 图所示电路中，换路前已达稳定。当 $t = 0$ 时将开关 K 闭合，求换路后的 $u_C(0_+)$ 和 $i_C(0_+)$。

3-4　题 3-4 图所示电路在 $t = 0$ 时开关 K 闭合，求 $t > 0$ 时的 $u_C(t)$。

3-5　题 3-5 图所示电路中开关 K 原在位置 1 已久，$t = 0$ 时将开关 K 合向位置 2，试求 $t > 0$ 时的 $u_C(t)$ 和 $i(t)$。

3-6　题 3-6 图所示电路中，$u_C(0_+) = 4\text{V}$，求 $t > 0$ 时 $u(t)$ 的表达式。

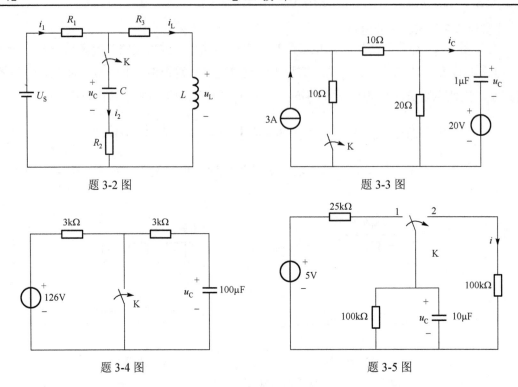

题 3-2 图　　　　　　　　　　　　题 3-3 图

题 3-4 图　　　　　　　　　　　　题 3-5 图

3-7　题 3-7 图所示电路中，开关 K 闭合之前电容电压 $u_C(0_-)$ 为零。在 $t=0$ 时开关 K 闭合，求 $t>0$ 时的 $u_C(t)$ 和 $i_C(t)$。

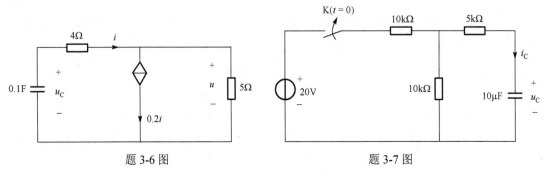

题 3-6 图　　　　　　　　　　　　题 3-7 图

3-8　题 3-8 图中，$t<0$ 时开关 K 闭合，$t=0$ 时将开关 K 打开。求：（1）$u_C(t)$ 的零输入响应和零状态响应；（2）$u_C(t)$ 的全响应；（3）$u_C(t)$ 的自由分量和强制分量。

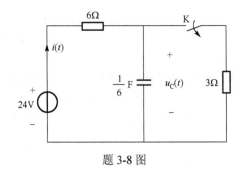

题 3-8 图

3-9　题 3-9 图所示电路原已处于稳态，$t=0$ 时将开关 K 闭合。试求 $t>0$ 时的 $u_C(t)$ 和 $i(t)$。

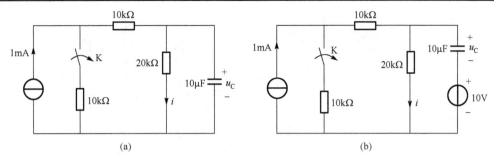

题 3-9 图

3-10　题 3-10 图所示电路原已处于稳态，$t=0$ 时开关由位置 1 合向 2，求换路后的 $i(t)$ 和 $u_L(t)$。

3-11　题 3-11 图所示电路中，开关 K 合在 1 时电路已处于稳态。在 $t=0$ 时，开关从 1 接到 2，试求 $t \geqslant 0_+$ 时电感电流 i_L 和电感电压 u_L。

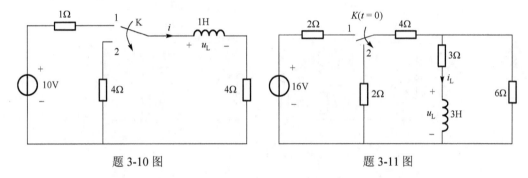

题 3-10 图　　　　　　　　　　题 3-11 图

3-12　题 3-12 图所示电路原已处于稳态，$t=0$ 时开关 K 闭合，求换路后的零状态响应 $i_L(t)$。

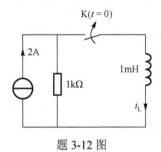

题 3-12 图

3-13　题 3-13 图所示电路已达稳态，$t=0$ 时合上开关，求换路后的电流 $i_L(t)$。

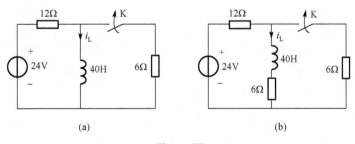

题 3-13 图

3-14　求题 3-14 图所示电路开关 K 动作后电路的时间常数。

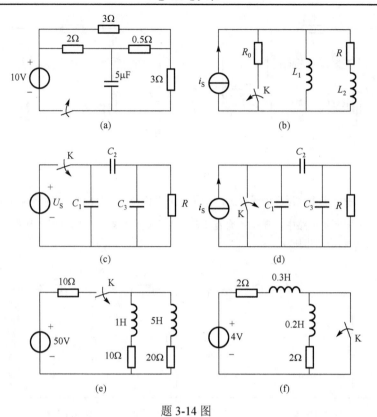

题 3-14 图

3-15 题 3-15 图所示电路原已处于稳态，$t=0$ 时开关 K 打开，求：(1) 全响应 $i_L(t)$、$i_1(t)$、$i_2(t)$；(2) $i_L(t)$ 的零状态响应和零输入响应；(3) $i_L(t)$ 的自由分量和强制分量。

3-16 题 3-16 图所示电路中，开关在位置 1 时电路已达稳态，$t=0$ 时开关从位置 1 接到位置 2，求 $t \geqslant 0_+$ 时的电感电流 i_L 与电感电压 u_L。

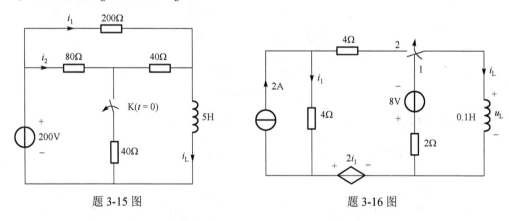

题 3-15 图   题 3-16 图

第4章 正弦交流电路

本章介绍正弦交流电路的相关概念和分析方法，该类电路是在工业和日常生活中应用最广的电路。具体内容为正弦交流电路的基本概念、正弦量的相量表示、电路拓扑约束和元件约束的相量形式、阻抗和导纳及其串并联、正弦稳态电路的相量分析法、正弦稳态电路的功率、非正弦周期电流电路、谐振电路、应用实例。

4.1 正弦交流电路的基本概念

4.1.1 正弦交流电路的定义

线性电路中，当激励(电压源或电流源)按某一正弦规律变化，响应(电压、电流)也为同频率的正弦量时，电路的这种工作状态称为正弦稳态。此时的电路称为正弦稳态电路或正弦交流电路。

对正弦量的描述可采用正弦函数或余弦函数，本书采用余弦函数。

4.1.2 正弦量的三要素

现以正弦电流为例来介绍正弦量的三要素。在指定的参考方向下，正弦电流可表示为

$$i = I_\mathrm{m} \cos(\omega t + \varphi_i) \tag{4-1}$$

式中，I_m 为正弦量的振幅或幅值(最大值)。$\omega t + \varphi_i$ 称为正弦量的相位或相角。ω 称为正弦量的角频率，它是正弦量的相位随时间变化的角速度，即

$$\omega = \frac{\mathrm{d}}{\mathrm{d}t}(\omega t + \varphi_i)$$

其单位为 $\mathrm{rad \cdot s^{-1}}$。

φ_i 为正弦量的初相位(角)，它是正弦量在 $t=0$ 时刻的相位，简称初相，即

$$(\omega t + \varphi_i)\big|_{t=0} = \varphi_i$$

初相的单位用弧度或度表示，通常在主值范围内取值，即 $|\varphi_i| \leqslant 180°$。

从上面的讨论可以看出，一个正弦量的瞬时值由其幅值、角频率和初相位决定，所以幅值、角频率和初相角称为正弦量的三要素。它们是正弦量之间进行比较和区分的依据。

正弦量的角频率 ω 与周期 T 和频率 f 之间存在确定关系。设正弦量的周期为 T(单位为秒)，由于时间每变化一个周期，正弦量的相角相应地变化 2π 弧度，故

$$\omega = \frac{2\pi}{T}$$

则频率为

$$f = \frac{1}{T}$$

显然，f 与 ω 的关系为

$$\omega = 2\pi f$$

频率 f 的单位为赫兹 (Hz)。我国工业和居民用电的频率为 50Hz。工程技术中常用频率来区分电路，例如，音频电路、高频电路、甚高频电路等。

图 4-1 是正弦电流 i 的波形图 ($\varphi_i > 0$)。图中横轴可用时间 t 表示，也可以用 ωt(rad) 表示。

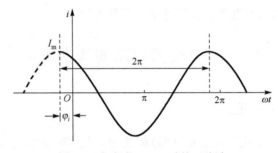

图 4-1　初相位 $\varphi_i > 0$ 时的正弦波

4.1.3　正弦信号的有效值

正弦信号的瞬时值随时间每时每刻都在变化，直接应用很不方便，因此引入了有效值的概念。有效值是指具有与正弦量相同做功能力的直流量的数值。

假设有一个正弦电流 $i(t) = I_m \cos(\omega t + \varphi_i)$ 通过电阻 R，该电流在一个周期 T 内所做的功为 $\int_0^T i^2 R \mathrm{d}t$，而在同样长的时间 T 内，直流电流 I 通过电阻 R 所做的功为 $I^2 RT$。若两者相等，即

$$I^2 RT = \int_0^T i^2 R \mathrm{d}t$$

则得

$$I = \sqrt{\frac{1}{T} \int_0^T i^2 \mathrm{d}t} \qquad (4-2)$$

此时直流电流 I 就是正弦电流 i 的有效值，也称为方均根值。

同理可得正弦电压 u 有效值的定义为

$$U = \sqrt{\frac{1}{T} \int_0^T u^2 \mathrm{d}t} \qquad (4-3)$$

将 $i(t) = I_m \cos(\omega t + \varphi_i)$ 代入式 (4-2)，则有

$$I = \sqrt{\frac{1}{T} \int_0^T I_m^2 \cos^2(\omega t + \varphi_i) \mathrm{d}t} = \sqrt{\frac{1}{T} \int_0^T I_m^2 \frac{1 + \cos[2(\omega t + \varphi_i)]}{2} \mathrm{d}t} = \frac{1}{\sqrt{2}} I_m = 0.707 I_m$$

$$(4-4)$$

同理，若正弦电压为 $u(t) = U_{\mathrm{m}}\cos(\omega t + \varphi_u)$，则有效值为

$$U = \frac{1}{\sqrt{2}}U_{\mathrm{m}} = 0.707U_{\mathrm{m}} \tag{4-5}$$

可见正弦信号的振幅与有效值之间存在着 $\sqrt{2}$ 的关系，因此可将正弦信号改写成如下形式，即

$$i = \sqrt{2}I\cos(\omega t + \varphi_i) \tag{4-6}$$

$$u = \sqrt{2}U\cos(\omega t + \varphi_u) \tag{4-7}$$

　　实际中所说的正弦电压、正弦电流的大小一般都是指有效值的大小。例如，照明电压的 220V 就是指有效值。各种交流电气设备的额定电流、额定电压均是指有效值。

4.1.4　同频率正弦量的相位差

　　在正弦交流电路中，常常要比较两个同频率正弦量之间的相位关系。例如，同频率的正弦电流 i_1 和正弦电压 u_2 分别为

$$i_1 = \sqrt{2}I_1\cos(\omega t + \varphi_{i1})$$

$$u_2 = \sqrt{2}U_2\cos(\omega t + \varphi_{u2})$$

它们的相位角之差，称为相位差。如果用 φ_{12} 表示电流 i_1 与电压 u_2 之间的相位差，则

$$\varphi_{12} = (\omega t + \varphi_{i1}) - (\omega t + \varphi_{u2}) = \varphi_{i1} - \varphi_{u2} \tag{4-8}$$

上述结果表明，同频率正弦量的相位差等于它们的初相位之差，是一个与时间无关的常数。电路中通常用超前和滞后来描述两个同频率正弦量相位的比较结果。当 $\varphi_{12} > 0$ 时，称 i_1 超前 u_2；当 $\varphi_{12} < 0$ 时，称 i_1 滞后 u_2；当 $\varphi_{12} = 0$ 时，称 i_1 与 u_2 同相；当 $|\varphi_{12}| = \dfrac{\pi}{2}$ 时，称 i_1 与 u_2 正交；当 $|\varphi_{12}| = \pi$ 时，称 i_1 与 u_2 反相。

　　应注意，只有同频率的正弦量，才能比较相位差，不同频率的正弦量之间是不能比较相位差的。

　　【例 4-1】　已知 $u = 310\cos(314t)\mathrm{V}$，$i = -10\sqrt{2}\cos\left(314t - \dfrac{\pi}{2}\right)\mathrm{A}$。求电压 u 的最大值、有效值、角频率、频率、周期和初相位，并比较电压与电流之间的相位差。

　　解　电压 u 的最大值　$U_{\mathrm{m}} = 310\mathrm{V}$

　　电压 u 的有效值　$U = \dfrac{U_{\mathrm{m}}}{\sqrt{2}} = \dfrac{310}{\sqrt{2}} = 220(\mathrm{V})$

　　电压 u 的角频率　$\omega = 314\mathrm{rad}\cdot\mathrm{s}^{-1}$

　　电压 u 的频率　$f = \dfrac{\omega}{2\pi} = \dfrac{314}{2\pi} = 50(\mathrm{Hz})$

　　电压 u 的周期　$T = \dfrac{1}{f} = \dfrac{1}{50} = 0.02(\mathrm{s})$

　　电压 u 的初相位　$\varphi_u = 0°$

电流　$i = -10\sqrt{2}\cos\left(314t - \dfrac{\pi}{2}\right) = 10\sqrt{2}\cos\left(628 + \dfrac{\pi}{2}\right)(\text{A})$

故电流 i 的初相位 $\varphi_i = \dfrac{\pi}{2}$，所以电压 u 超前电流 i 的角度为 $\varphi = \varphi_u - \varphi_i = 0 - \dfrac{\pi}{2} = -\dfrac{\pi}{2}$，即实际上是电流超前电压 $\dfrac{\pi}{2}$，或电压滞后电流 $\dfrac{\pi}{2}$。

4.2　正弦量的相量表示

4.2.1　复数的表示及运算

在正弦交流电路的计算中，广泛采用以复数为基础的相量法。应用这种方法不仅使交流电路的计算大大简化，而且能使交流电路和直流电路的计算在方法上得到统一。两者的主要差别在于直流电路的计算中采用实数，正弦交流电路的计算中采用复数。下面首先对复数知识做一个简要的介绍。

复数有多种表示形式，表示形式之一的代数形式为

$$F = a + \mathrm{j}b \tag{4-9}$$

式中，$\mathrm{j} = \sqrt{-1}$ 为单位虚数。j 的基本性质是 $\mathrm{j}^2 = -1$，$\mathrm{j}^3 = -\mathrm{j}$，$\mathrm{j}^4 = 1$。$a$ 为复数 F 的实部，b 为复数 F 的虚部。取复数 F 的实部和虚部分别用下列符号表示

$$\mathrm{Re}[F] = a, \qquad \mathrm{Im}[F] = b$$

即用 $\mathrm{Re}[F]$ 表示取方括号中复数的实部，用 $\mathrm{Im}[F]$ 表示取方括号中复数的虚部。

任何复数都可用复平面上的点来表示，复平面的横轴为实轴，纵轴为虚轴。例如，复数 $F = a + \mathrm{j}b$ 可用图 4-2 所示复平面上的点 F 来表示。

如果从坐标原点 O 向点 F 画一个带箭头的有向线段，即形成一个矢量 OF，简写为 $\boldsymbol{F}$，这样复数 F 就与矢量 $\boldsymbol{F}$ 对应了。换句话说，把一个矢量放在复平面上，则一定会有一个复数（矢量端点所表示）与之对应，从而可用复数来代表这个矢量。因此，在复平面上，复数可用矢量来表示，矢量也可用复数来表示。设矢量 $\boldsymbol{F}$ 的长度（模）为 $|F|$，矢量与实轴的夹角（或称为辐角）为 θ，则有

$$|F| = \sqrt{a^2 + b^2}$$

$$\theta = \arctan\left(\dfrac{b}{a}\right)$$

根据图 4-2 可得复数 F 的三角函数形式为

$$F = |F|(\cos\theta + \mathrm{j}\sin\theta)$$

显然

$$a = |F|\cos\theta, \quad b = |F|\sin\theta$$

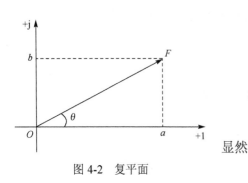

图 4-2　复平面

根据欧拉公式

$$e^{j\theta} = \cos\theta + j\sin\theta$$

复数 F 的三角函数形式可写成指数形式，即

$$F = |F|e^{j\theta} \tag{4-10}$$

所以复数 F 是其模 $|F|$ 与 $e^{j\theta}$ 相乘的结果。复数的极坐标形式为

$$F = |F|\angle\theta \tag{4-11}$$

式中，$|F|$ 就是复数 F 的模，θ 是复数 F 的辐角。

综合以上分析可得以下关系式

$$F = a + jb = |F|(\cos\theta + j\sin\theta) = |F|e^{j\theta} = |F|\angle\theta \tag{4-12}$$

从式 (4-12) 可以看出，$e^{j\theta} = 1\angle\theta$ 是一个模为 1、辐角为 θ 的复数，任何一个复数 F 乘以 $e^{j\theta}$ 相当于把复数 F 逆时针旋转一个角度 θ，所以 $e^{j\theta}$ 称为旋转因子。

根据欧拉公式，不难得出 $e^{j\frac{\pi}{2}} = j$，$e^{-j\frac{\pi}{2}} = -j$，$e^{j\pi} = -1$。因此"$\pm j$"和"-1"都可以看成旋转因子。例如，复数 F 乘以 j，等于把该复数逆时针旋转 $\frac{\pi}{2}$；复数 F 除以 j，等于把复数 F 乘以"$-j$"，也等于把复数 F 顺时针旋转 $\frac{\pi}{2}$。

当进行复数运算时，加、减运算通常采用代数形式，乘、除运算通常采用极坐标形式。

【例 4-2】　设 $F_1 = 3 - j4, F_2 = 10\angle135°$。试求 $F_1 + F_2$ 和 $\dfrac{F_1}{F_2}$。

解　复数的求和适合用代数形式，故把 F_2 从极坐标形式转化为代数形式，有

$$F_2 = 10\angle135° = 10(\cos135° + j\sin135°) = -7.07 + j7.07$$

则

$$F_1 + F_2 = (3 - j4) + (-7.07 + j7.07) = -4.07 + j3.07$$

把结果用极坐标形式表示，则有

$$\arg(F_1 + F_2) = \arctan\left(\frac{3.07}{-4.07}\right) = 143°$$

$$|F_1 + F_2| = \sqrt{(4.07)^2 + (3.07)^2} = 5.1$$

即

$$F_1 + F_2 = 5.1\angle143°$$

复数的相除适合采用极坐标形式，故把 F_1 从代数形式转化为极坐标形式，有

$$F_1 = 3 - j4 = 5\angle-53.1°$$

所以

$$\frac{F_1}{F_2} = \frac{3 - j4}{10\angle135°} = \frac{5\angle-53.1°}{10\angle135°} = 0.5\angle-188.1° = 0.5\angle171.9°$$

以上将复数的辐角进行变化，是为了满足主值区间的要求。

4.2.2 相量

如果有一个复数 $F = |F|\mathrm{e}^{\mathrm{j}\theta}$，它的辐角 $\theta = \omega t + \varphi$ 随时间而变化，则该复数称为复指数函数。根据欧拉公式可将 $F = |F|\mathrm{e}^{\mathrm{j}\theta}$ 表示为

$$F = |F|\mathrm{e}^{\mathrm{j}(\omega t + \varphi)} = |F|\cos(\omega t + \varphi) + \mathrm{j}|F|\sin(\omega t + \varphi) \tag{4-13}$$

取其实部有

$$\mathrm{Re}[F] = |F|\cos(\omega t + \varphi)$$

因此，如果将正弦量取为复指数函数的实部，则正弦量可以与复指数函数对应。例如，以正弦电流为例，设 i 为

$$i = \sqrt{2}I\cos(\omega t + \varphi_i)$$

则有

$$i = \mathrm{Re}[\sqrt{2}I\mathrm{e}^{\mathrm{j}(\omega t + \varphi_i)}] = \mathrm{Re}[\sqrt{2}I\mathrm{e}^{\mathrm{j}\varphi_i}\mathrm{e}^{\mathrm{j}\omega t}]$$

由上式可以看出，复指数函数中的 $I\mathrm{e}^{\mathrm{j}\varphi_i}$ 是以正弦量的有效值为模，以初相角为辐角的一个复常数，这个复常数定义为正弦量的相量，用符号 $\dot{I}$ 表示，即

$$\dot{I} = I\mathrm{e}^{\mathrm{j}\varphi_i} = I\angle\varphi_i \tag{4-14}$$

同理，当电压为正弦量时，其对应的相量为

$$\dot{U} = U\mathrm{e}^{\mathrm{j}\varphi_u} = U\angle\varphi_u \tag{4-15}$$

按正弦量有效值定义的相量称为有效值相量，也可以用正弦量的幅值来定义相量，称为最大值相量，实际工作中一般采用有效值相量。

相量具有复数的形式，但它与一般的复数不一样，它是对应于正弦函数的。在相量的极坐标形式中，相量的模为正弦量的有效值(或幅值)，相量的辐角为正弦量的初相角。相量在复平面上的几何表示称为相量图，图 4-3 是电流相量的相量图。

可以证明，若某个正弦量 $i = \sqrt{2}I\cos(\omega t + \varphi_i)$ 对应的相量为 $\dot{I}$，则 $\dfrac{\mathrm{d}i}{\mathrm{d}t}$ 对应的相量为 $\mathrm{j}\omega\dot{I}$，$\int i\mathrm{d}t$ 对应的相量为 $\dfrac{1}{\mathrm{j}\omega}\dot{I}$。

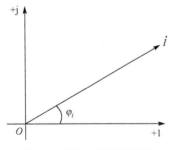

图 4-3 电流相量的相量图

把正弦量表示为相量后，时域中同频率正弦量的加、减运算就可转化为对应复数的加、减运算，时域中正弦量的微分、积分运算就可转化为复数的乘、除运算，这样就给正弦量的运算带来了方便。

【例 4-3】 已知两个同频率正弦量分别为 $i_1 = 10\sqrt{2}\cos(314t + 60°)$，$i_2 = 22\sqrt{2}\cos(314t - 150°)$，试求：(1) $i_1 + i_2$；(2) $\dfrac{\mathrm{d}i_1}{\mathrm{d}t}$。

解 (1)设 i 对应的相量为 $\dot{I} = I\angle\varphi_i$，可有

$$\dot{I} = \dot{I}_1 + \dot{I}_2 = 10\angle60° + 22\angle-150°$$
$$= (5 + j8.66) + (-19.05 - j11)$$
$$= -14.05 - j2.34$$
$$= 14.24\angle-170.54°$$

则

$$i = 14.24\sqrt{2}\cos(314 - 170.54°)$$

(2) 设 i_1 对应的相量为 $\dot{I}_1 = I_1\angle60°$，则 $\dfrac{\mathrm{d}i_1}{\mathrm{d}t}$ 对应的相量为 $j\omega\dot{I}_1 = \omega I_1\angle60° + 90° = \omega I_1\angle150°$，所以

$$\frac{\mathrm{d}i_1}{\mathrm{d}t} = 314\times10\sqrt{2}\cos(314t + 150°) = 3140\sqrt{2}\cos(314t + 150°)$$

4.3　电路拓扑约束和元件约束的相量形式

4.3.1　KCL 和 KVL 的相量形式

在正弦交流电路中，各支路的电流和电压都是同频率的正弦量，所以可以用相量法将 KCL 和 KVL 转换成相量形式。

对于电路中任何一个节点或闭合面，由 KCL 有

$$\sum \pm i = 0$$

由于所有支路电流都是同频率的正弦量，因此 KCL 的相量形式为

$$\sum \pm \dot{I} = 0 \tag{4-16}$$

同理，对于电路中任何一个回路，由 KVL 有

$$\sum \pm u = 0$$

因为所有支路电压都是同频率的正弦量，所以 KVL 的相量形式为

$$\sum \pm \dot{U} = 0 \tag{4-17}$$

4.3.2　电阻、电感和电容元件 VCR 的相量形式

1. 电阻元件 VCR 的相量形式

对于电阻元件 R，如图 4-4(a)所示，时域电压电流关系为 $u = Ri$。当有正弦交流电流 $i = \sqrt{2}I\cos(\omega t + \varphi_i)$ 通过电阻 R 时，在其两端将产生一个同频率的正弦交流电压 $u = \sqrt{2}U\cos(\omega t + \varphi_u)$。将瞬时值表达式代入 $u = Ri$ 中有

$$\sqrt{2}U\cos(\omega t + \varphi_u) = \sqrt{2}IR\cos(\omega t + \varphi_i)$$

转化成相量形式有

$$U\angle\varphi_u = IR\angle\varphi_i$$

即

$$\dot{U} = R\dot{I} \tag{4-18}$$

可见，电阻元件电压电流的大小关系为 $U = RI$ 或 $I = GU\left(G = \dfrac{1}{R}\right)$，而电压与电流的相位相同，即 $\varphi_u = \varphi_i$。图 4-4(b) 是电阻 R 的相量模型；图 4-4(c) 是电阻中正弦电流和正弦电压的相量图。

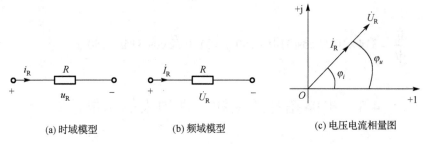

(a) 时域模型　　　　　　(b) 频域模型　　　　　　(c) 电压电流相量图

图 4-4　电阻元件的模型和相量图

2. 电感元件 VCR 的相量形式

设电感元件如图 4-5(a) 所示，则时域电压电流关系为 $u_L = L\dfrac{di_L}{dt}$。当正弦电流通过电感元件时，其两端将产生同频率的正弦电压，设正弦电流和正弦电压分别为

$$i_L = \sqrt{2}I\cos(\omega t + \varphi_i)$$

$$u_L = \sqrt{2}I\cos(\omega t + \varphi_u)$$

将它们代入时域形式的电压电流关系式，则有

$$\sqrt{2}U\cos(\omega t + \varphi_u) = L\frac{d}{dt}\left[\sqrt{2}I\cos(\omega t + \varphi_i)\right]$$

将上式右边求导并整理，得

$$\sqrt{2}U\cos(\omega t + \varphi_u) = \sqrt{2}\omega LI\cos\left(\omega t + \varphi_i + \frac{\pi}{2}\right)$$

写成相量形式有

$$U\angle\varphi_u = \omega LI\angle\varphi_i + \frac{\pi}{2}$$

因为 $1\angle\dfrac{\pi}{2} = j$，所以其电压、电流的相量关系为

$$\dot{U} = j\omega L\dot{I} \tag{4-19}$$

或

$$\dot{I} = \frac{\dot{U}}{j\omega L} \tag{4-20}$$

可见，电感元件电压和电流有效值的关系为

$$U = \omega L I \quad 或 \quad I = \frac{U}{\omega L}$$

而电压和电流相位的关系为

$$\varphi_u = \varphi_i + \frac{\pi}{2} \tag{4-21}$$

或

$$\varphi_u - \varphi_i = \frac{\pi}{2} \tag{4-22}$$

即电感的正弦电压比对应的正弦电流的相位超前 $\frac{\pi}{2}$。

图 4-5(b) 是电感 L 的相量模型，图 4-5(c) 是电感 L 中正弦电压和正弦电流的相量图。

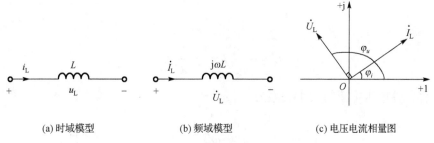

(a) 时域模型　　　　　(b) 频域模型　　　　　(c) 电压电流相量图

图 4-5　电感元件的模型和相量图

下面讨论 ωL 的含义。由 $I = \frac{U}{\omega L}$ 可知，当 U 一定时，ωL 越大，I 就越小。可见 ωL 反映了电感对正弦电流的阻碍作用，因此称为电感的电抗，简称感抗。用 X_L 表示，即

$$X_L = \omega L = 2\pi f L$$

感抗 X_L 的单位是欧姆(Ω)。感抗的倒数称为感纳，用 B_L 表示，即

$$B_L = \frac{1}{X_L}$$

感纳的单位为西门子(S)。有了感抗和感纳的概念，电感电压和电流的相量关系可以表述为

$$\dot{I} = -\mathrm{j}B_L\dot{U}, \quad \dot{U} = \mathrm{j}X_L\dot{I}$$

3. 电容元件 VCR 的相量形式

设电容元件电压电流取关联参考方向，如图 4-6(a) 所示，则时域形式的电压电流关系式为 $i_C = C\dfrac{\mathrm{d}u_C}{\mathrm{d}t}$。当电容元件两端施加一个正弦电压时，该元件中产生同频率的正弦电流。设正弦电压和正弦电流分别为

$$u_C = \sqrt{2}U\cos(\omega t + \varphi_u)$$

$$i_C = \sqrt{2}I\cos(\omega t + \varphi_i)$$

将以上两式代入电容时域形式的电压电流关系式，则有

$$\sqrt{2}I\cos(\omega t + \varphi_i) = C\frac{\mathrm{d}}{\mathrm{d}t}\left[\sqrt{2}U\cos(\omega t + \varphi_u)\right]$$

所以

$$\sqrt{2}I\cos(\omega t + \varphi_i) = \sqrt{2}\omega CU\cos\left(\omega t + \varphi_u + \frac{\pi}{2}\right)$$

转化为相量形式表示，有

$$I\angle\varphi_i = \omega CU\angle\varphi_u + \frac{\pi}{2}$$

因为 $1\angle\frac{\pi}{2} = \mathrm{j}$，所以电容元件电压电流的相量关系为

$$\dot{I} = \mathrm{j}\omega C\dot{U} = \frac{\dot{U}}{\dfrac{1}{\mathrm{j}\omega C}} \tag{4-23}$$

或

$$\dot{U} = \frac{1}{\mathrm{j}\omega C}\dot{I} = -\mathrm{j}\frac{1}{\omega C}\dot{I} \tag{4-24}$$

可见，电容元件电压电流的大小关系为

$$U = \frac{1}{\omega C}I$$

而两者的相位关系为

$$\varphi_i = \varphi_u + \frac{\pi}{2} \quad 或 \quad \varphi_u - \varphi_i = -\frac{\pi}{2} \tag{4-25}$$

即电容上的正弦电压比其上的正弦电流滞后 $\dfrac{\pi}{2}$。

图 4-6(b) 是电容 C 的相量模型，图 4-6(c) 是电容电压和电流的相量图。

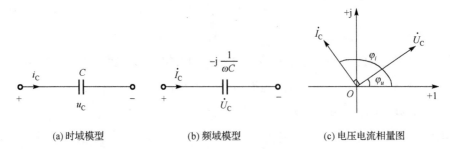

(a) 时域模型　　　　　　　(b) 频域模型　　　　　　　(c) 电压电流相量图

图 4-6　电容元件的模型和相量图

下面来讨论 $\dfrac{1}{\omega C}$ 的含义。$\dfrac{1}{\omega C}$ 具有与电阻相同的量纲，由 $U = \dfrac{1}{\omega C}I$ 可知，当 U 一定时，$\dfrac{1}{\omega C}$ 越大，I 就越小。可见 $\dfrac{1}{\omega C}$ 反映了电容对正弦电流的阻碍作用，因此将其称为电容的电抗，简称容抗，用 X_C 表示，即

$$X_C = \frac{1}{\omega C} = \frac{1}{2\pi f C} \qquad\qquad (4\text{-}26)$$

容抗 X_C 的单位是欧姆（Ω）。容抗的倒数称为容纳，用 B_C 表示，即

$$B_C = \frac{1}{X_C} \qquad\qquad (4\text{-}27)$$

容纳的单位是西门子（S）。显然，容纳表示电容对正弦电流的导通能力。

有了容抗和容纳的概念，电容的电压和电流的相量关系可以表示为

$$\dot{U} = -\mathrm{j}X_C\dot{I}, \qquad\qquad \dot{I} = \mathrm{j}B_C\dot{U} \qquad\qquad (4\text{-}28)$$

从以上介绍的 KCL 和 KVL 的相量形式以及 R、L、C 元件 VCR 的相量形式可以看出，在表现形式上，它们与直流电路的有关公式完全相似。

【例 4-4】　在图 4-7(a) 中所示的 RLC 串联电路中，已知 $R=3\Omega$，$L=1\mathrm{H}$，$C=1\mu\mathrm{F}$，正弦电流源的电流为 i_S，其有效值 $I_S = 5\mathrm{A}$，角频率 $\omega = 10^3\,\mathrm{rad}\cdot\mathrm{s}^{-1}$，试求电压 u_{ad} 和 u_{bd}。

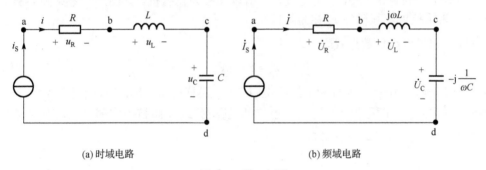

(a) 时域电路　　　　　　　　　　　　　　　　(b) 频域电路

图 4-7　例 4-4 图

解　先画出与图 4-7(a) 所示电路相对应的相量形式的电路图，如图 4-7(b) 所示。因为在串联电路中，通过各元件的电流 i_S 是共同的，所以设电流相量为参考相量，即令 $\dot{I} = \dot{I}_S = 5\angle 0°\,\mathrm{A}$。根据各元件的 VCR 有

$$\dot{U}_R = R\dot{I} = 3\times 5\angle 0° = 15\angle 0°(\mathrm{V})$$

$$\dot{U}_L = \mathrm{j}\omega L\dot{I} = 5000\angle 90°\mathrm{V}$$

$$\dot{U}_C = -\mathrm{j}\frac{1}{\omega C}\dot{I} = 5000\angle -90°\mathrm{V}$$

根据相量形式的 KVL 有

$$\dot{U}_{bd} = \dot{U}_L + \dot{U}_C = 0$$

$$\dot{U}_{ad} = \dot{U}_R + \dot{U}_{bd} = 15\angle 0°\mathrm{V}$$

所以

$$u_{bd} = 0$$

$$u_{ad} = 15\sqrt{2}\cos(10^3 t)\mathrm{V}$$

4.4　阻抗和导纳及其串并联

4.4.1　阻抗和导纳

在正弦稳态电路的分析中，广泛采用阻抗和导纳的概念，下面予以讨论。图 4-8(a)所示为一个含有线性电阻、线性电感和线性电容等元件但不含独立源的一端口网络，当它在角频率为 ω 的正弦信号激励下处于稳定状态时，其端口的电压(或电流)也是同频率的正弦量。定义端口的电压相量 $\dot{U}=U\angle\varphi_u$ 与电流相量 $\dot{I}=I\angle\varphi_i$ 的比值为该一端口网络的阻抗 Z，即

$$Z=\frac{\dot{U}}{\dot{I}}=\frac{U}{I}\angle\varphi_u-\varphi_i=|Z|\angle\varphi_Z \tag{4-29}$$

阻抗 Z 的单位为欧姆(Ω)。由于 Z 是复数，所以又称为复阻抗，其图形符号见图 4-8(b)。Z 的模 $|Z|$ 称为阻抗模，其辐角 φ_Z 称为阻抗角。

阻抗 Z 也可以用代数形式表示，即

$$Z=R+\mathrm{j}X \tag{4-30}$$

其实部 $\mathrm{Re}[Z]=|Z|\cos\varphi_Z=R$ 称为阻抗的电阻部分，简称电阻。虚部 $\mathrm{Im}[Z]=|Z|\sin\varphi_Z=X$ 称为阻抗的电抗分量，简称电抗，它们的单位都是欧姆(Ω)。阻抗的实部 R、虚部 X 和模 $|Z|$ 构成阻抗三角形，如图 4-8(c)所示。

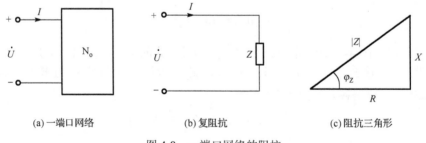

(a)一端口网络　　　　　　　(b)复阻抗　　　　　　　(c)阻抗三角形

图 4-8　一端口网络的阻抗

如果一端口网络内部仅含单个元件 R、L 或 C，则对应的阻抗分别为

$$Z_\mathrm{R}=R,\qquad Z_\mathrm{L}=\mathrm{j}\omega L=\mathrm{j}X_\mathrm{L},\qquad Z_\mathrm{C}=-\mathrm{j}\frac{1}{\omega C}=-\mathrm{j}X_\mathrm{C}$$

如果一端口网络内部为 RLC 串联电路，由 KVL 可得其阻抗 Z 为

$$Z=\frac{\dot{U}}{\dot{I}}=R+\mathrm{j}\omega L+\left(-\mathrm{j}\frac{1}{\omega C}\right)=R+\mathrm{j}\left(\omega L-\frac{1}{\omega C}\right)=R+\mathrm{j}X=|Z|\angle\varphi_Z$$

显然，Z 的实部就是电阻 R，而虚部即电抗 X 为

$$X=X_\mathrm{L}+X_\mathrm{C}=\omega L-\frac{1}{\omega C}$$

此时 Z 的模和辐角分别为

$$\begin{cases} |Z| = \sqrt{R^2 + X^2} \\ \varphi_Z = \arctan\left(\dfrac{X}{R}\right) \end{cases} \tag{4-31}$$

而

$$\begin{cases} R = |Z| \cos\varphi_Z \\ X = |Z| \sin\varphi_Z \end{cases} \tag{4-32}$$

当 $X > 0$，即 $\omega L > \dfrac{1}{\omega C}$ 时，称 Z 呈感性，相应的电路为感性电路；当 $X < 0$，即 $\omega L < \dfrac{1}{\omega C}$ 时，称 Z 呈容性，相应的电路为容性电路；当 $X = 0$，即 $\omega L = \dfrac{1}{\omega C}$ 时，称 Z 呈电阻性，相应的电路为电阻性电路或谐振电路。

在一般情况下，按式 $Z = \dfrac{\dot{U}}{\dot{I}}$ 定义的阻抗称为一端口网络的输入阻抗或驱动点阻抗，也可称为等效阻抗。它的实部和虚部都是外施激励正弦量角频率 ω 的函数，此时 Z 可写为

$$Z(j\omega) = R(\omega) + jX(\omega)$$

式中，$Z(j\omega)$ 的实部 $R(\omega)$ 为其电阻部分，虚部 $X(\omega)$ 为电抗部分。

阻抗 Z 的倒数定义为导纳，用 Y 表示，即

$$Y = \frac{1}{Z} = \frac{\dot{I}}{\dot{U}} \tag{4-33}$$

导纳的单位是西门子(S)。由导纳的定义式不难得出 Y 的极坐标形式为

$$Y = |Y| \angle \varphi_Y = \frac{\dot{I}}{\dot{U}} = \frac{I}{U} \angle \varphi_i - \varphi_u$$

即

$$|Y| \angle \varphi_Y = \frac{I}{U} \angle \varphi_i - \varphi_u \tag{4-34}$$

Y 的模 $|Y|$ 称为导纳模，其辐角称为导纳角。显然有

$$|Y| = \frac{I}{U}, \qquad \angle \varphi_Y = \angle \varphi_i - \varphi_u$$

导纳 Y 也可以用代数形式表示，即

$$Y = G + jB \tag{4-35}$$

Y 的实部 $\mathrm{Re}[Y] = |Y| \cos\varphi_Y = G$ 称为电导；虚部 $\mathrm{Im}[Y] = |Y| \sin\varphi_Y = B$ 称为电纳。它们的单位都是西门子(S)。导纳的实部 G、虚部 B 和模 $|Y|$ 构成导纳三角形。

在一般情况下，按式 $Y = \dfrac{\dot{I}}{\dot{U}}$ 定义的一端口网络 N_o 的导纳称为输入导纳或等效导纳，其实部和虚部都是外施激励正弦量角频率 ω 的函数。此时 Y 可写

$$Y(j\omega) = G(\omega) + jB(\omega) \tag{4-36}$$

式中，$Y(j\omega)$ 的实部 $G(\omega)$ 为它的电导部分，虚部 $B(\omega)$ 为其电纳部分。

阻抗和导纳可以等效互换，其条件为

$$Z(\mathrm{j}\omega)Y(\mathrm{j}\omega)=1 \tag{4-37}$$

即

$$\begin{cases} \left|Z(\mathrm{j}\omega)\right|\left|Y(\mathrm{j}\omega)\right|=1 \\ \varphi_Z+\varphi_Y=0 \end{cases} \tag{4-38}$$

用代数形式表示有

$$G(\omega)+\mathrm{j}B(\omega)=\frac{1}{R(\omega)+\mathrm{j}X(\omega)}=\frac{R(\omega)}{\left|Z(\mathrm{j}\omega)\right|^2}-\mathrm{j}\frac{X(\omega)}{\left|Z(\mathrm{j}\omega)\right|^2} \tag{4-39}$$

所以有

$$G(\omega)=\frac{R(\omega)}{\left|Z(\mathrm{j}\omega)\right|^2}\,,\qquad B(\omega)=-\frac{X(\omega)}{\left|Z(\mathrm{j}\omega)\right|^2}$$

或者

$$R(\omega)=\frac{G(\omega)}{\left|Y(\mathrm{j}\omega)\right|^2}\,,\qquad X(\omega)=-\frac{B(\omega)}{\left|Y(\mathrm{j}\omega)\right|^2}$$

现以 RLC 串联电路为例，由前面的讨论可直接写出其阻抗，即

$$Z=R+\mathrm{j}\left(\omega L-\frac{1}{\omega C}\right)=R+\mathrm{j}X \tag{4-40}$$

而其等效导纳则为

$$Y=\frac{R}{R^2+X^2}-\mathrm{j}\frac{X}{R^2+X^2} \tag{4-41}$$

可以看出 Y 的实部和虚部都是 ω 的函数，而且比较复杂。同理，对于 RLC 并联电路，其导纳也可直接写出，即

$$Y=\frac{1}{R}+\mathrm{j}\left(\omega C-\frac{1}{\omega L}\right)=G+\mathrm{j}B \tag{4-42}$$

则其等效阻抗为

$$Z=\frac{G}{G^2+B^2}-\mathrm{j}\frac{B}{G^2+B^2} \tag{4-43}$$

当一端口网络 N_o 中含有受控源时，可能会出现 $\mathrm{Re}[Z(\mathrm{j}\omega)]<0$ 或 $\left|\varphi_Z\right|>\dfrac{\pi}{2}$ 的情况。如果仅限于 R、L、C 元件的组合且元件参数均为正值，则一定有 $\mathrm{Re}[Z(\mathrm{j}\omega)]\geqslant 0$ 或 $\left|\varphi_Z\right|\leqslant\dfrac{\pi}{2}$。

4.4.2　阻抗、导纳的串联和并联

阻抗的串联和并联电路的计算，在形式上与直流电路中的电阻的串联和并联的计算相似。对于 n 个阻抗串联而成的电路，其等效阻抗为

$$Z=Z_1+Z_2+\cdots+Z_n \tag{4-44}$$

各个阻抗的电压分配为

$$\dot{U}_k = \frac{Z_k}{Z}\dot{U}, \qquad k=1,2,\cdots,n \qquad\qquad (4\text{-}45)$$

式中，$\dot{U}$ 为总电压，$\dot{U}_k$ 为第 k 个阻抗上的电压。同理，对于 n 个导纳并联而成的电路，其等效导纳为

$$Y = Y_1 + Y_2 + \cdots + Y_n \qquad\qquad (4\text{-}46)$$

各个导纳的电流分配为

$$\dot{I}_k = \frac{Y_k}{Y}\dot{I}, \qquad k=1,2,\cdots,n \qquad\qquad (4\text{-}47)$$

式中，$\dot{I}$ 为总电流，$\dot{I}_k$ 为通过导纳 Y_k 的电流。

4.5　正弦稳态电路的相量分析法

由前面的讨论我们知道，对于电阻电路，其拓扑约束和元件约束为

$$\sum \pm i = 0, \qquad \sum \pm u = 0, \qquad u = \pm Ri, \qquad i = \pm Gu$$

对于正弦交流电路，其拓扑约束和元件约束为

$$\sum \pm \dot{I} = 0, \qquad \sum \pm \dot{U} = 0, \qquad \dot{U} = \pm Z\dot{I}, \qquad \dot{I} = \pm Y\dot{U}$$

比较上述两组式子，它们在形式上是完全相同的。因此，线性电阻电路的各种分析方法和电路定理(如串并联等效变换、Y-△等效变换、实际电压源模型和电流源模型的等效变换、支路法、节点法以及叠加定理和戴维南定理等)都可以直接应用于正弦稳态电路的分析中。所不同的是线性电阻电路的方程为实系数方程，而正弦稳态电路的方程为复系数方程。

【例 4-5】　在图 4-9 所示电路中，各独立源都是同频率的正弦量。试列写该电路的节点电压方程。

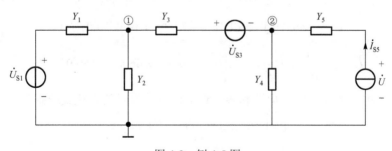

图 4-9　例 4-5 图

解　设接地点为参考节点，节点①和节点②的节点电压分别为 $\dot{U}_{n1}$ 和 $\dot{U}_{n2}$，根据节点法可列写该电路的节点方程为

$$(Y_1 + Y_2 + Y_3)\dot{U}_{n1} - Y_3\dot{U}_{n2} = Y_1\dot{U}_{S1} + Y_3\dot{U}_{S3}$$

$$-Y_3\dot{U}_{n1} + (Y_3 + Y_4)\dot{U}_{n2} = -Y_3\dot{U}_{S3} + \dot{I}_{S5}$$

【例 4-6】　RLC 串联电路中，已知电阻 $R=15\Omega$，电感 $L=25\text{mH}$，电容 $C=5\mu\text{F}$，端电压

$u = 100\sqrt{2}\cos(5000t)\text{V}$，它的相量模型如图 4-10 (a)所示，试求电路中的电流和各元件上电压的瞬时值表达式，并判断电路的性质。

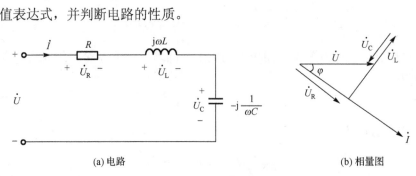

(a) 电路　　　　　　　　　　　　　　　　(b) 相量图

图 4-10　例 4-6 图

解　可用相量法求解，有

$$Z_R = 15\Omega$$

$$Z_L = \mathrm{j}\omega L = \mathrm{j}5000 \times 25 \times 10^{-3} = \mathrm{j}125(\Omega)$$

$$Z_C = -\mathrm{j}\frac{1}{\omega C} = -\mathrm{j}\frac{1}{5000 \times 5 \times 10^{-6}} = -\mathrm{j}40(\Omega)$$

所以

$$Z = Z_R + Z_L + Z_C = 15 + \mathrm{j}85 = 86.31\angle 79.99°(\Omega)$$

端电压的相量为

$$\dot{U} = 100\angle 0°\text{V}$$

则电路的电流相量为

$$\dot{I} = \frac{\dot{U}}{Z} = \frac{100\angle 0°}{86.31\angle 79.99°} = 1.16\angle -79.99°(\text{A})$$

各元件上的电压相量分别为

$$\dot{U}_R = R\dot{I} = 15 \times 1.16\angle -79.99° = 17.38\angle 79.99°(\text{V})$$

$$\dot{U}_L = \mathrm{j}\omega L\dot{I} = \mathrm{j}125 \times 1.16\angle -79.99° = 145\angle 10.01°(\text{V})$$

$$\dot{U}_C = -\mathrm{j}\frac{1}{\omega C}\dot{I} = -\mathrm{j}40 \times 1.16\angle -79.99° = 46.4\angle -169.99°(\text{V})$$

图 4-10 (b) 是该电路的相量图。电流和各元件上电压的瞬时值表达式分别为

$$i = 1.16\sqrt{2}\cos(5000t - 79.99°)\text{A}$$

$$u_R = 17.38\sqrt{2}\cos(5000t - 79.99°)\text{V}$$

$$u_L = 145\sqrt{2}\cos(5000t + 10.01°)\text{V}$$

$$u_C = 46.4\sqrt{2}\cos(5000t - 169.99°)\text{V}$$

结果表明，例 4-6 中电感电压高于电路的端口电压。

　　电路的性质，可用阻抗角 φ 来判断，也可用阻抗的虚部 X(电抗)来判断，还可直接用电路总电压与总电流的相位差 $\varphi_u - \varphi_i$ 来判断。在例 4-6 中，阻抗角 $\varphi = 79.99° > 0$，而

$\text{Im}[Z] = 85\Omega > 0$ ， $\varphi_u - \varphi_i = 0° - (-79.99°) = 79.99° > 0$ ，都说明该电路为感性电路。

【**例 4-7**】 在图 4-11(a)所示的电路中，已知 $R_1 = 10\Omega$， $R_2 = 5\Omega$， $R_3 = 10\Omega$， $R_4 = 7\Omega$，

$L_1 = 2\text{H}$， $C_2 = 0.025\text{F}$， $u_S = 100\sqrt{2}\cos10t\text{V}$， $i_S = 2\sqrt{2}\cos\left(10t + \dfrac{\pi}{2}\right)\text{A}$ 。求流过电阻 R_4 上的

电流 i 。

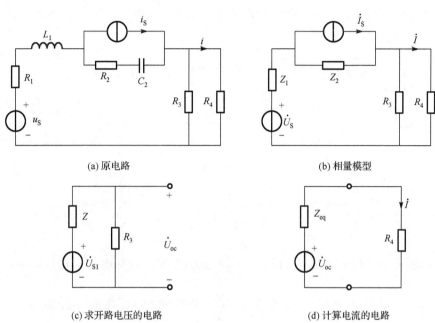

(a) 原电路　　　　　　　　　　　　　　(b) 相量模型

(c) 求开路电压的电路　　　　　　　　　(d) 计算电流的电路

图 4-11　例 4-7 图

解　首先计算各阻抗值，并画出电路的相量模型如图 4-11(b)所示。其中

$$Z_1 = R_1 + j\omega L_1 = 10 + j10 \times 2 = 10 + j20(\Omega)$$

$$Z_2 = R_2 - j\frac{1}{\omega C} = 5 - j\frac{1}{10 \times 0.025} = 5 - j4(\Omega)$$

将图 4-11(b)中的 R_4 支路断开，可得图 4-11(c)所示的等效电路，其中

$$\dot{U}_{S1} = \dot{U}_S + Z_2\dot{I}_S， \qquad Z = Z_1 + Z_2$$

将 $\dot{U}_S = 100\angle0°\text{V}$， $\dot{I}_S = 2\angle0.5\pi\text{A}$ ，及 Z_1、 Z_2 代入上式整理后得

$$\dot{U}_{S1} = 108 + j10\text{V}， \qquad Z = 15 + j16\Omega$$

图 4-11(c)所示电路的戴维南等效电路参数为

$$\dot{U}_{oc} = \frac{R_3}{R_3 + Z}\dot{U}_{S1} = \frac{10}{10 + 15 + j16} \times (108 + j10) = 36.54\angle-27.33°(\text{V})$$

$$Z_{eq} = \frac{R_3 Z}{R_3 + Z} = \frac{10(15 + j16)}{10 + 15 + j16} = 7.39\angle14.23° = 7.16 + j1.82(\Omega)$$

由图 4-11(d)可得

$$\dot{I} = \frac{\dot{U}_{oc}}{Z_{eq} + R_4} = \frac{36.54\angle - 27.33°}{7.16 + j1.82 + 7} = 2.56\angle - 34.65°(A)$$

$$i = 2.56\sqrt{2}\cos(10t - 34.65°)A$$

【例 4-8】 在图 4-12(a)所示的电路中，正弦电压 U_S=380V，频率 f=50Hz。电容为可调电容，当 C=80.95μF 时，交流电流表 A 的读数最小，其值为 2.59A。试求图 4-12 中交流电流表 A_1 的读数以及参数 R 和 L。

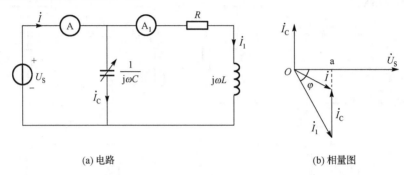

(a) 电路　　　　　　　　　　　　　(b) 相量图

图 4-12　例 4-8 图

解　本题可借助相量图进行分析。令 $\dot{U}_S = 380\angle 0°V$，可知电感电流 $\dot{I}_1 = \dfrac{\dot{U}_S}{R + j\omega L}$ 滞后电压 $\dot{U}_S$，$\dot{I}_C = j\omega C\dot{U}_S$ 超前电压 $\dot{U}_S$ 的弧度为 $\dfrac{\pi}{2}$，对应的相量图如图 4-12(b)所示。从图中可见，当电容 C 变化时，$\dot{I}_C$ 的末端将沿图中所示的虚线(垂线)变化，只有当 $\dot{I}_C$ 的末端到达 a 点时，$\dot{I}$ 为最小，此时，$\dot{I}$、$\dot{I}_1$ 和 $\dot{I}_C$ 三者组成直角三角形。

交流电流表 A 的最小读数为 I=2.59A，而 $I_C = \omega C U_S = 9.66A$，由此即可求得电流表 A_1 的读数为

$$I_1 = \sqrt{(9.66)^2 + (2.59)^2} = 10(A)$$

由 $\dot{I}$、$\dot{I}_1$ 和 $\dot{I}_C$ 构成的直角三角形可得 $|\varphi| = \arctan\dfrac{I_C}{I} = 74.99°$，所以

$$R + j\omega L = \frac{\dot{U}_S}{\dot{I}_1} = \frac{U_S}{I_1}\left(\cos|\varphi| + j\sin|\varphi|\right) = \frac{380}{10}(0.259 + j0.966) = 9.84 + j36.7(\Omega)$$

由此可得 $R = 9.48\Omega$，$L = \dfrac{36.7}{2\pi f} = \dfrac{36.7}{2\times 3.14\times 50} = 0.117(H)$。

4.6　正弦稳态电路的功率

4.6.1　瞬时功率

对图 4-13(a)所示无源单口网络 N，在正弦稳态情况下，设 u，i 分别为

$$u = \sqrt{2}U\cos(\omega t + \varphi_u)，\qquad i = \sqrt{2}I\cos(\omega t + \varphi_i)$$

则该网络吸收的瞬时功率为

$$p = ui = 2UI \cos(\omega t + \varphi_u)\cos(\omega t + \varphi_i) \tag{4-48}$$

令 $\varphi = \varphi_u - \varphi_i$ 为正弦电压与正弦电流的相位差，则

$$p = UI \cos\varphi + UI \cos(2\omega t + \varphi_u + \varphi_i) \tag{4-49}$$

从式(4-49)可以看出，瞬时功率由两部分组成，一部分为 $UI\cos\varphi$，是与时间无关的恒定分量；另一部分为 $UI \cos(2\omega t + \varphi_u + \varphi_i)$，是随时间按角频率 2ω 变化的正弦量。瞬时功率的波形图见图 4-13(b)，瞬时功率的单位为瓦特(W)。

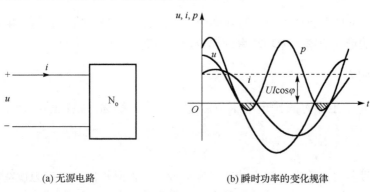

(a) 无源电路　　　　　　　　　　(b) 瞬时功率的变化规律

图 4-13　无源单口网络的功率

上述瞬时功率还可以写为

$$\begin{aligned} p &= UI \cos\varphi + UI \cos(2\omega t + 2\varphi_u - \varphi) \\ &= UI \cos\varphi + UI \cos\varphi\cos(2\omega t + 2\varphi_u) + UI \sin\varphi\sin(2\omega t + 2\varphi_u) \\ &= UI \cos\varphi\{1 + \cos[2(\omega t + \varphi_u)]\} + UI \sin\varphi\sin[2(\omega t + \varphi_u)] \end{aligned} \tag{4-50}$$

由于 $\varphi \leqslant \dfrac{\pi}{2}$，所以 $\cos\varphi \geqslant 0$。因此，式(4-50)中的第一项始终大于或等于零，该项是瞬时功率中的不可逆部分；第二项是瞬时功率中的可逆部分，以 2ω 的频率按正弦规律变化，反映了外接电源与单口无源网络之间能量交换的情况。

在电工技术中，瞬时功率的实用意义不大，经常用下面将要讨论的平均功率、无功功率、视在功率反映相关情况。

4.6.2　平均功率

平均功率是瞬时功率在一个周期内的平均值，用大写字母 P 表示，即

$$P = \frac{1}{T}\int_0^T p\,\mathrm{d}t = \frac{1}{T}\int_0^T UI[\cos\varphi + \cos(2\omega t + \varphi_u + \varphi_i)]\,\mathrm{d}t = UI\cos\varphi \tag{4-51}$$

平均功率也称为有功功率，用来表示无源单口网络实际消耗功率的情况，为式(4-49)中的恒定分量，单位为 W。由式(4-51)可以看出，平均功率不仅取决于网络端口电压 u 与端口电流 i 的有效值，而且与它们之间的相位差 $\varphi = \varphi_u - \varphi_i$ 有关。式(4-51)中 $\cos\varphi$ 称为功率因数，用符号 λ 表示，即

$$\lambda = \cos\varphi \tag{4-52}$$

式(4-52)表明，功率因数的大小由网络端口电压 u 与端口电流 i 的相位差 φ 决定，φ 越小，$\cos\varphi$ 越大。当 $\varphi = 0$ 时，为纯电阻电路，功率因数 $\cos\varphi = 1$；当 $\varphi = \pm\dfrac{\pi}{2}$ 时，为纯电抗电路，功率因数 $\cos\varphi = 0$，表明电路不消耗能量。

4.6.3　无功功率

无功功率用大写字母 Q 表示，其定义为

$$Q = UI\sin\varphi \tag{4-53}$$

由式(4-50)可见无功功率是瞬时功率中的可逆分量的最大值，表明了电源与单口网络之间能量交换的最大速率。无功功率的单位用 var(乏)表示。

4.6.4　视在功率

电力设备正常工作时的额定电压与额定电流的乘积称为视在功率，用大写字母 S 表示，即

$$S = UI \tag{4-54}$$

它反映了电力设备可能输出的最大功率。实际设备工作时输出的功率为视在功率与功率因数的乘积，即 $P = S\cos\varphi = UI\cos\varphi$。视在功率的单位用 $V \cdot A$(伏安)表示。

可以证明，正弦交流电路中有功功率和无功功率均守恒，即总的有功功率等于电路各个部分有功功率之和，总的无功功率等于电路各个部分无功功率之和，但电路的视在功率一般不守恒。

【例 4-9】　如图 4-14 所示是测量电感线圈参数 R、L 的实验电路。已知电压表的读数为 50V，电流表的读数为 1A，功率表的读数为 30W，电源的频率 $f = 50\text{Hz}$，试求电感线圈的参数 R、L 之值。

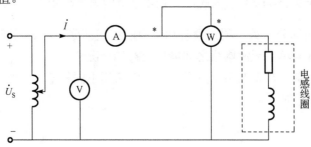

图 4-14　例 4-9 图

解　设阻抗为 $Z = |Z|\angle\varphi = R + j\omega L$，根据电压表和电流表的读数，可以求得阻抗的模为 $|Z| = \dfrac{U}{I} = \dfrac{50}{1} = 50(\Omega)$。功率表的读数为线圈吸收的功率，因此有

$$UI\cos\varphi = 30$$

则

$$\varphi = \arccos\left(\frac{30}{UI}\right) = \arccos\left(\frac{30}{50\times 1}\right) = 53.13°$$

由此得线圈的阻抗为

$$Z = R + j\omega L = |Z| \angle \varphi = 50\angle 53.13° = 30 + j40(\Omega)$$

所以

$$R = 30\Omega$$

$$\omega L = 40\Omega$$

所以

$$L = \frac{40}{\omega} = \frac{40}{2\pi f} = \frac{40}{2\pi \times 50} = 127(\text{mH})$$

该题也可利用 $P = I^2 R$ 求出 R，然后利用 $\sqrt{|Z|^2 - R^2} = \omega L$ 求出 ωL。

4.6.5　功率因数的提高

在电能的传输过程中，电力系统(发电机)在发出有功功率的同时也输出无功功率。当负载要求输送的有功功率 P 一定时，$\cos\varphi$ 越小(φ 越大)，则无功功率 Q 越大。较大的无功功率在电路上来回传输一方面会形成较大的电压损失，造成负载端电压降低，使得用电设备不能正常工作；另一方面，也会使输电线路产生较大的能量损耗，使电力系统的经济效益减少，因此必须尽量提高功率因数。提高功率因数的方法有很多，对于用户来讲大多采用并联补偿电容器的方法。现举例加以说明。

【例 4-10】　在图 4-15(a)所示的电路中，所加正弦电压为 380V，其频率为 50Hz。感性负载吸收的功率为 $P_1 = 20$kW，功率因数 $\cos\varphi_1 = 0.6$。如需将电路的功率因数提高到 $\cos\varphi = 0.9$，试求并联在负载两端电容器的电容值(图中虚线所示)。

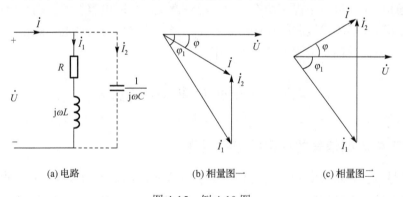

(a) 电路　　　　　　　(b) 相量图一　　　　　　(c) 相量图二

图 4-15　例 4-10 图

解　电容器的模型用理想电容表示。因为并联电容后不会改变原负载的工作状况，所以电路的有功功率没有变化，只是改变了电路的无功功率，从而使电路的功率因数得到提高。

令 $\dot{U} = 380\angle 0°$，可画出并联电容后电路的相量图，如图 4-15(b)所示。图 4-15(b)中，因为 $\varphi_1 < 0$，$\varphi < 0$，所以有

$$I_2 = I_1 \sin|\varphi_1| - I \sin|\varphi|$$

因为 $U = 380$V，$\cos\varphi_1 = 0.6$，$P = UI_1 \cos\varphi_1 = 20$kW，由此可求得

$$I_1 = \frac{P}{U\cos\varphi_1} = \frac{20\times10^3}{380\times0.6} = 87.72(\text{A})$$

若已将功率因数提高到了 $\cos\varphi = 0.9$ ，因负载的工作状态没有发生变化，故负载吸收的有功功率不变，由此可求得

$$I = \frac{P}{U\cos\varphi} = \frac{20\times10^3}{380\times0.9} = 58.48(\text{A})$$

由 $\cos\varphi_1 = 0.6$ 可得 $\sin|\varphi_1| = \sqrt{1-(\cos\varphi_1)^2} = \sqrt{1-0.6^2} = 0.8$ ，由 $\cos\varphi = 0.9$ 可得 $\sin|\varphi| = \sqrt{1-(\cos\varphi)^2} = \sqrt{1-0.9^2} = 0.436$ ，所以有

$$I_2 = I_1\sin|\varphi_1| - I\sin|\varphi| = 87.72\times0.8 - 58.48\times0.436 = 44.69(\text{A})$$

故有

$$C = \frac{I_2}{\omega U} = \frac{44.69}{2\pi\times50\times380} = 3.75\times10^{-4}(\text{F}) = 375(\mu\text{F})$$

并联电容后电路的另一个相量图如图 4-15(c)所示，因 $\varphi_1 < 0$ ， $\varphi > 0$ ，所以有

$$I_2 = I_1\sin|\varphi_1| + I\sin\varphi = 87.72\times0.8 + 58.48\times0.436 = 95.67(\text{A})$$

故有

$$C = \frac{I_2}{\omega U} = \frac{95.67}{2\pi\times50\times380} = 8.02\times10^{-4}(\text{F}) = 802(\mu\text{F})$$

电容取 375μF 或 802μF 均是满足题目要求的解。结合工程背景和经济性的要求，可知电容取值应为 375μF 。

通过上述例子可以看出提高功率因数的经济意义。并联电容补偿无功功率后减少了线路电流，从而减少了输电线路的损耗；或者在不降低线路电流的情况下能使同一条线路带更多的负荷，从而提高了电源设备的利用率。

4.7　非正弦周期电流电路

4.7.1　非正弦周期信号的傅里叶级数展开

周期信号(电流或电压)可以用周期函数 $f(t)$ 表示，如果该函数满足狄利克雷条件(函数在一个周期内只有有限数量的第一类间断点和有限数量的极大值、极小值，且满足绝对可积)，那么它就能展开成级数，即

$$f(t) = a_0 + \sum_{k=1}^{\infty}[a_k\cos(k\omega t) + b_k\sin(k\omega t)] \tag{4-55}$$

式中，第一项 a_0 称为周期函数 $f(t)$ 的恒定分量(或直流分量)； $a_k\cos(k\omega t)$ 为 $f(t)$ 的余弦项； $b_k\sin(k\omega t)$ 为 $f(t)$ 的正弦项。 a_0 、 a_k 、 b_k 为傅里叶系数，计算公式如下：

$$a_0 = \frac{1}{T}\int_0^T f(t)\,\mathrm{d}t = \frac{1}{T}\int_{-\frac{T}{2}}^{\frac{T}{2}} f(t)\,\mathrm{d}t$$

$$a_k = \frac{2}{T} \int_0^T f(t) \cos(k\omega t)\, \mathrm{d}t = \frac{2}{T} \int_{-\frac{T}{2}}^{\frac{T}{2}} f(t) \cos(k\omega t) \mathrm{d}t$$

$$= \frac{1}{\pi} \int_0^{2\pi} f(t) \cos(k\omega t)\mathrm{d}(\omega t) = \frac{1}{\pi} \int_{-\pi}^{\pi} f(t) \cos(k\omega t)\mathrm{d}(\omega t)$$

$$b_k = \frac{2}{T} \int_0^T f(t) \sin(k\omega t)\mathrm{d}t = \frac{2}{T} \int_{\frac{T}{2}}^{\frac{T}{2}} f(t) \sin(k\omega t)\mathrm{d}t$$

$$= \frac{1}{\pi} \int_0^{2\pi} f(t) \sin(k\omega t)\mathrm{d}(\omega t) = \frac{1}{\pi} \int_{-\pi}^{\pi} f(t) \sin(k\omega t)\mathrm{d}(\omega t)$$

以上各式中，$k = 1, 2, 3, \cdots$。

利用三角函数的知识，把式(4-55)中同频率的正弦项和余弦项合并，则可以得到周期函数 $f(t)$ 傅里叶级数的另一种表达式，即

$$f(t) = A_0 + \sum_{k=1}^{\infty} A_{km} \cos(k\omega t + \varphi_k) \tag{4-56}$$

式中，A_0、A_{km} 为傅里叶系数。

不难得出式(4-55)和式(4-57)中的傅里叶系数之间有如下关系,即

$$\begin{cases} A_0 = a_0 \\ A_{km} = \sqrt{a_k^2 + b_k^2} \\ a_k = A_{km} \cos\varphi_k \\ b_k = -A_{km} \sin\varphi_k \\ \varphi_k = \arctan\left(-\dfrac{b_k}{a_k}\right) \end{cases} \tag{4-57}$$

式(4-56)中的第一项 A_0 为函数 $f(t)$ 的直流分量，它是 $f(t)$ 在一个周期内的平均值。第二项 $A_{1m} \cos(\omega t + \varphi_1)$ 称为一次谐波(或基波分量)，其周期或频率与原周期函数 $f(t)$ 的周期或频率相同。$k = 2, 3, 4, \cdots$ 的其他各项分别称为二次谐波，三次谐波，四次谐波，$\cdots$，统称为高次谐波。A_{km} 及 φ_k 为第 k 次谐波分量的振幅及初相位。

对常见的非正弦周期函数 $f(t)$，通常可通过查表的方法，得出其相应的傅里叶级数展开式。

傅里叶级数是一个无穷级数，因此把一个非正弦周期函数 $f(t)$ 展开成傅里叶级数后，从理论上讲必须取无穷多项才能准确地代表原有函数 $f(t)$。但是，由于傅里叶级数通常收敛很快，往往只取级数的前面几项就能满足工程上准确度的要求。

4.7.2　非正弦周期信号的有效值和平均功率

若一个非正弦周期电流 i 可以展开为傅里叶级数，即

$$i = I_0 + \sum_{k=1}^{\infty} I_{km} \cos(k\omega t + \varphi_k)$$

可以求得它的有效值为

$$I = \sqrt{\frac{1}{T}\int_0^T i^2 \mathrm{d}t} = \sqrt{I_0^2 + I_1^2 + I_2^2 + I_3^2 + \cdots} = \sqrt{I_0^2 + \sum_{k=1}^{\infty} I_k^2} \tag{4-58}$$

对电压可得类似公式。

若假定一个二端网络端口的电压、电流取关联参考方向，且表达式分别为

$$u = U_0 + \sum_{k=1}^{\infty} U_{km} \cos(k\omega t + \varphi_{uk})$$

$$i = I_0 + \sum_{k=1}^{\infty} I_{km} \cos(k\omega t + \varphi_{ik})$$

则该二端网络吸收的瞬时功率为

$$p = ui = \left[U_0 + \sum_{k=1}^{\infty} U_{km} \cos(k\omega t + \varphi_{uk}) \right] \times \left[I_0 + \sum_{k=1}^{\infty} I_{km} \cos(k\omega t + \varphi_{ik}) \right]$$

按平均功率的定义

$$P = \frac{1}{T}\int_0^T P \mathrm{d}t = \frac{1}{T}\int_0^T ui \mathrm{d}t$$

即可求得

$$P = U_0 I_0 + U_1 I_1 \cos\varphi_1 + U_2 I_2 \cos\varphi_2 + \cdots + U_k I_k \cos\varphi_k + \cdots \tag{4-59}$$

式中

$$U_k = \frac{U_{km}}{\sqrt{2}}, \quad I_k = \frac{I_{km}}{\sqrt{2}}, \quad \varphi_k = \varphi_{uk} - \varphi_{ik}, \quad k = 1, 2, \cdots$$

即非正弦周期电流电路的平均功率等于直流分量功率 $U_0 I_0$ 与各次谐波分量平均功率的代数和。

如果非正弦周期电流流过电阻 R，其平均功率为

$$P = I_0^2 R + I_1^2 R + I_2^2 R + \cdots + I_k^2 R + \cdots = I^2 R \tag{4-60}$$

4.7.3　非正弦周期电流电路的计算

对于非正弦周期电压(或电流)激励下的线性电路，其分析和计算的理论基础是傅里叶级数和叠加原理。分析计算的具体步骤如下。

(1)将给定的非正弦周期信号展开成傅里叶级数(通常可通过查表完成)，并根据所需要的准确度确定高次谐波取到哪一项为止。

(2)分别求出直流分量以及各次谐波分量单独作用于电路时的响应。求解直流分量($\omega = 0$)响应时，电容视为开路，电感视为短路；对各次谐波分量的响应可以用相量法求解，求解时要注意电容、电感对不同谐波的阻抗值不同，即

$$X_{Lk} = k\omega L$$

$$X_{Ck} = \frac{1}{k\omega C}$$

(3)把步骤(2)中计算出的直流分量响应和各次谐波分量响应用瞬时值表示，根据线性

电路的叠加原理，把响应分量进行叠加。这样，所求得的响应是一个含有直流分量和各次谐波分量的非正弦瞬时值表达式。

【例 4-11】 如图 4-16(a)所示电路中，已知 $R_1 = 5\Omega$，$R_2 = 10\Omega$，基波感抗 $X_{L(1)} = \omega L = 2\Omega$，基波容抗 $X_{C(1)} = \dfrac{1}{\omega C} = 15\Omega$，电源电压 $u = 10 + 141.14\cos(\omega t) + 70.7\cos(3\omega t + 30°)\text{V}$，试求各支路电流 i、i_1、i_2 及电源输出的平均功率。

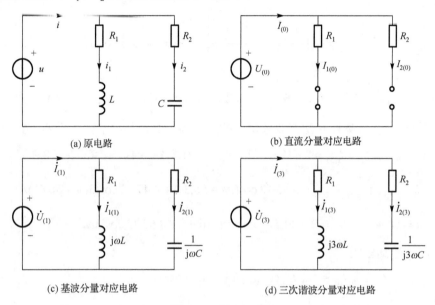

图 4-16　例 4-11 图

解 (1)由于所给出的电源电压就是傅里叶级数展开式的形式，所以直接按照上述步骤(2)求电流的各分量。

(2)直流分量单独作用时的电路如图 4-16(b)所示。此时电感 L 相当于短路，电容 C 相当于开路。各支路电流分别为

$$I_{1(0)} = \frac{U_{(0)}}{R_1} = \frac{10}{5} = 2(\text{A})$$

$$I_{2(0)} = 0\text{A}$$

$$I_{(0)} = I_{1(0)} + I_{2(0)} = 2\text{A}$$

(3)基波分量单独作用时的电路模型如图 4-16(c)所示。此时可用相量法计算各支路电流分别为

$$\dot{I}_{1(1)} = \frac{\dot{U}_{(1)}}{R_1 + j\omega L} = \frac{\left(\dfrac{141.4}{\sqrt{2}}\right)\angle 0°}{5 + j2} = 18.61\angle -21.8°(\text{A})$$

$$\dot{I}_{2(1)} = \frac{\dot{U}_{(1)}}{R_2 - j\dfrac{1}{\omega C}} = \frac{\left(\dfrac{141.4}{\sqrt{2}}\right)\angle 0°}{10 - j15} = 5.55\angle 56.3°(\text{A})$$

$$\dot{I}_{(1)} = \dot{I}_{1(1)} + \dot{I}_{2(1)} = 18.61\angle -21.8° + 5.55\angle 56.3° = 20.5\angle -6.4°(\text{A})$$

(4)三次谐波单独作用时的电路模型如图 4-16(d)所示,可计算出各支路电流相量为

$$\dot{I}_{1(3)} = \frac{\dot{U}_{(3)}}{R_1 + \text{j}3\omega L} = \frac{\left(\dfrac{70.7}{\sqrt{2}}\right)\angle 30°}{5 + \text{j}3\times 2} = 6.4\angle -20.2°(\text{A})$$

$$\dot{I}_{2(3)} = \frac{\dot{U}_{(3)}}{R_2 - \text{j}\dfrac{1}{3\omega C}} = \frac{\left(\dfrac{70.7}{\sqrt{2}}\right)\angle 30°}{10 - \text{j}\dfrac{1}{3}\times 15} = 4.47\angle 56.6°(\text{A})$$

$$\dot{I}_{(3)} = \dot{I}_{1(3)} + \dot{I}_{2(3)} = 6.4\angle -20.2 + 4.47\angle 56.6° = 8.62\angle 10.17°(\text{A})$$

(5)将上述直流分量及各次谐波分量的响应化为瞬时值相叠加,得出各支路电流为

$$i_1 = i_{1(0)} + i_{1(1)} + i_{1(3)} = 2 + 18.61\sqrt{2}\cos(\omega t - 21.8°) + 6.4\sqrt{2}\cos(3\omega t - 20.2°)\text{A}$$

$$i_2 = i_{2(0)} + i_{2(1)} + i_{2(3)} = 5.55\sqrt{2}\cos(\omega t + 56.3°) + 4.47\sqrt{2}\cos(3\omega t + 56.6°)\text{A}$$

$$i = i_{(0)} + i_{(1)} + i_{(3)} = 2 + 20.5\sqrt{2}\cos(\omega t - 6.4°) + 8.62\sqrt{2}\cos(3\omega t + 10.17°)\text{A}$$

电源输出的平均功率为

$$\begin{aligned}
P &= U_{(0)}I_{(0)} + U_{(1)}I_{(1)}\cos\varphi_{(1)} + U_{(3)}I_{(3)}\cos\varphi_{(3)} \\
&= 10\times 2 + \frac{141.4}{\sqrt{2}}\times 20.5\cos 6.4° + \frac{70.7}{\sqrt{2}}\times 8.62\cos(30° - 10.17°) \\
&= 2462.84(\text{W})
\end{aligned}$$

4.8 谐 振 电 路

4.8.1 谐振的定义

在含有电感和电容的正弦稳态电路中,二端电路端口电压和电流的相位一般是不同的,如果出现了电压与电流同相位的情况,则称电路发生了谐振。

谐振分串联谐振和并联谐振两种。

4.8.2 串联谐振

在图 4-17 所示的 RLC 串联电路中,其输入阻抗为

$$Z = \frac{\dot{U}}{\dot{I}} = R + \text{j}\left(\omega L - \frac{1}{\omega C}\right) = |Z|\angle\varphi \tag{4-61}$$

当满足下列条件时,即

$$\omega L = \frac{1}{\omega C} \tag{4-62}$$

阻抗角 $\varphi = 0$,电流与电压同相位,电路出现谐振现象,称为串联谐振。

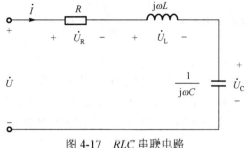

图 4-17　RLC 串联电路

式(4-62)是产生串联谐振的充要条件。要满足这一条件，可以通过改变电路参数 L 或 C，或调节外加电源的角频率来实现。而对于 L、C 已经固定的电路，由 $\omega L = \dfrac{1}{\omega C}$ 可知，发生谐振时外加电源的频率必定满足：

$$\omega_0 L = \frac{1}{\omega_0 C}$$

即

$$\omega_0 = \frac{1}{\sqrt{LC}} \tag{4-63}$$

或

$$f_0 = \frac{1}{2\pi\sqrt{LC}} \tag{4-64}$$

式中，f_0 由电路本身的参数 L、C 决定，称为电路的固有频率。当电路参数 L 或 C 改变时，电路谐振频率随之改变。例如，在无线电收音机中，就利用改变可调电容器达到谐振的办法来选择所要接收的信号。

RLC 串联电路达到谐振时，电路的感抗与容抗相等，即 $X_L = X_C$，其值为

$$\omega_0 L = \frac{1}{\omega_0 C} = \sqrt{\frac{L}{C}} = \rho \tag{4-65}$$

式中，ρ 是一个仅与电路参数有关而与频率无关的量，称为电路的特性阻抗。

由上述讨论可以看出发生串联谐振时有以下现象。

(1)谐振时电压与电流同相位，电路呈电阻性。

(2)谐振时 LC 串联部分相当于短路，电路的阻抗为纯电阻，即 $Z = \sqrt{R^2 + (X_L - X_C)^2} = R$，此时阻抗最小 $Z = R$。因此在端口电压有效值保持不变的前提下，谐振时电流最大，即 $I_0 = \dfrac{U}{R}$。

(3)谐振时电感电压 $U_L = \omega_0 L I_0$ 与电容电压 $U_C = \dfrac{1}{\omega_0 C} I_0$ 大小相等，相位相反，二者相互抵消，这时电源电压全部施加在电阻 R 上，即 $U = U_R = R I_0$，所以串联谐振又称为电压谐振。

如果谐振时感抗 $\omega_0 L$ 与容抗 $\dfrac{1}{\omega_0 C}$ 远大于电阻 R，那么电感电压和电容电压的有效值会远大于电源电压的有效值，即

$$\omega_0 L \gg R, \quad U_L \gg U; \quad \frac{1}{\omega_0 C} \gg R, \quad U_C \gg U$$

在电子技术和无线电工程等弱电系统中，常利用串联谐振的方法得到比激励电压高若干倍的响应电压。然而在电力工程等强电系统中，串联谐振产生的高压会造成设备和器件的损坏，因此在强电系统中要尽量避免谐振或接近谐振的情况出现。

串联谐振时，电感电压或电容电压与外施激励电压的比值用 Q 表示，即

$$Q = \frac{U_L}{U} = \frac{U_C}{U} = \frac{\omega_0 L}{R} = \frac{1}{\omega_0 CR} = \frac{\rho}{R} \tag{4-66}$$

Q 是一个无量纲的纯数，称为谐振电路的品质因数，简称 Q 值。

在实际中，通常用电感线圈和电容器串联组成串联谐振电路。电感线圈工作时的电抗与电阻之比称为线圈的品质因数，用 Q_L 表示，即

$$Q_L = \frac{\omega L}{R}$$

由于实际电容损耗较小，电阻效应可忽略不计，所以该谐振电路的电阻是电感线圈的电阻，因此谐振电路的品质因数 Q 也就是在谐振频率下电感线圈的品质因数。收音机中的线圈，其品质因数可达 $200 \sim 300$。

由于谐振时电路呈电阻性，阻抗角 $\varphi = 0$，所以电路中总的无功功率为零。即在谐振状态下电容与电感的无功功率相互抵消，说明电路与电源无能量交换，电源供出的能量全部被电阻消耗掉。

应指出，串联电阻 R 的大小虽然不影响串联谐振电路的固有频率，但是它却能控制和调节谐振时电流和电压的幅度。

4.8.3 并联谐振

图 4-18 为典型的 RLC 并联谐振电路，其分析方法和 RLC 串联谐振电路相同。

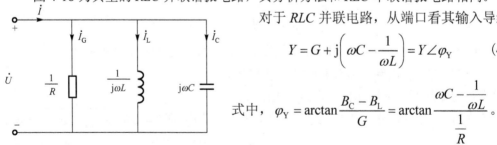

图 4-18 RLC 并联谐振电路

对于 RLC 并联电路，从端口看其输入导纳为

$$Y = G + j\left(\omega C - \frac{1}{\omega L}\right) = Y \angle \varphi_Y \tag{4-67}$$

式中，$\varphi_Y = \arctan \dfrac{B_C - B_L}{G} = \arctan \dfrac{\omega C - \dfrac{1}{\omega L}}{\dfrac{1}{R}}$。

当 $B_L = B_C$ 时，$\varphi_Y = 0$，电流和电压同相位，电路发生谐振。由于谐振时必须满足：

$$\frac{1}{\omega_0 L} = \omega_0 C \tag{4-68}$$

由此可得电路谐振时的角频率和频率分别为

$$\omega_0 = \frac{1}{\sqrt{LC}}, \qquad f_0 = \frac{1}{2\pi\sqrt{LC}}$$

并联谐振有以下特点。

(1) 导纳角 $\varphi_Y = 0$，电流与电压同相位，电路为电阻性。

(2) 谐振时电路的输入导纳最小，即

$$Y = \sqrt{G^2 + (B_C - B_L)^2} = G = \frac{1}{R}$$

LC 并联组合部分相当于开路。当电源电压 U 和电路的电导 G 固定时，谐振电路的电流最小，并等于电导 G 中的电流，即

$$I_0 = I_G = GU$$

(3) 谐振时电感支路电流 $\dot{I}_L$ 与电容支路电流 $\dot{I}_C$ 大小相等，相位相反，二者相互抵消，即

$$\dot{I}_L + \dot{I}_C = 0$$

式中

$$\dot{I}_L(\omega_0) = -j\frac{1}{\omega_0 L}\dot{U} = -j\frac{1}{\omega_0 LG}\dot{I} = -jQ\dot{I}$$

$$\dot{I}_C(\omega_0) = j\omega_0 C\dot{U} = j\frac{\omega_0 C}{G}\dot{I} = jQ\dot{I}$$

式中，Q 称为并联谐振电路的品质因数

$$Q = \frac{I_L(\omega_0)}{I} = \frac{I_C(\omega_0)}{I} = \frac{1}{\omega_0 LG} = \frac{\omega_0 C}{G} = \frac{1}{G}\sqrt{\frac{C}{L}}$$

因谐振时外施激励电流 I 全部流经电导 G，所以并联谐振又称为电流谐振。当 $B_L = B_C > G$ 时，I_L 和 I_C 将大于总电流 I。

(4) 由于谐振时电路呈电阻性，阻抗角 $\varphi = 0$，则电路中总的无功功率 $UI\sin\varphi = I^2 X_L - I^2 X_C = 0$，即在谐振状态下电容与电感的无功功率相互抵消，表明谐振时电路中仅电场能与磁场能相互转换，而与激励电源无能量互换，电源提供出的能量全部被电阻所消耗。电路中电场能和磁场能的总和为常数，即

$$W(\omega_0) = W_L + W_C = \frac{1}{2}LI_{Lm}^2 = \frac{1}{2}CU_m^2 = CU^2$$

实际的并联谐振电路通常是由电感线圈与电容器并联构成的，其电路模型如图 4-19 所示。该电路的输入导纳为

$$Y = \frac{1}{R + j\omega L} + j\omega C = \frac{R^2}{R^2 + \omega^2 L^2} - j\frac{\omega L}{R^2 + \omega^2 L^2} + j\omega C \tag{4-69}$$

电路谐振时，导纳应为纯电导，即 Y 的虚部为零，则

$$\frac{\omega L}{R^2 + \omega^2 L^2} - \omega C = 0$$

由此解得谐振角频率与电路参数的关系为

$$\omega = \omega_0 = \sqrt{\frac{1}{LC} - \frac{R^2}{L^2}} = \frac{1}{\sqrt{LC}}\sqrt{1 - \frac{CR^2}{L}} \tag{4-70}$$

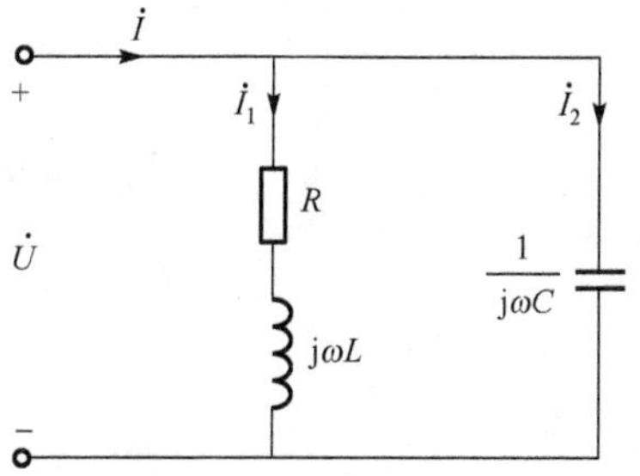

谐振频率为

图 4-19　实际并联谐振电路模型

$$f_0 = \frac{1}{2\pi\sqrt{LC}}\sqrt{1 - \frac{CR^2}{L}} \tag{4-71}$$

由于 ω_0（或 f_0）只能是实数，显然只有 $1 - \frac{CR^2}{L} > 0$，即当 $R < \sqrt{\frac{L}{C}}$ 时，ω_0（或 f_0）才是实数，

电路才可能发生谐振。如果 $R > \sqrt{\frac{L}{C}}$，那么电路不可能发生谐振。

【例 4-12】 图 4-20（a）所示为一个实际的选频电路的示意图，相当于 RLC 串联谐振电路。已知 $R = 2\Omega$，$L = 5\mu H$，C 为可调电容器。该电路欲接收载波频率为 10MHz，$U = 0.15mV$ 的短路波电台信号，试求：（1）可调电容的值，电路的 Q 值、电流 I、电容电压 U_C；（2）当载波频率增加 10%，而激励源电压不变时，电流 I 及电容电压 U_C 变为多少？

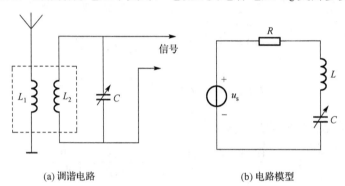

（a）调谐电路　　　　　　　　　（b）电路模型

图 4-20　例 4-12 图

解　（1）设电路发生谐振时可调电容值为 C_0，故有

$$C_0 = \frac{1}{\omega_0^2 L} = \frac{1}{(2\pi \times 10 \times 10^6)^2 \times 5 \times 10^{-6}} = 50.7(\text{pF})$$

$$Q = \frac{\rho}{R} = \frac{1}{R}\sqrt{\frac{L}{C}} = \frac{1}{2}\sqrt{\frac{5 \times 10^{-6}}{50.7 \times 10^{-12}}} = 157$$

$$I = \frac{U}{R} = \frac{0.15 \times 10^{-3}}{2} = 0.075(\text{mA}) = 75(\mu A)$$

$$U_C = QU = 157 \times 0.15 = 23.55(\text{mV})$$

（2）载波频率增加 10% 时，有 $f = (1 + 10\%)f_0 = (1 + 10\%) \times 10 = 11(\text{MHz})$，故

$$X_C = \frac{1}{2\pi f C_0} = \frac{1}{2\pi \times 11 \times 10^6 \times 50.7 \times 10^{-12}} = 285.5(\Omega)$$

$$X_L = 2\pi f L = 2\pi \times 11 \times 10^6 \times 5 \times 10^{-6} = 345.4(\Omega)$$

$$|Z| = \sqrt{R^2 + (X_L - X_C)^2} = \sqrt{2^2 + (345.4 - 285.5)^2} = 59.93(\Omega)$$

$$I = \frac{U}{|Z|} = \frac{0.5 \times 10^{-3}}{59.93} = 2.5(\mu A)$$

$$U_C = IX_C = 2.5 \times 10^{-6} \times 285.5 = 0.714 \text{(mV)}$$

计算结果表明，相对于 f_0 而言，较小的频率偏移量就会使得电路的电容电压及电路的电流急剧减小，说明上述接收电路的选择性较好。

4.9　应 用 实 例

【**实例 4-1**】　移相电路。

移相电路常用于校正电路中不必要的相移或用于产生某种特定的相移。RC 电路具有移相功能，电容的存在使得电路产生超前相移。

图 4-21 所示电路针对特定频率的信号可产生 $90°$ 的超前相移。

对图 4-21 所示电路，如果针对某一特定频率有 $R = X_C = 20\Omega$，则可得到局部电路的输入阻抗为

$$Z = \frac{20 \times (20 - \text{j}20)}{20 + 20 - \text{j}20} = 12 - \text{j}4(\Omega)$$

由分压公式可得

$$\dot{U}_1 = \frac{Z}{Z - \text{j}20}\dot{U}_i = \frac{12 - \text{j}4}{12 - \text{j}24}\dot{U}_i = \frac{\sqrt{2}}{3}\angle 45°\dot{U}_i$$

则输出电压为

$$\dot{U}_o = \frac{20}{20 - \text{j}20}\dot{U}_1 = \frac{\sqrt{2}}{2}\angle 45°\dot{U}_1 = \frac{\sqrt{2}}{2}\angle 45° \times \frac{\sqrt{2}}{3}\angle 45°\dot{U}_i = \frac{1}{3}\angle 90°\dot{U}_i$$

可见，输出电压超前输入电压 $90°$，但幅值只有输入电压的 1/3。

【**实例 4-2**】　利用串联谐振进行交流耐压试验。

图 4-22 所示为利用可调电抗器 L 与被试品(电容 C)构成的串联电路，调整电抗器电感的大小，使电路发生串联谐振。谐振时电感上的电压 u_L 和电容上的电压 u_C 是电源电压的 Q 倍(品质因数 Q 一般可达到几十至几百)。可见，在电气试验中可以采用串联谐振法产生高电压对电气设备和器件进行耐压试验。试验电抗器的电感和被试品的电容发生谐振时，不需要电源提供高电压，就能得到高电压。这种做法能使试验设备轻量化，十分适宜于现场试验。

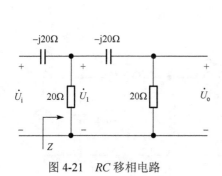

图 4-21　RC 移相电路

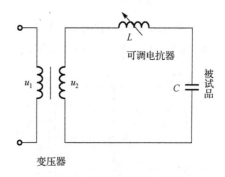

图 4-22　交流耐压试验电路

习 题

4-1 求正弦量 $120\cos(4\pi t + 30°)$ 的角频率、周期、频率、初相、振幅、有效值。

4-2 角频率为 ω，写出下列电压、电流相量所对应的正弦电压和电流。

(1) $\dot{U}_{\mathrm{m}} = 10\angle -10° \mathrm{V}$ (2) $\dot{U} = -6 - \mathrm{j}8\mathrm{V}$ (3) $\dot{I}_{\mathrm{m}} = 1 - \mathrm{j}1\mathrm{V}$ (4) $\dot{I} = -30\mathrm{A}$

4-3 如果 $i = 2.5\cos(2\pi t - 30°)\mathrm{A}$，当 u 为下列表达式时，求 u 与 i 的相位差，并说明二者超前或滞后的关系。

(1) $u = 120\cos(2\pi t + 10°)\mathrm{V}$ (2) $u = 40\sin\left(2\pi t - \dfrac{\pi}{3}\right)\mathrm{V}$

(3) $u = -10\cos 2\pi t \mathrm{V}$ (4) $u = -33.8\sin(2\pi t - 28.6°)\mathrm{V}$

4-4 写出下列每一个正弦量的相量，并画出相量图。

(1) $u_1 = 50\cos(600t - 110°)\mathrm{V}$ (2) $u_2 = 30\sin(600t + 30°)\mathrm{V}$ (3) $u = u_1 + u_2$

4-5 设 $\omega = 200\mathrm{rad/s}$，给出下列电流相量对应的瞬时值表达式。

(1) $\dot{I}_1 = \mathrm{j}10\mathrm{A}$ (2) $\dot{I}_2 = (4 + \mathrm{j}2)\mathrm{A}$ (3) $\dot{I} = \dot{I}_1 + \dot{I}_2$

4-6 已知方程式 $Ri + L\dfrac{\mathrm{d}i}{\mathrm{d}t} = u$ 中，电压、电流均为同频率的正弦量，设正弦量的角频率为 ω，试给出该式对应的相量形式。

4-7 题 4-7 图所示电路中，已知 $u_{\mathrm{S}} = 480\sqrt{2}\cos(800t - 30°)\mathrm{V}$，试给出该电路的频域模型(相量模型)。

4-8 题 4-8 图所示电路中，$\dot{I}_{\mathrm{S}} = 10\angle 30° \mathrm{A}$，$\dot{U}_{\mathrm{S}} = 100\angle -60° \mathrm{V}$，$\omega L = 20\Omega$，$\dfrac{1}{\omega C} = 20\Omega$，$R = 4\Omega$。已知 $\omega = 100\mathrm{rad/s}$，试给出该相量模型对应的时域模型。

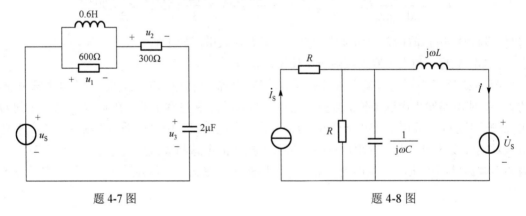

题 4-7 图   题 4-8 图

4-9 二端网络如题 4-9 图所示，求其输入阻抗 Z_{in} 及输入导纳 Y_{in}。

4-10 求题 4-10 图所示电路中的电压 $\dot{U}_{\mathrm{ab}}$。

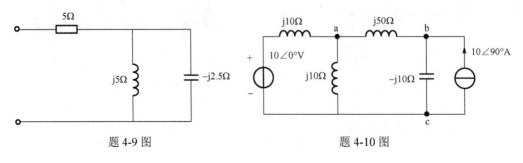

题 4-9 图   题 4-10 图

4-11　题 4-11 图所示电路中，已知 $\dot{I}_L = 4\angle 28°\text{A}$，$\dot{I}_C = 1.2\angle 53°\text{A}$。求 $\dot{I}_S$、$\dot{U}_S$ 及 $\dot{U}_R$。

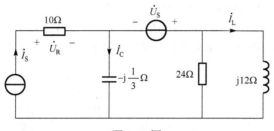

题 4-11 图

4-12　题 4-12 图所示电路中，已知 $u = 220\sqrt{2}\cos(250t + 20°)\text{V}$，$R = 110\Omega$，$C_1 = 20\mu\text{F}$，$C_2 = 80\mu\text{F}$，$L = 1\text{H}$。求电路中各电流表的读数和电路的输入阻抗。

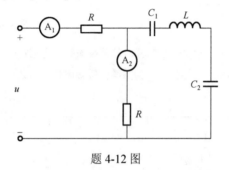

题 4-12 图

4-13　求题 4-13 图所示电路的戴维南等效电路和诺顿等效电路。

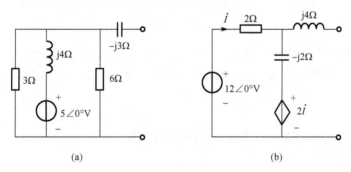

题 4-13 图

4-14　题 4-14 图所示正弦稳态电路中，$\dot{I}_S = 10\angle 30°\text{A}$，$\dot{U}_S = 100\angle -60°\text{V}$，$\omega L = 20\Omega$，$\dfrac{1}{\omega C} = 20\Omega$，$R = 4\Omega$。试求出各个电源供给电路的有功功率和无功功率。

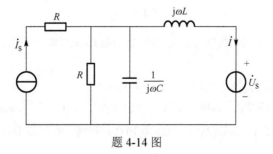

题 4-14 图

4-15 题 4-15 图所示电路中，已知 Z_1 消耗的平均功率为 80W，功率因数为 0.8（感性）；Z_2 消耗的平均功率为 30W，功率因数为 0.6（容性）。求电路的功率因数。

4-16 电路如题 4-16 图所示，已知感性负载接在电压 $U = 220\text{V}$、频率 $f = 50\text{Hz}$ 的交流电源上，其平均功率 $P = 1.1\text{kW}$，功率因数 $\cos\varphi = 0.5$（滞后）。现欲并联电容使功率因数提高到 0.8（滞后），求需接多大电容 C？

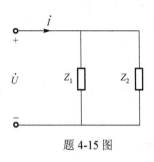

题 4-15 图

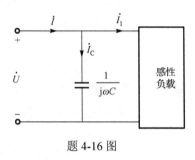

题 4-16 图

4-17 电路如题 4-17 图所示。(1) 求 Z_L 断开时的戴维南等效电路；(2) 为使负载获得最大功率，负载阻抗 Z_L 应为多少？并求最大功率。（说明：Z_{eq} 为戴维南等效阻抗，当 $Z_L = Z_{eq}^*$ 时，负载可获得最大功率）

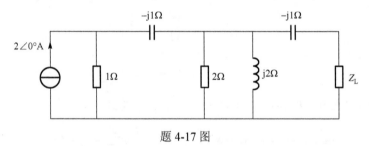

题 4-17 图

4-18 题 4-18 图所示电路中，$R_1 = 1\Omega$，$C_1 = 10^3\mu\text{F}$，$L_1 = 0.4\text{mH}$，$R_2 = 2\Omega$，$\dot{U}_S = 10\angle -45°\text{V}$，$\omega = 10^3\text{rad/s}$。(1) 求 Z_L 断开时的戴维南等效电路；(2) Z_L 为何值时能获得最大功率？求此最大功率。

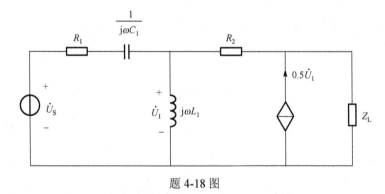

题 4-18 图

4-19 已知题 4-19 图 (a) 所示的正弦波 $i_1(t)$ 的有效值是 I，则题 4-19 图 (b) 所示的半波整流波 $i_2(t)$ 的有效值是多少？

4-20 非正弦周期电压如题 4-20 图所示，求其有效值 U。

4-21 一个实际线圈接在非正弦周期电压上，电压瞬时值为 $u = 10 + 10\sqrt{2}\cos\omega t + 5\sqrt{2}\cos(3\omega t + 30°)\text{V}$，如果线圈模型的电阻为 10Ω，电感对基波的感抗为 10Ω，则线圈中电流的瞬时值应为多少？

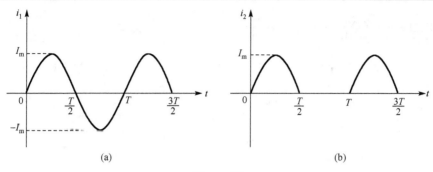

题 4-19 图

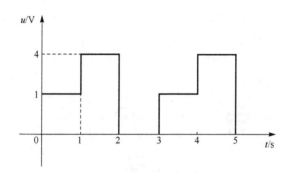

题 4-20 图

4-22 在 RLC 串联电路中，外加电压 $u = 100 + 60\cos\omega t + 40\cos 2\omega t\,\mathrm{V}$，已知 $R = 30\Omega$，$\omega L = 40\Omega$，$\dfrac{1}{\omega C} = 80\Omega$，试写出电路中电流 i 的瞬时表达式。

4-23 题 4-23 图所示电路中，已知 $u = 200 + 100\cos 3\omega t\,\mathrm{V}$，$R = 50\Omega$，$\omega L = 5\Omega$，$\dfrac{1}{\omega C} = 45\Omega$，试求电压表和电流表的读数。

4-24 题 4-24 图中 N 为无独立源一端口电路，已知：$u = 100 + 400\sqrt{2}\cos 314t + 200\sqrt{2}\cos 942t\,\mathrm{V}$，$i = 0.5 + 2.5\sqrt{2}\cos(314t - 30°)\mathrm{A}$，试求：(1)端口电压、电流的有效值；(2)该电路消耗的功率。

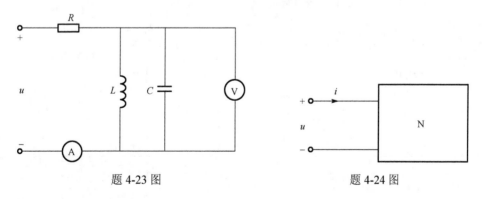

题 4-23 图   题 4-24 图

4-25 电路如题 4-25 图所示，电源电压为 $u_S(t) = 50 + 100\sin 314t - 40\cos 628t + 10\sin(942t + 20°)\mathrm{V}$，试求：(1)电流 $i(t)$ 和电源发出的功率；(2)电源电压 $u_S(t)$ 和电流 $i(t)$ 的有效值。

4-26 题 4-26 图所示电路中，$u_S = 1.5 + 5\sqrt{2}\sin(2t + 90°)\mathrm{V}$，$i_S = 2\sin 1.5t\,\mathrm{A}$。求 u_R 及 u_S 发出的功率。

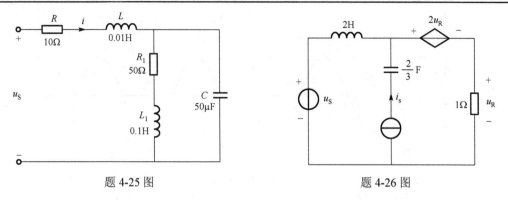

题 4-25 图　　　　　　　　　　题 4-26 图

4-27　RLC 串联电路中，$R = 150\Omega$，$L = 8.78\mu H$，$C = 2000pF$，试求电路电流滞后于外加电压 $45°$ 的频率，在何种频率时电流超前外加电压 $45°$？

4-28　题 4-28 图所示正弦稳态电路中，已知电流表 A 的读数为零，端电压 u 的有效值 $U=200V$。求电流表 A_4 的读数（电流表读数为有效值）。

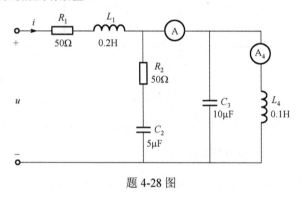

题 4-28 图

4-29　题 4-29 图所示为滤波电路，要求负载中不含基波分量，但 $4\omega_1$ 的谐波分量能全部传送至负载。已知 $\omega_1 = 1000rad/s$，$C = 1\mu F$，求 L_1 和 L_2。

4-30　题 4-30 图所示滤波器能够阻止电流的基波通至负载，同时能使九次谐波无衰减地通至负载。设 $C = 0.04\mu F$，基波频率 $f = 50Hz$，求电感 L_1 和 L_2。

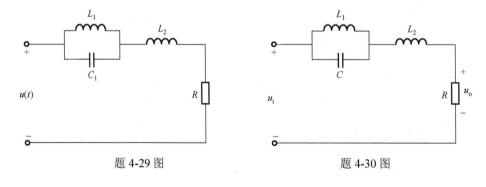

题 4-29 图　　　　　　　　　　题 4-30 图

第5章　三相电路与安全用电

本章介绍三相电路的基本概念和分析方法，并对安全用电的要点进行简要介绍。具体内容为三相电源、三相电路的连接与结构、对称三相电路的计算、不对称三相电路、三相电路的功率、安全用电、应用实例，重点内容是对称三相电路的计算。

5.1　三　相　电　源

若有三个正弦电压源的电压 u_A、u_B、u_C，它们的最大值相等、频率相等、相位依次相差 120°，则称为对称三相电压源，简称为三相电源。由三相电源供电的电路称为三相电路。由于三相电路在发电、输电等方面比仅有一个电源的单相电路有很多优点，所以电力系统中广泛采用这种电路。

三相电源是由三相交流发电机产生的，如图 5-1(a) 所示为三相发电机的示意图，其中发电机定子上所嵌的三个绕组 AX、BY 和 CZ 分别称为 A 相、B 相和 C 相绕组。各绕组的形状及匝数相同，在定子上彼此相隔 120°。发电机的转子是一对磁极，当它按图示顺时针方向以角速度 ω 旋转时，能在各个绕组中感应出正弦电压 u_A、u_B、u_C，形成对称三相电源，图 5-1(b) 是这三个电源的电路符号，每一个电源依次称为 A 相、B 相、C 相。

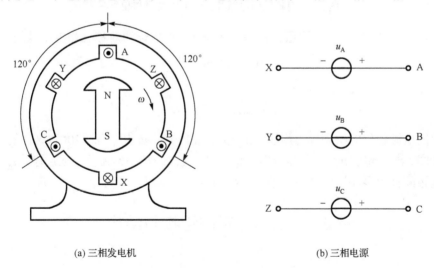

(a) 三相发电机　　　　　　　　　　　　(b) 三相电源

图 5-1　三相发电机与三相电源示意图

若选 u_A 为参考正弦量，设其初相为零，则对称三相电源瞬时值的表达式为

$$\begin{cases} u_A = \sqrt{2}U\cos(\omega t) \\ u_B = \sqrt{2}U\cos(\omega t - 120°) \\ u_C = \sqrt{2}U\cos(\omega t + 120°) \end{cases} \tag{5-1}$$

其对应的相量表达式为

$$\begin{cases} \dot{U}_A = U\angle 0° \\ \dot{U}_B = U\angle -120° = \alpha^2 \dot{U}_A \\ \dot{U}_C = U\angle +120° = \alpha \dot{U}_A \end{cases} \tag{5-2}$$

式中，$\alpha = 1\angle 120° = -\dfrac{1}{2} + j\dfrac{\sqrt{3}}{2}$，它是工程上为了表示方便而引入的单位相量算子。对称三相电源各相的电压波形和相量图如图 5-2(a)、(b) 所示。

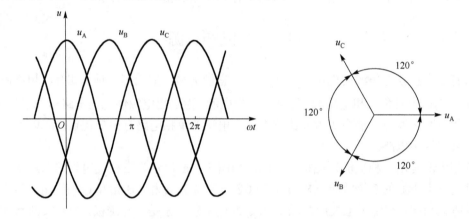

(a) 对称三相电源各相的电压波形   (b) 对称三相电源的相量图

图 5-2　对称三相电源各相的电压波形和相量图

由式 (5-1) 和式 (5-2)，并注意到 $1 + \alpha + \alpha^2 = 0$，可以证明对称三相电压满足：

$$u_A + u_B + u_C = 0 \tag{5-3}$$

或

$$\dot{U}_A + \dot{U}_B + \dot{U}_C = 0 \tag{5-4}$$

三相电压源相位的次序称为相序。u_A 超前 u_B 120°、u_B 超前 u_C 120°，这样的相序称为正序或顺序。若 u_B 超前 u_A 120°、u_C 超前 u_B 120°，这样的相序称为负序或反序。u_A、u_B、u_C 三者相位相同称为零序。电力系统中一般采用正序，本章主要讨论这种情况。

5.2　三相电路的连接与结构

5.2.1　星形连接的三相电源和三相负载

星形 (Y) 连接的三相电源如图 5-3(a) 所示。三个电压源的负极性端子 X、Y、Z 连接在一起形成的一个节点称为中性点，用 N 表示；从三个电压源的正极性端子 A、B、C 向外引出的三条输电线，称为端线 (俗称火线)。

在星形电源中，端线 A、B、C 与中性点之间的电压称为相电压。由图 5-3(a) 可知

$$\begin{cases} \dot{U}_{AN} = \dot{U}_A \\ \dot{U}_{BN} = \dot{U}_B \\ \dot{U}_{CN} = \dot{U}_C \end{cases} \tag{5-5}$$

对称三相电源相电压的有效值通常用 U_p 表示。

端线 A、B、C 之间的电压称为线电压，分别记为 $\dot{U}_{AB}$，$\dot{U}_{BC}$，$\dot{U}_{CA}$。对称三相电源线电压的有效值通常用 U_l 表示。由图 5-3(a)可知星形电源的线电压与相电压的关系为

$$\begin{cases} \dot{U}_{AB} = \dot{U}_A - \dot{U}_B = U\angle 0° - U\angle -120° = \sqrt{3}\dot{U}_A\angle 30° \\ \dot{U}_{BC} = \dot{U}_B - \dot{U}_C = U\angle -120° - U\angle 120° = \sqrt{3}\dot{U}_B\angle 30° \\ \dot{U}_{CA} = \dot{U}_C - \dot{U}_A = U\angle 120° - U\angle 0° = \sqrt{3}\dot{U}_C\angle 30° \end{cases} \tag{5-6}$$

式(5-6)表明，当对称三相电源 Y 连接时，线电压的有效值为相电压的 $\sqrt{3}$ 倍，且相位超前对应相电压30°。这里线电压与相电压的对应关系是指 AB 线之间电压 $\dot{U}_{AB}$ 与 A 相电源电压 $\dot{U}_A$ 对应，BC 线之间电压 $\dot{U}_{BC}$ 与 B 相电源电压 $\dot{U}_B$ 对应，CA 线之间电压 $\dot{U}_{CA}$ 与 C 相电源电压 $\dot{U}_C$ 对应。

对称 Y 形电源线电压与相电压之间的关系，可用图 5-3(b)所示的相量图表示。

当三相电路中的三个负载阻抗相等时，称为对称三相负载，否则称为不对称三相负载。星形连接的对称三相负载如图 5-3(c)所示。

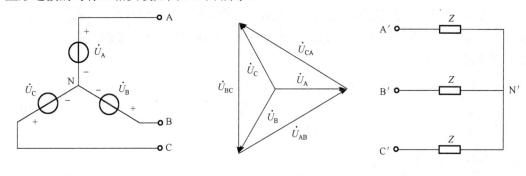

(a) 星形连接的三相电源　　　　(b) 星形连接线电压与相电压的关系　　　(c) 星形连接的三相负载

图 5-3　星形连接的三相电源和三相负载

若各相负载上电压对称，设分别为

$$\begin{cases} \dot{U}_{A'N'} = U\angle 0° \\ \dot{U}_{B'N'} = U\angle -120° \\ \dot{U}_{C'N'} = U\angle 120° \end{cases} \tag{5-7}$$

则负载端线电压与负载相电压的关系为

$$\begin{cases} \dot{U}_{A'B'} = \dot{U}_{A'N'} - \dot{U}_{B'N'} = U\angle 0° - U\angle -120° = \sqrt{3}\dot{U}_{A'N'}\angle 30° \\ \dot{U}_{B'C'} = \dot{U}_{B'N'} - \dot{U}_{C'N'} = U\angle -120° - U\angle 120° = \sqrt{3}\dot{U}_{B'N'}\angle 30° \\ \dot{U}_{C'A'} = \dot{U}_{C'N'} - \dot{U}_{A'N'} = U\angle 120° - U\angle 0° = \sqrt{3}\dot{U}_{C'N'}\angle 30° \end{cases} \tag{5-8}$$

可见负载端的线电压也是对称的，线电压的有效值为相电压的 $\sqrt{3}$ 倍，且相位超前对应相电压30°。

5.2.2　三角形连接的三相电源和三相负载

将三相电压源依次首尾相连成一个回路，即 X 与 B 连接在一起，Y 与 C 连接在一起，Z 与 A 连接在一起，再从端子 A、B、C 引出三条端线，即构成三角形（△）连接的三相电源，如图 5-4(a) 所示。

由图 5-4(a) 可以得出三角形电源的线电压和相电压之间的关系为

$$
\begin{cases}
\dot{U}_{AB} = \dot{U}_A \\
\dot{U}_{BC} = \dot{U}_B \\
\dot{U}_{CA} = \dot{U}_C
\end{cases}
\tag{5-9}
$$

由式(5-9)可知，三角形电源的线电压和对应的相电压有效值相等，即 $U_l = U_p$，且相位相同。

应该指出，当对称三角形电源连接正确时，$\dot{U}_A + \dot{U}_B + \dot{U}_C = 0$，所以三相电源构成的回路中不会产生环绕电流，但如果出现连接错误，将实际三相电源中的某一相电源接反，由 KVL 可知回路中三个电源的电压之和将不为零。而实际电源回路中的阻抗很小，所以在回路中将形成很大的环流，产生高温，烧毁电源。因此，实际的大容量三相交流发电机中很少采用三角形连接方式。

如图 5-4(b) 所示为三角形连接的三相负载。负载的相电流分别是 $\dot{I}_{A'B'}$、$\dot{I}_{B'C'}$、$\dot{I}_{C'A'}$。由图 5-4(b) 所示电路可以看出，负载端的线电压和相电压相等，线电流和相电流存在如下KCL 关系：

$$
\begin{cases}
\dot{I}_A = \dot{I}_{A'B'} - \dot{I}_{C'A'} \\
\dot{I}_B = \dot{I}_{B'C'} - \dot{I}_{A'B'} \\
\dot{I}_C = \dot{I}_{C'A'} - \dot{I}_{B'C'}
\end{cases}
\tag{5-10}
$$

如果三个相电流对称，设为

$$
\begin{cases}
\dot{I}_{A'B'} = I_p \angle 0° \\
\dot{I}_{B'C'} = I_p \angle -120° \\
\dot{I}_{C'A'} = I_p \angle 120°
\end{cases}
\tag{5-11}
$$

则有

$$
\begin{cases}
\dot{I}_A = I_p \angle 0° - I_p \angle 120° = \sqrt{3}\dot{I}_{A'B'} \angle -30° \\
\dot{I}_B = I_p \angle -120° - I_p \angle 0° = \sqrt{3}\dot{I}_{B'C'} \angle -30° \\
\dot{I}_C = I_p \angle 120° - I_p \angle -120° = \sqrt{3}\dot{I}_{C'A'} \angle -30°
\end{cases}
\tag{5-12}
$$

式(5-12)表明，对称三相负载三角形连接时，线电流的有效值为相电流的 $\sqrt{3}$ 倍，且相位滞后对应相电流30°。图 5-4(c) 所示的相量图表示了这一关系。

对图 5-4(a) 所示的三相电源的三角形连接电路，若规定电源的相电流与相电压之间为非关联参考方向，此时，由 KCL 可以求出线电流的有效值为相电流的 $\sqrt{3}$ 倍，且相位滞后

对应相电流 30°，即有

$$\begin{cases} \dot{I}_A = \dot{I}_{BA} - \dot{I}_{AC} = \sqrt{3}\dot{I}_{BA}\angle-30° \\ \dot{I}_B = \dot{I}_{CB} - \dot{I}_{BA} = \sqrt{3}\dot{I}_{CB}\angle-30° \\ \dot{I}_C = \dot{I}_{AC} - \dot{I}_{CB} = \sqrt{3}\dot{I}_{AC}\angle-30° \end{cases} \tag{5-13}$$

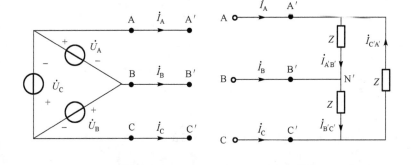
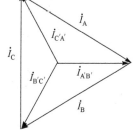

(a) 三角形连接的三相电源　　　　(b) 三角形连接的三相负载　　　　(c) 三角形连接线电流与相电流的关系

图 5-4　三角形连接的三相电源和三相负载

5.2.3　三相电路的结构

三相电路是由三相电源和三相负载通过连接线连接构成的。三相电源和三相负载均有星形(Y)连接和三角形(△)连接两种结构，因而两者的组合共有四种可能，所以三相电路的结构有四种。如果不考虑连接线的阻抗，则四种结构分别是如图 5-5(a)所示的 Y-Y 连接结构、如图 5-5(b)所示的 Y-△ 连接结构、如图 5-5(c)所示的△-△连接结构和如图 5-5(d)所示的△-Y 连接结构。考虑连接线阻抗 Z_l 的 Y-Y 连接结构如图 5-5(e)所示，在 Y-Y 连接结构下可派生出三相四线制结构，如图 5-5(f)所示。在图 5-5(f)中，星形电源的中性点 N 与负载的中性点 N′之间的连接线称为中性线，简称中线或零线，Z_N 为中线上的阻抗。由 KCL 可知，三相四线制结构中的中线上的电流为

$$\dot{I}_N = \dot{I}_A + \dot{I}_B + \dot{I}_C \tag{5-14}$$

三相四线制结构仍属于 Y-Y 连接方式，该结构在低压配电系统中得到了广泛应用。如果三相四线制结构中的三相电流 $\dot{I}_A$、$\dot{I}_B$、$\dot{I}_C$ 对称，则中线电流 $\dot{I}_N = 0$。

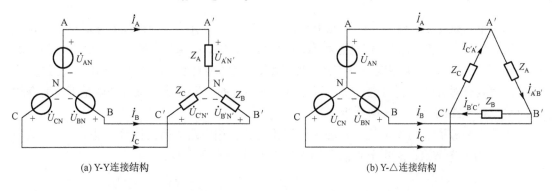

(a) Y-Y连接结构　　　　　　　　　　　　　　　　(b) Y-△连接结构

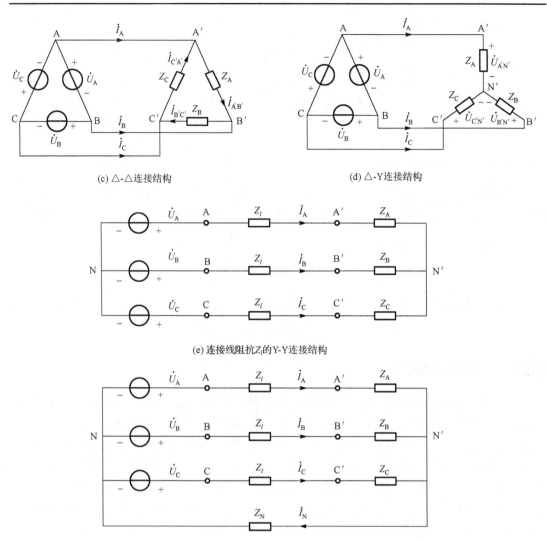

(c) △-△连接结构   (d) △-Y连接结构

(e) 连接线阻抗 Z_l 的 Y-Y 连接结构

(f) 三相四线制结构

图 5-5　三相电路的各种结构

5.3　对称三相电路的计算

　　三相电路是正弦交流电路，因此用于正弦交流电路分析的各种计算方法对三相电路完全适用。而对称三相电路(三相电源对称、三相负载相等、电源与负载间的三根连接线上的阻抗相等)是一种特殊类型的正弦交流电路，其特殊性在于电路的相电压、相电流、线电压、线电流都具有对称性，利用这一特点可导出一种简便的分析方法，该方法就是下面要介绍的对称三相电路的三相化一相分析方法。

　　以图 5-5(e)所示的 Y-Y 连接电路为例讨论对称三相电路的简化计算方法。

　　设 N 为参考节点，利用节点法可列出 N′ 点的节点电压方程为

$$\left(\frac{1}{Z_A+Z_l}+\frac{1}{Z_B+Z_l}+\frac{1}{Z_C+Z_l}\right)\dot{U}_{N'N}=\frac{\dot{U}_A}{Z_A+Z_l}+\frac{\dot{U}_B}{Z_B+Z_l}+\frac{\dot{U}_C}{Z_C+Z_l} \tag{5-15}$$

设电路为对称三相电路，即三相负载相同（$Z_A = Z_B = Z_C = Z$），三相电源对称，此时有

$$\left(\frac{3}{Z+Z_l}\right)\dot{U}_{N'N} = \frac{1}{Z+Z_l}(\dot{U}_A + \dot{U}_B + \dot{U}_C) = 0 \tag{5-16}$$

可得 $\dot{U}_{N'N} = 0$，即 N′ 点与 N 点等电位，所以各相连接线上的电流（也为电源与负载的相电流）分别为

$$\begin{cases} \dot{I}_A = \dfrac{\dot{U}_A - \dot{U}_{N'N}}{Z+Z_l} = \dfrac{\dot{U}_A}{Z+Z_l} \\[2mm] \dot{I}_B = \dfrac{\dot{U}_B - \dot{U}_{N'N}}{Z+Z_l} = \dfrac{\dot{U}_B}{Z+Z_l} = \alpha^2 \dot{I}_A \\[2mm] \dot{I}_C = \dfrac{\dot{U}_C - \dot{U}_{N'N}}{Z+Z_l} = \dfrac{\dot{U}_C}{Z+Z_l} = \alpha \dot{I}_A \end{cases} \tag{5-17}$$

由式（5-17）可以看出，由于 $\dot{U}_{N'N} = 0$，使得各相连接线上的电流彼此独立，且构成对称组。因此，只要分析计算三相电路中的任一相，其他两相的线（相）电压、电流就可按对称关系直接写出，这就是分析对称三相电路的三相化一相方法，该法是分析对称三相电路的特有方法，也是简便方法。图 5-6 所示为计算 A 相电流 $\dot{I}_A$ 的等效电路，它可由式（5-17）中的第一个等式得到。该电路也可根据 $\dot{U}_{N'N} = 0$，利用电位相等的两点可以短接的方法，将图 5-5（e）中的 N′、N 点短接后得到。

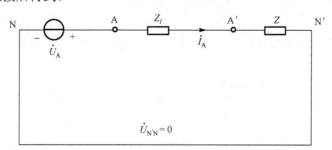

图 5-6　A 相计算等效电路

得到电流 $\dot{I}_A$ 后，各物理量均可据此求出。负载端的相电压为

$$\begin{cases} \dot{U}_{A'N'} = Z\dot{I}_A \\[1mm] \dot{U}_{B'N'} = Z\dot{I}_B = \alpha^2 \dot{U}_{A'N'} \\[1mm] \dot{U}_{C'N'} = Z\dot{I}_C = \alpha \dot{U}_{A'N'} \end{cases} \tag{5-18}$$

负载端的线电压为

$$\begin{cases} \dot{U}_{A'B'} = \dot{U}_{A'N'} - \dot{U}_{B'N'} = \sqrt{3}\dot{U}_{A'N'}\angle 30° \\[1mm] \dot{U}_{B'C'} = \dot{U}_{B'N'} - \dot{U}_{C'N'} = \sqrt{3}\dot{U}_{B'N'}\angle 30° \\[1mm] \dot{U}_{C'A'} = \dot{U}_{C'N'} - \dot{U}_{A'N'} = \sqrt{3}\dot{U}_{C'N'}\angle 30° \end{cases} \tag{5-19}$$

它们也构成对称组。

　　若不考虑电源与负载之间连接线上的阻抗，对于图 5-5（a）～（d）所示的电路，不必对

电路做任何变化，可直接得到负载上的电压。

若考虑电源与负载之间连接线上的阻抗，对非 Y-Y 连接方式，可先将电路转化为 Y-Y 连接方式，在此基础上再将电路归结为一相电路进行计算。

【例 5-1】 对称三相 Y-Y 电路中，已知连接线的阻抗为 $Z_l = 1 + j2\Omega$，负载的阻抗为 $Z = 5 + j6\Omega$，线电压 $u_{AB} = 380\sqrt{2}\cos(\omega t + 30°)V$，试求负载中各电流相量。

解 计算 A 相电流 $\dot{I}_A$ 的等效电路如图 5-6 所示，利用星形连接的线电压与相电压的关系，可知

$$\dot{U}_A = \frac{\dot{U}_{AB}}{\sqrt{3}\angle 30°} = \frac{380\angle 30°}{\sqrt{3}\angle 30°} = 220\angle 0°(V)$$

因此

$$\dot{I}_A = \frac{\dot{U}_A}{Z + Z_l} = \frac{220\angle 0°}{6 + j8} = \frac{220\angle 0°}{10\angle 53.1°} = 22\angle -53.1°(A)$$

根据对称性可知

$$\dot{I}_B = \alpha^2 \dot{I}_A = 22\angle -173.1°A$$

$$\dot{I}_C = \alpha \dot{I}_A = 22\angle 66.9°A$$

【例 5-2】 已知对称△-△三相电路中，每一相负载的阻抗为 $Z = 19.2 + j14.4\Omega$，电源与负载之间连接线上的阻抗为 $Z_l = 3 + j4\Omega$，对称线电压 $U_{AB} = 380V$。试求负载端的线电压和线电流。

解 将电路等效变换为对称 Y-Y 三相电路，如图 5-7 所示。由阻抗的△-Y 等效变换关系可求得图 5-7 中的 Z' 为

$$Z' = \frac{Z}{3} = \frac{19.2 + j14.4}{3} = 6.4 + j4.8 = 8\angle 36.9°(\Omega)$$

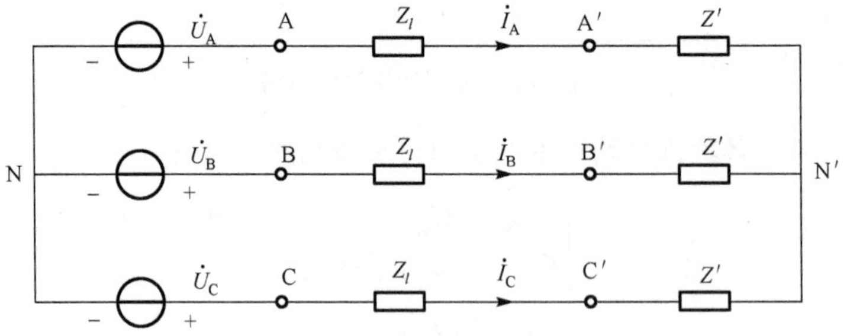

图 5-7　例 5-2 用图

由线电压 $U_{AB} = 380V$，可知图 5-7 中相电压 $U_A = \frac{U_{AB}}{\sqrt{3}} = \frac{380}{\sqrt{3}} = 220(V)$。令 $\dot{U}_A = 220\angle 0°V$，根据如图 5-6 所示的单相计算电路，有

$$\dot{I}_A = \frac{\dot{U}_A}{Z' + Z_l} = \frac{220\angle 0°}{9.4 + j8.8} = 17.1\angle -43.2°(A)$$

由对称性可知

$$\dot{I}_{\mathrm{B}} = \alpha^2 \dot{I}_{\mathrm{A}} = 17.1\angle -163.2°\mathrm{A}$$

$$\dot{I}_{\mathrm{C}} = \alpha \dot{I}_{\mathrm{A}} = 17.1\angle 76.8°\mathrm{A}$$

以上电流为流过星形连接负载的电流，也是原△-△电路中电源与负载之间连接线上的线电流。利用三角形连接时线电流与相电流的关系，可得原电路负载上的相电流为

$$\dot{I}_{\mathrm{A'B'}} = \frac{\dot{I}_{\mathrm{A}}}{\sqrt{3}}\angle 30° = \frac{17.1\angle -43.2°}{\sqrt{3}}\angle 30° = 9.9\angle -13.2°(\mathrm{A})$$

$$\dot{I}_{\mathrm{B'C'}} = \alpha^2 \dot{I}_{\mathrm{A'B'}} = 9.9\angle -133.2°\mathrm{A}$$

$$\dot{I}_{\mathrm{C'A'}} = \alpha \dot{I}_{\mathrm{A'B'}} = 9.9\angle -106.8°\mathrm{A}$$

也可换一种方法求负载中的相电流。求出图 5-7 中 A 相负载的相电压 $\dot{U}_{\mathrm{A'N'}}$ 为

$$\dot{U}_{\mathrm{A'N'}} = \dot{I}_{\mathrm{A}} Z' = 17.1\angle -43.2° \times 8\angle 36.9° = 136.8\angle -6.3°(\mathrm{V})$$

利用星形连接时线电压与相电压的关系可求出负载端线电压为

$$\dot{U}_{\mathrm{A'B'}} = \sqrt{3}\dot{U}_{\mathrm{A'N'}}\angle 30° = 236.9\angle 23.7°\mathrm{V}$$

该电压也是原电路中三角形负载上的电压，可求得原电路中三角形负载上的相电流为

$$\dot{I}_{\mathrm{A'B'}} = \frac{\dot{U}_{\mathrm{A'B'}}}{Z} = \frac{236.9\angle 23.7°}{19.2 + \mathrm{j}14.4} = \frac{236.9\angle 23.7°}{24\angle 36.9°} = 9.9\angle -13.2°(\mathrm{A})$$

$$\dot{I}_{\mathrm{B'C'}} = \alpha^2 \dot{I}_{\mathrm{A'B'}} = 9.9\angle -133.2°\mathrm{A}$$

$$\dot{I}_{\mathrm{C'A'}} = \alpha \dot{I}_{\mathrm{A'B'}} = 9.9\angle -106.8°\mathrm{A}$$

5.4　不对称三相电路

在三相电路中，只要三相电源、三相负载和三条连接线的阻抗中有任何一部分不对称，该电路就是不对称三相电路。实际的低压配电系统中的三相电路大多数是不对称的，通常是三相负载不对称，因此不对称三相电路的计算有着重要的实际意义。

下面以图 5-5(a)所示的 Y-Y 连接不对称三相电路为例来讨论不对称三相电路的特点及分析方法。

假设电路中三相电源是对称的，但负载不对称，即 $Z_{\mathrm{A}} \neq Z_{\mathrm{B}} \neq Z_{\mathrm{C}}$。根据节点电压法可求得两个中性点间的电压为

$$\dot{U}_{\mathrm{N'N}} = \frac{\dot{U}_{\mathrm{A}}Y_{\mathrm{A}} + \dot{U}_{\mathrm{B}}Y_{\mathrm{B}} + \dot{U}_{\mathrm{C}}Y_{\mathrm{C}}}{Y_{\mathrm{A}} + Y_{\mathrm{B}} + Y_{\mathrm{C}}} \tag{5-20}$$

由于负载不对称，所以 $\dot{U}_{\mathrm{N'N}} \neq 0$，这种现象称为中性点位移。此时，各相负载电压为

$$\begin{cases} \dot{U}_{\mathrm{AN'}} = \dot{U}_{\mathrm{A}} - \dot{U}_{\mathrm{N'N}} \\ \dot{U}_{\mathrm{BN'}} = \dot{U}_{\mathrm{B}} - \dot{U}_{\mathrm{N'N}} \\ \dot{U}_{\mathrm{CN'}} = \dot{U}_{\mathrm{C}} - \dot{U}_{\mathrm{N'N}} \end{cases} \tag{5-21}$$

假设 $\dot{U}_{\mathrm{N'N}}$ 超前 $\dot{U}_{\mathrm{A}}$，可定性画出该电路的电压相量图如图 5-8(a)所示。从相量图中可以看出，在电源对称的情况下，中性点位移越大，负载相电压的不对称情况越严重，从而造成负载不能正常工作，甚至损坏电气设备。

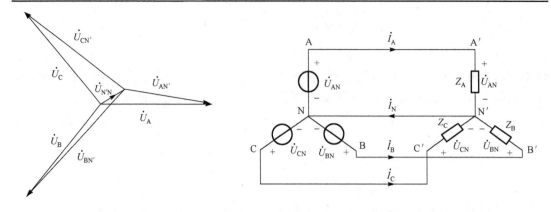

(a) 不对称电路的相量图　　　　　　　　　　　(b) 加中线的不对称电路

图 5-8　Y-Y 连接不对称电路的相量图和加中线的电路

　　为了使负载上的电压对称，需使 $\dot{U}_{N'N} = 0$，可用导线将 N 与 N′ 点相连，这样就构成了三相四线制系统，如图 5-8(b) 所示。这样能使各相电路的工作相互独立，各相可以分别独立计算，如果某相负载发生变化，不会对其他两相产生影响。应注意，由于负载不对称，所以各相电流也不对称，因此中线电流不为零，即

$$\dot{I}_N = \dot{I}_A + \dot{I}_B + \dot{I}_C \neq 0 \tag{5-22}$$

三相四线制系统中的中线非常重要，不允许断开，一旦断开，就会产生不良后果。

　　不对称三相电路是一种复杂的交流电路，三相化为一相的计算方法不能用于这种电路的计算。对不对称三相电路，可用节点法、回路法等方法对其进行分析计算。

5.5　三相电路的功率

5.5.1　瞬时功率

　　三相电路负载的瞬时功率为各相负载瞬时功率之和，对图 5-9 所示电路，三相电路负载的瞬时功率为

$$p = p_A + p_B + p_C = u_{AN'}i_A + u_{BN'}i_B + u_{CN'}i_C \tag{5-23}$$

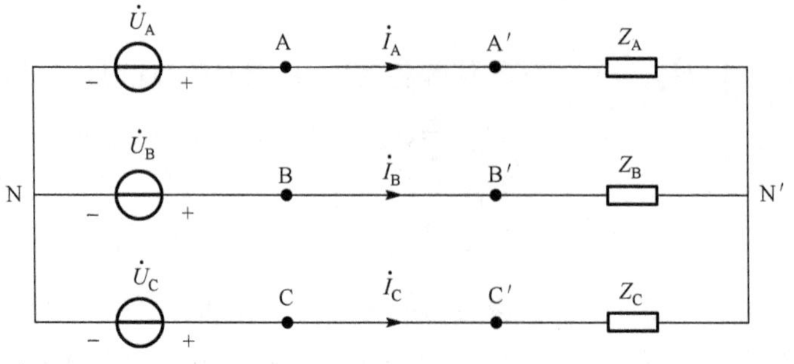

图 5-9　Y-Y 连接电路

设

$$\begin{cases} u_{AN'} = \sqrt{2}U_{AN'} \cos \omega t \\ i_A = \sqrt{2}I_A \cos(\omega t - \varphi) \end{cases} \tag{5-24}$$

当电路对称时，有

$$\begin{cases} u_{BN'} = \sqrt{2}U_{AN'} \cos(\omega t - 120°) \\ i_B = \sqrt{2}I_A \cos(\omega t - \varphi - 120°) \\ u_{CN'} = \sqrt{2}U_{AN'} \cos(\omega t + 120°) \\ i_C = \sqrt{2}I_A \cos(\omega t - \varphi + 120°) \end{cases} \tag{5-25}$$

经过推导可得

$$p = p_A + p_B + p_C = 3U_{AN'}I_A \cos\varphi = 3U_p I_p \cos\varphi \tag{5-26}$$

式 (5-26) 表明，对称三相电路中，三相负载的总瞬时功率不随时间变化，为一恒定值。瞬时功率恒定，可使三相旋转电动机受到恒定的转矩驱动，从而运行平稳，这是三相电路的一个突出优点。

5.5.2　有功功率

三相负载吸收的总有功功率等于各相有功功率之和，即

$$P = P_A + P_B + P_C \tag{5-27}$$

对于图 5-9 所示的三相电路，负载吸收的总有功功率为

$$P = U_{AN'}I_A \cos\varphi_A + U_{BN'}I_B \cos\varphi_B + U_{CN'}I_C \cos\varphi_C \tag{5-28}$$

式中，φ_A、φ_B、φ_C 分别为 A、B、C 三相负载的阻抗角。

在对称三相电路中，因为 $P_A = P_B = P_C = P_p$，所以三相负载吸收的总有功功率为

$$P = 3P_A = 3P_p \tag{5-29}$$

即

$$P = 3U_p I_p \cos\varphi_p \tag{5-30}$$

式中，U_p 为相电压，φ_p 为相电压与相电流的相位差，即负载的阻抗角。

在对称三相电路中，无论负载为星形连接还是三角形连接，总有以下关系成立，即

$$3U_p I_p = \sqrt{3}U_l I_l \tag{5-31}$$

故三相负载吸收的总有功功率也可表示为

$$P = \sqrt{3}U_l I_l \cos\varphi \tag{5-32}$$

注意式中 $\varphi = \varphi_p$ 为负载的阻抗角，该角度也是负载相电压与相电流的相位差，不是线电压与线电流的相位差。

5.5.3　无功功率

与三相负载的总有功功率一样，三相负载的总无功功率为各相负载无功功率之和，即

$$Q = Q_A + Q_B + Q_C \tag{5-33}$$

对于图 5-9 所示电路，有

$$Q = U_{AN'} I_A \sin\varphi_A + U_{BN'} I_B \sin\varphi_B + U_{CN'} I_C \sin\varphi_C \tag{5-34}$$

在对称三相电路中，负载的总无功功率为

$$Q = 3Q_p = 3U_p I_p \sin\varphi_p = \sqrt{3} U_l I_l \sin\varphi \tag{5-35}$$

式中，$\varphi = \varphi_p$。

5.5.4　视在功率

三相负载的总视在功率为

$$S = \sqrt{P^2 + Q^2} \tag{5-36}$$

在对称三相电路中

$$S = 3U_p I_p = \sqrt{3} U_l I_l \tag{5-37}$$

三相负载总的功率因数定义为

$$\lambda = \frac{P}{S} \tag{5-38}$$

在对称三相电路中，三相负载的总功率因数与每一相负载的功率因数相等，即 $\lambda = \cos\varphi$，其中 φ 为每一相负载的阻抗角。

5.5.5　三相电路的功率测量

在三相三线制电路中，不论电路是否对称，采用何种连接方式，都可以用两个功率表来测量负载的总功率，称为二瓦计法。二瓦计法测功率的电路如图 5-10 所示，两个功率表的电流线圈分别串入两连接线(图示为 A、B 两连接线)中，两功率表电压线圈的非电源端(无*号端)共同接到非电流线圈所在的第 3 条连接线上(图示为 C 连接线)。可以看出，这种测量方法中功率表的接线只触及电源与负载的连接线，与负载和电源的连接方式无关。

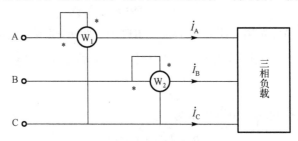

图 5-10　二瓦计法测功率的电路图

根据功率表的工作原理，可知两功率表的读数分别为

$$\begin{cases} P_1 = \mathrm{Re}\left[\dot{U}_{AC} I_A^*\right] = U_{AC} I_A \cos(\varphi_{u_{AC}} - \varphi_{i_A}) \\ P_2 = \mathrm{Re}\left[\dot{U}_{BC} I_B^*\right] = U_{BC} I_B \cos(\varphi_{u_{BC}} - \varphi_{i_B}) \end{cases} \tag{5-39}$$

两功率表的读数之和为

$$P_1 + P_2 = \text{Re}\left[\dot{U}_{AC}I_A^*\right] + \text{Re}\left[\dot{U}_{BC}I_B^*\right] = \text{Re}\left[\dot{U}_{AC}I_A^* + \dot{U}_{BC}I_B^*\right] \tag{5-40}$$

因为 $\dot{U}_{AC} = \dot{U}_A - \dot{U}_C$，$\dot{U}_{BC} = \dot{U}_B - \dot{U}_C$，$I_A^* + I_B^* = -I_C^*$，代入式 (5-40) 有

$$P_1 + P_2 = \text{Re}\left[\dot{U}_A I_A^* + \dot{U}_B I_B^* + \dot{U}_C I_C^*\right] = \text{Re}\left[\bar{S}_A + \bar{S}_B + \bar{S}_C\right] = \text{Re}\left[\bar{S}\right] \tag{5-41}$$

可见，两个功率表读数之和为三相三线制电路中负载吸收的平均功率。

若电路为对称三相电路，令 $\dot{U}_A = U_p\angle 0°$，$\dot{I}_A = I_p\angle -\varphi$，则 $U_{AC} = \sqrt{3}U_p\angle -30°$，$\dot{U}_{BC} = \sqrt{3}U_p\angle -90°$，$\dot{I}_B = I_p\angle(-120° - \varphi)$，则有

$$\begin{cases} P_1 = \text{Re}\left[\dot{U}_{AC}I_A^*\right] = U_{AC}I_A\cos(-30° + \varphi) = U_lI_l\cos(\varphi - 30°) \\ P_2 = \text{Re}\left[\dot{U}_{BC}I_B^*\right] = U_{BC}I_B\cos(-90° + 120° + \varphi) = U_lI_l\cos(\varphi + 30°) \end{cases} \tag{5-42}$$

式中，U_l 为线电压，I_l 为线电流，φ 为负载的阻抗角。

应该指出的是，在某些情况下，当 $\varphi > 60°$ 时，一个功率表的读数会为负值，这种情况下用两个表读数之和求负载总功率时，一个功率表的读数要用负值代入。用二瓦计法测功率，单独一个功率表的读数没有意义。

【**例 5-3**】　在图 5-11 所示的电路中，已知 $R = \omega L = 1/(\omega C) = 200\Omega$，不对称三相负载接于线电压为 380V 的对称三相电源，试求功率表 W_1 和 W_2 的读数。

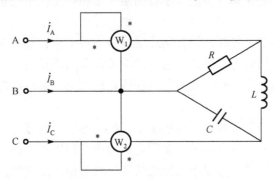

图 5-11　例 5-3 用图

解　设 $\dot{U}_{AB} = 380\angle 0°\text{V}$，则 $\dot{U}_{BC} = 380\angle -120°\text{V}$，$\dot{U}_{CA} = 380\angle 120°\text{V}$，所以 $\dot{U}_{CB} = 380\angle 60°\text{V}$，$\dot{U}_{AC} = 380\angle -60°\text{V}$。由图 5-11 可知

$$\dot{I}_A = \frac{\dot{U}_{AB}}{R} + \frac{\dot{U}_{AC}}{j\omega L} = \frac{380}{200}[1 + 1\angle(-60° - 90°)] = 0.9835\angle -75°(\text{A})$$

$$\dot{I}_C = \frac{\dot{U}_{CA}}{j\omega L} + j\omega C\dot{U}_{CB} = \frac{380}{200}[1\angle(120° - 90°) + 1\angle(60° + 90°)] = 1.9\angle 90°(\text{A})$$

则功率表 W_1 和 W_2 的读数分别为

$$P_1 = \text{Re}[\dot{U}_{AB}I_A^*] = \text{Re}(380 \times 0.9835\angle 75°) = 97(\text{W})$$

$$P_2 = \text{Re}[\dot{U}_{CB}I_C^*] = \text{Re}(380\angle 60° \times 1.9\angle -90°) = 625(\text{W})$$

三相四线制电路三相总功率的测量要用三瓦计法，具体测量电路如图 5-12 所示，每一

个功率表的读数为对应相负载的功率，三个功率表的读数之和为三相负载的总功率。但对称情况下三相四线制电路也可用一个功率表测出一相功率,然后将结果乘以 3 得到总功率。

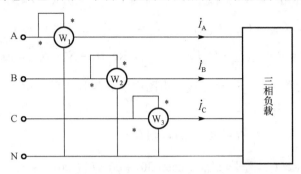

图 5-12　三相四线制电路功率的测量电路

5.6　安　全　用　电

5.6.1　触电事故

在日常生活和工作中，人们经常要接触各式各样的电气设备，严格执行有关规定，养成良好的操作习惯，是避免和预防触电事故的重要措施。发生电气事故的主要原因如下。

(1)违章操作。

违章操作的情况很多，包括：误合闸造成维修人员触电；操作人员身体部分直接触及电器的带电部分；带电移动电气设备；用水冲洗或用湿布擦拭电气设备；违章救护已触电的他人，造成救护者也触电；对有高压电容的线路检修时未进行放电处理导致触电。

(2)施工不规范。

误将电源保护接地与零线相接，且插座上火线、零线位置接反使机壳带电；插头接线不合理，造成电源线外露，导致触电；照明电路的中线接触不良或安装保险，造成中线断开，导致家电损坏；照明线路敷设不规范造成搭接物带电；随意加大保险丝的规格，失去短路保护作用，导致电器损坏；施工中未对电气设备进行接地保护处理。

(3)产品质量不合格。

电气设备缺少保护设施造成电器在正常情况下损坏和触电；带电作业时，使用不合理的工具或绝缘设施造成维修人员触电；产品使用劣质材料，致使绝缘等级、抗老化能力偏低，容易造成触电；生产工艺粗制滥造；电热器具使用塑料电源线。

(4)偶然条件。

电力线突然断裂使行人触电，狂风吹断树枝将电线砸断，雨水进入家用电器使机壳漏电等偶然事件均会造成触电事故。

5.6.2　电流对人体的危害

由于不慎触及带电体，产生触电事故，使人体受到各种不同的伤害。根据伤害性质可分为电击和电伤两种。

电击是指电流通过人体，影响呼吸系统、心脏和神经系统，造成人体内部组织的破坏乃至死亡。

电伤是指在电弧作用下或熔丝熔断时，对人体外部的伤害，如烧伤、金属溅伤等。

调查表明，绝大部分的触电事故都是由电击造成的。电击伤害的程度取决于通过人体电流的大小、持续时间、电流的频率及电流通过人体的途径等。

(1) 人体电阻的大小。

人体的电阻越大，通入的电流越小，伤害程度也就越轻。根据研究结果，当皮肤有完好的角质外层并且很干燥时，人体的电阻为 $10^4 \sim 10^5 \Omega$。当角质外层破坏时，人体的电阻则降到 $800 \sim 1000 \Omega$。

(2) 电流通过时间的长短。

电流通过人体的时间越长，伤害越严重。

(3) 电流的大小。

如果通过人体的电流在 0.05A 以上时，就有生命危险。一般说，接触 36V 以下的电压时，通过人体的电流不致超过 0.05A，故把 36V 的电压作为安全电压。如果在潮湿的场所，安全电压还要规定得低一些，通常是 24V 和 12V。

(4) 电流的频率。

直流电和频率为 50Hz 左右的交流电对人体的伤害最大，而 20kHz 以上的交流对人体无危害，高频电流还可以治疗某种疾病。

此外，电击后的伤害程度还与电流通过人体的路径以及与带电体接触的面积和压力有关。

5.6.3　触电方式

1. 接触正常带电体

电源中性点接地的单相触电，如图 5-13 所示。如果这种情况下人体处于相电压之下，危险性较大。如果人体与地面的绝缘较好，危险性可以大大减小。

电源中性点不接地的单相触电，如图 5-14 所示。这种触电也有危险。表面看来，似乎电源中性点不接地时，不能构成电流通过人体的回路。其实不然，要考虑到导线与地面间的绝缘可能不良(对地绝缘电阻为 R)，甚至有一相接地，在这种情况下人体中有电流通过。

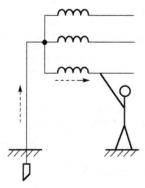

图 5-13　电源中性点接地的单相触电

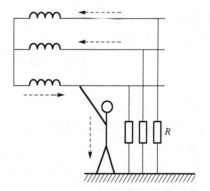

图 5-14　电源中性点不接地的单相触电

在交流的情况下，导线与地面间存在的电容也可构成电流的通路。

两相触电最为危险，因为人体处于线电压之下，但这种情况不常见。

2. 接触正常不带电的金属体

触电的另一种情形是接触正常不带电的部分。例如，电机的外壳本来是不带电的，绕组绝缘损坏而与外壳相接触，使它也带电。人手触及带电的电机(或其他电气设备)外壳，相当于单相触电。大多数触电事故属于这一种。为了防止这种触电事故，对电气设备常采用保护接地和保护接零(接中性线)的保护装置。

5.6.4 接地和接零

为了人身安全和电力系统工作的需要，要求电气设备采取接地措施。接地可以分为工作接地、保护接地和保护接零三种。接地的方法是将金属导体导线埋入地中，并直接与大地接触。

1. 工作接地

电力系统由于运行和安全的需要，常将中性点接地(图 5-15)。这种接地方式称为工作接地。工作接地有以下目的。

降低触电电压。在中性点不接地的系统中，当一相接地而人体触及另外两相之一时，触电电压将为相电压的 $\sqrt{3}$ 倍，即线电压。而在中性点接地的系统中，则在上述情况下触电电压就降低到等于或接近相电压。

迅速切断故障设备。在中性点不接地的系统中，当一相接地时，接地电流很小(因为导线和地面之间存在电容和绝缘电阻，也可以构成电流的通路)，不足以使保护装置动作而切断电源，接地故障不易被发现，将长时间持续下去，对人身不安全。而在中性点接地的系统中一相接地后的接地电流比较大(接近单相短路)，保护装置迅速动作，断开故障点。

降低电气设备对地的绝缘水平。在中性点不接地的系统中，一相接地时将使另外两相的对地电压升高到线电压。而在中性点接地的系统中，一相接地时另外两相的对地电压仍然接近于相电压，故可降低电气设备和输电线的绝缘水平，节省投资。

但是，中性点不接地也有好处。①一相接地往往是瞬时的，能自动消除，在中性点不接地的系统中，就不会跳闸和发生停电事故；②一相接地故障可以允许短时存在，这样便于寻找故障和修复。

2. 保护接地

保护接地如图 5-16 所示，是为了防止电器设备正常运行时，不带电的金属外壳或框架因漏电使人体接触时发生触电事故而进行的接地。尤其适用于中性点不接地的三相三线制低压电网。

3. 保护接零

在中性点接地的电网中，由于单相对地电流较大，保护接地就不能完全避免人体触电的危险，而要采用保护接零。图 5-17 中将电气设备的金属外壳或构架与电网的零线相连接的保护方式称为保护接零，适用于中性点接地的三相四线制低压电网。

4. 保护接零与重复接地

在中性点接地系统中，除采用保护接零外，还要采用重复接地，就是将零线相隔一定距离多处进行接地，如图 5-18 所示。这样，在图 5-18 中当零线在"×"处断开而电动机一相碰壳时，如无重复接地，人体触及外壳，相当于单相触电，是有危险的；如有重复接地，由于多处重复接地的接地电阻并联，使外壳对地电压大大降低，减小了危险程度。

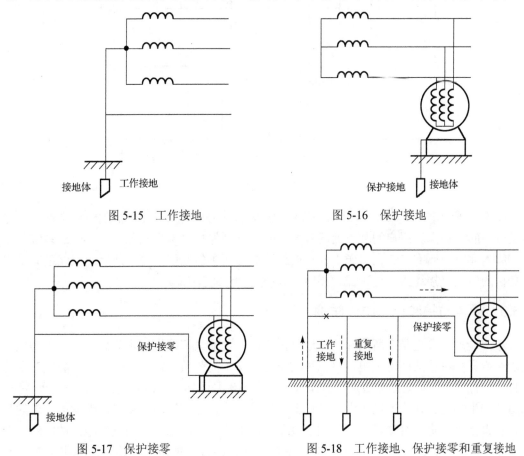

图 5-15　工作接地　　　　　　　　　　　　　　图 5-16　保护接地

图 5-17　保护接零　　　　　　　　　　图 5-18　工作接地、保护接零和重复接地

为了确保安全，零干线必须连接牢固，开关和熔断器不允许装在零干线上。但引入住宅和办公场所的一根相线和一根零线上一般都装有双极开关，并都装有熔断器，以增加短路时熔断的机会。

5. 工作零线与保护零线

在三相四线制系统中，由于负载往往不对称，零线中有电流，因而零线对地电压不为零，距电源越远，电压越高，但一般在安全值以下，无危险性。为了确保设备外壳对地电压为零，专设保护零线 PE，如图 5-19 所示。工作零线在进建筑物入口处要接地，进户后再另设一保护零线，这样就成为三相五线制。所有的接零设备都要通过三孔插座(L, N, E)接到保护零线上。在正常工作时，工作零线中有电流，保护零线中不应有电流。

图 5-19(a)是正确连接。当绝缘损坏，外壳带电时，短路电流经过保护零线，将熔断器熔断，切断电源，消除触电事故。图 5-19(b)是错误连接，因为如果在"×"处断开，绝缘损坏后外壳便带电，就容易发生触电事故。使用手电钻、电冰箱、洗衣机、台式电扇等时，忽视外壳的接零保护，如图 5-19(c)所示，也是十分危险的；一旦绝缘损坏，外壳也就带电，就很危险。

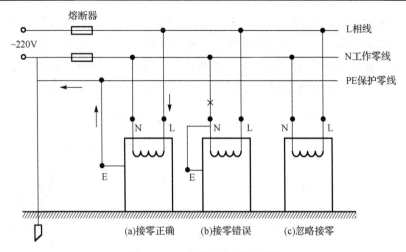

图 5-19　工作零线与保护零线

　　图 5-19 所示的工作零线 N 和保护零线 PE 从靠近用户的某点处之前到电源中性点处之间是合一的，在靠近用户的某点处两者才分开，这种保护接零方式称为 TN-C-S 系统。工作零线 N 和保护零线 PE 在电源中性点处就已分为两条但共同接地，此后两根线之间不再有任何的电气直接连接，这种保护接零方式称为 TN-S 系统。

5.6.5　静电防护和电气防火防爆

　　摩擦能产生静电是众所周知的。这是由于两种物质紧密接触后再分离时，一种物质把电子传给另一种物质而带正电，另一种物质得到电子而带负电，这样就产生了静电。由此可见，所有物质，不论是非金属体或金属体，也不论是固体、液体或气体，在一定条件下，都可能产生静电。在生产过程中，当设备在移动或物体在管道中流动时，因摩擦产生的静电，会聚集在管道、容器、储罐或加工设备上，形成很高的电位，当发生静电放电时，会产生危险的放电火花，从而引起火灾，在有爆炸性混合物的场所，还会由静电火花引起爆炸。

　　因此在容易出现静电火灾的场合，例如，生产中使用的原料或产品为易燃的低导电性的物质、有起电的生产工艺过程、有聚积静电荷的条件，为防止可能产生或聚集静电荷，对用金属或其他导电良好材料制造的设备给予可靠接地，称为静电接地，是消除静电最重要的措施。

　　电气设备的防火防爆工作，首先，要从思想上重视，因为电气设备火灾的原因，除极少数是设备本身存在的缺陷引发外，绝大多数都是由于人们的麻痹大意造成的。其次，还必须要有综合性的技术措施。

　　引起电气设备火灾的主要原因有三个：一是过载。当电气设备长时间过载运行时，过高的温升就有可能使可燃的绝缘材料，如油、纸、树脂、塑料、橡胶等燃烧引发火灾；二是当导线短路或断裂时的电弧和火花，不但可引起绝缘材料燃烧，还可能引燃它附近的可燃气体和粉尘；三是错误地使用了设计不良的电气设备或电热器。

　　电气设备防火防爆的具体措施有杜绝设备的不正常运行状态，运行中保持电压、电流、温升等不超过允许值。设计人员必须依据电气设备工作场所的特点合理选择用电设备，例如，在爆炸性危险场所选用电气设备时，应首先考虑把正常运行时能发生火花的电气设备移出爆炸危险场所，必须放在爆炸危险场所内的电气设备，应选用具有防爆功能的防爆电气设备。电气设备安装时，必须考虑足够的安全防火间距，在爆炸危险场所必须设置良好的通风装置。

5.6.6 节约用电

节约能源、保护环境是我国经济和社会发展的一项长远战略方针，而节约用电是节能工作最重要的组成部分。节约用电不仅可以提高企业的经济效益，而且是保证我国经济持续、快速、健康发展的重要方面。

(1)加强对节电的宏观管理。认真执行国家制定的产业政策，严格控制电耗大的小企业的发展。采用经济、技术等办法，引导用户转移电网高峰用电，提高电力资源利用效率。

(2)降低电力网线路损失(以下简称线损)。电力网的线损可分为技术线损和管理线损两部分。技术线损主要是与电流平方成正比的输配电线路导线和变压器绕组中的电能损耗，可以通过技术措施予以降低。管理线损主要是各种各样的电度表综合误差及窃电所造成的损失电量，可以通过组织管理措施予以避免或减少。

(3)采用无功补偿技术。在变电站，用户端增装无功补偿装置以解决电网的无功容量不足。提高网络的功率因数对电网的降损节电、安全可靠运行有着极为重要的意义。

(4)技术革新。大力推进节电技术和产品的开发、应用。重点推广的节电措施包括高效节能灯，风机、泵类节电技术，电动机节电技术，电炉节电技术，电加热节电技术等。

5.7 应用实例

【实例 5-1】 相序指示器测三相电路相序。

相序指示器是一个用于测量三相电路相序的装置，结构非常简单，由一个电容器和两个相同的灯泡(用电阻 R 表示)组成，如图 5-20 中的三相负载所示，其中电容的容抗等于灯泡的电阻，即 $\dfrac{1}{\omega C} = R$。设电容 C 接在 A 相上，则可断定灯泡较亮的为 B 相，灯泡较暗的为 C 相。

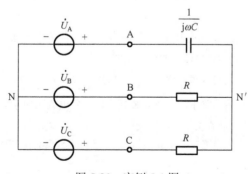

图 5-20 实例 5-1 图

分析过程为假定电容所接电源为 A 相，并设 $\dot{U}_A = U\angle 0°\text{V}$，则 $\dot{U}_B = U\angle -120°\text{V}$，$\dot{U}_C = U\angle 120°\text{V}$。令 N 点为参考节点，由节点电压法可得负载与电源中点间的电压为

$$\dot{U}_{N'N} = \frac{j\omega C\dot{U}_A + \frac{1}{R}(\dot{U}_B + \dot{U}_C)}{j\omega C + \frac{1}{R} + \frac{1}{R}}$$

因 $\frac{1}{\omega C} = R$，故有

$$\dot{U}_{N'N} = \frac{jU\angle 0° + U\angle -120° + U\angle 120°}{j + 2}$$
$$= (-0.2 + j0.6)U = 0.63U\angle 108.4°$$

由 KVL 可得 B 相灯泡所承受的电压为

$$\dot{U}_{BN'} = \dot{U}_B - \dot{U}_{N'N} = U\angle -120° - (-0.2 + j0.6)U$$
$$= (-0.3 - j1.466)U = 1.496U\angle -101.6°$$

即

$$U_{BN'} = 1.496U$$

由 KVL 可得 C 相灯泡所承受的电压为

$$\dot{U}_{CN'} = \dot{U}_C - \dot{U}_{N'N} = U\angle -120° - (-0.2 + j0.6)U$$
$$= (-0.3 - j0.266)U = 0.401U\angle 138.4°$$

即

$$U_{CN'} = 0.401U$$

由以上结果可知 $U_{BN'} > U_{CN'}$，若电容所在的那一相为 A 相，则灯泡较亮的那一相就为 B 相，灯泡较暗的那一相就为 C 相，这样就把三相电源的相序测量出来了。

习 题

5-1　已知某星形连接的三相电源的 B 相电压为 $u_{BN} = 240\cos(\omega t - 165°)V$，求其他两相的电压及线电压的瞬时值表达式，并作相量图。

5-2　已知对称三相电路的星形负载阻抗 $Z_L = 165 + j84\Omega$，端线阻抗 $Z_l = 2 + j1\Omega$，线电压 $U_l = 380V$。求负载端的电流和线电压，并作电路的相量图。

5-3　已知三角形连接的对称三相负载 $Z = 10 + j10\Omega$，其对称线电压 $\dot{U}_{A'B'} = 450\angle 30V$，求相电流、线电流，并作相量图。

5-4　已知电源端对称三相线电压 $U_l = 380V$，三角形负载阻抗 $Z = 4.5 + j14\Omega$，端线阻抗 $Z_l = 1.5 + j2\Omega$。求线电流和负载的相电流，并作相量图。

5-5　题 5-5 图所示电路，三相电源对称，$U_{AB} = 380V$，$Z = 6 - j8\Omega$，$Z_1 = 38\angle -83.1°\Omega$，求 $\dot{I}_A$。

5-6　题 5-6 图所示对称三相电路中，当开关 K 闭合时，各电流表的读数均为 10A。开关断开后，各电流表的读数会发生变化，求各电流表读数。

5-7　题 5-7 图所示对称三相电路中，负载阻抗 $Z = 150 + j150\Omega$，端线阻抗 $Z_L = 2 + j2\Omega$，负载端线电压为 380V，求电源端线电压。

5-8　对称三相电路的线电压 $U_l = 230V$，负载阻抗 $Z = 12 + j16\Omega$。试求：(1)负载星形连接时的线电流和吸收的总功率；(2)负载三角形连接时的线电流、相电流和吸收的总功率；(3)比较(1)和(2)的结果能得到什么结论？

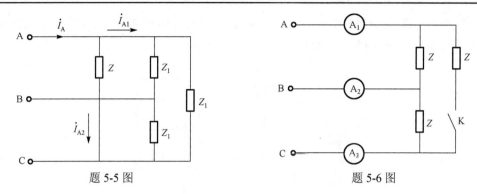

题 5-5 图   题 5-6 图

5-9 对称三相电路如题 5-9 图所示,已知线电压 $U_l = 380\text{V}$,负载阻抗 $Z_1 = -\text{j}12\Omega$, $Z_2 = 3 + \text{j}4\Omega$,求图示两个电流表的读数及全部三相负载吸收的平均功率和无功功率。

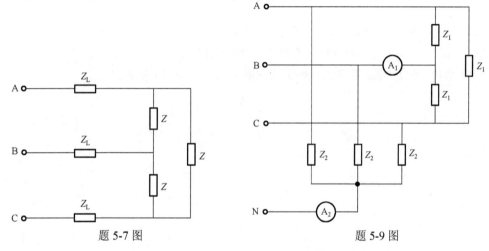

题 5-7 图   题 5-9 图

5-10 题 5-10 图所示为对称的 Y-△连接三相电路, $U_{\text{AB}} = 380\text{V}$, $Z = 27.5 + \text{j}47.64\Omega$,求:(1)图中功率表 W_1 和 W_2 的读数及其代数和;(2)若开关 K 打开,再求(1)。

5-11 题 5-11 图所示三相电路中, $Z_1 = -\text{j}10\Omega$, $Z_2 = 5 + \text{j}12\Omega$,对称三相电源的线电压为 380V,K 闭合时电阻 R 吸收的功率为 24200W。(1)求开关 K 闭合时电路中各表的读数和全部负载的功率;(2)求开关 K 打开时电路中各表的读数,并说明功率表读数的意义。

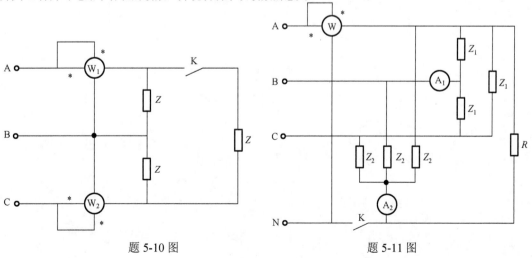

题 5-10 图   题 5-11 图

5-12　对称三相电路如题 5-12 图所示，开关 K 置 1 和 2 时功率表读数分别为 W_1 和 W_2。试证明：三相负载的平均功率为 $P = W_1 + W_2$；无功功率为 $Q = \sqrt{3}(W_1 - W_2)$。

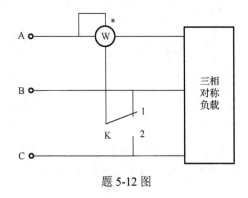

题 5-12 图

5-13　为什么中性点不接地的系统不采用保护接零？

5-14　试说明工作接地、保护接地和保护接零的原理与区别。

5-15　为什么中性点接地系统中，除采用保护接零外，还要采用重复接地？

第6章　磁路和变压器

工程上广泛应用的许多电气设备如变压器、电机、电磁铁、仪表等都利用了磁性材料，它们的工作原理既涉及电路问题义涉及磁路问题。本章着重分析磁路理论，并将电磁铁和变压器作为磁路理论的应用实例。

6.1　磁场及磁性材料

6.1.1　磁场的基本概念

磁体周围存在磁力作用的空间，称为磁场。互不接触的磁体之间具有的相互作用力，就是通过磁场来传递的。磁场是一种特殊物质，之所以被认为特殊，是因为它们不是分子或原子等组成的。

磁场是有方向的，人们常用磁力线来形象地描述磁场，规定在磁力线上每一点的切线方向表示该点的磁场方向。

在条形磁体上放一块玻璃，撒上一些铁屑并轻敲。铁屑就有规则地排列成如图 6-1 所示的线条形状，这些线条就显示出条形磁体的磁力线在空间的某一平面的分布情况。

磁力线具有如下特征。

(1)磁力线是互不交叉的闭合曲线。

(2)磁力线上任意一点的切线方向就是该点的磁场方向。

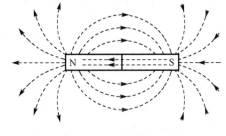

图 6-1　磁力线

(3)磁力线的疏密程度反映了磁场的强弱。磁力线越密表示磁场越强，越稀疏则表示磁场越弱。

6.1.2　磁场的基本物理量

磁场的基本物理量有磁感应强度、磁通、磁导率和磁场强度等，具体见表 6-1。

表 6-1　磁场的基本物理量

物理量	单位	意义
磁感应强度 B	特斯拉(T)	表征磁场强弱与方向的物理量，也称为磁场密度，是矢量
磁通[量]Φ	韦伯(Wb)	表征介质中磁场分布的物理量
磁导率 μ	亨每米(H/m)	表示介质导磁性能的物理量，真空磁导率 $\mu_0 = 4\pi \times 10^{-7}$H/m
磁场强度 H	安培每米(A/m)	是矢量，在均匀介质中，它的方向和磁感应强度的方向一致

1. 磁感应强度

在中学物理中，通有电流的线圈与线圈之间有力的作用，称为洛仑兹力，也称为磁场力。磁场力的传递需要介质，这个介质就是磁场。我们也可以认为是其中一个线圈产生的磁场对另一个线圈的影响，产生的磁场强弱，也就是大小用磁感应强度 B 来表示，单位是特斯拉(T)。

磁感应强度的大小可以用毕奥-萨伐尔定律来描述

$$B = \frac{\mu_0}{4\pi} \oint_l \frac{I\mathrm{d}l \times e_R}{R^2} \tag{6-1}$$

2. 磁通

为了表示磁场对于某个面的发散量，也就是磁场的通量，用磁通量来表示。其大小为穿过任一曲面 S 的 B 的通量，用 Φ 表示，且

$$\Phi = \iint_S B \cdot \mathrm{d}S \tag{6-2}$$

对于闭合面的磁通，即磁感应强度 B 对于闭合曲面的面积分为 0，说明对于闭合面，流入磁通等于流出磁通。

如果考虑到线圈的匝数，磁通应由磁链来代替

$$\psi = n\Phi \tag{6-3}$$

也可用电流大小来表示匝数，则

$$\psi = \frac{I'}{I}\Phi \tag{6-4}$$

式中，I' 表示磁力线穿过的总电流数。

3. 磁导率

磁场中的物质称为磁介质。在外磁场的作用下，介质在磁场中会被磁化，为了表示介质被磁化程度的强弱，我们引入磁导率这个物理量。μ_0 是真空中的磁导率，其数值为 $4\pi \times 10^{-7}$ H/m。μ_r 为磁介质的相对磁导率。令 $\mu = \mu_r \mu_0$，称 μ 为磁介质的磁导率。常见物质的相对磁导率见表 6-2。

表 6-2　常见物质的相对磁导率

材料名称	相对磁导率	材料名称	相对磁导率
银	0.999981	镍	600
铅	0.999983	软钢(0.2%C)	2000
铜	0.999991	铁(0.2%杂质)	5000
水	0.999991	硅钢(4%Si)	7000
空气	1.0000004	坡莫合金(78.5%Ni)	100000
铝	1.00002	纯铁(0.05%杂质)	200000
钴	250	导磁合金(5%Mo，79%Ni)	1000000

4. 磁场强度

因为介质磁化后，会对外在磁场产生影响，为了把这种影响考虑进去，在不同的介质中都方便表示磁场的强弱，因此用磁场强度 H 这个物理量。磁场强度的大小与磁感应强度

B 有关。在大多数磁介质中，可以表示为

$$B = \mu H \tag{6-5}$$

6.1.3　磁性材料及铁磁物质

1. 磁性材料

磁性材料主要是指过渡元素铁、镍、钴及其合金等能够直接或间接产生磁性的物质。

从材质和结构上讲，磁性材料可分为金属及合金磁性材料和铁氧体磁性材料两大类，铁氧体磁性材料又分为多晶结构和单晶结构。

从应用功能上讲，磁性材料可分为软磁材料、永磁材料、磁记录-矩磁材料、旋磁材料等种类。

若按其磁导率物质的分类，详见表 6-3。

表 6-3　物质的分类

分类	特点	举例
顺磁物质	μ_r 稍大于 1	空气、铝
反磁物质	μ_r 稍小于 1	氢、铜
铁磁物质	μ_r 远大于 1，且不是常数	铁、硅钢

磁性材料的应用很广泛，可用于电声、电信、电表、电机中，还可以作记忆元件、微波元件等。可用于记录语言、音乐、图像信息的磁带、计算机的磁性存储设备、乘客乘车的凭证和票价结算的磁性卡等。

2. 铁磁物质

(1) 磁化。用一根软铁棒靠近铁屑，铁屑并不能被吸引。如果把软铁棒插入载流空心线圈中时，便会发现其周围的铁屑被吸引了，这是由于软铁棒被磁化的缘故。像这种原来没有磁性的物质，在外磁场作用下产生磁性的现象称为磁化。凡是铁磁物质都能被磁化。

(2) 铁磁材料的分类和用途。铁磁材料的分类和用途见表 6-4。

表 6-4　铁磁材料的分类和用途

分类	特点	用途
软磁材料	磁导率高，易磁化也易去磁	根据使用频段范围，可分为低频和高频。低频如电动机、继电器等设备中的硅钢片。高频如收音机的磁棒和中周变压器的磁芯
硬磁材料	不易磁化，也不易去磁，适宜做永久磁铁，所以也称为永磁材料	磁电式仪表的磁钢、扬声器中的永久磁铁等
矩磁材料	在很小的外磁场的作用下就能磁化达到饱和值，去掉外磁仍能保持饱和值	主要用于制作记忆元件，如计算机存储器的磁芯

6.2　磁路及磁路的基本定律

为了使较小的电流产生较大的磁感应强度，常使用高磁导率的材料做成某种形状的铁心。在电机、变压器及各种铁磁元件中常用磁性材料做成一定形状的铁心。铁心的磁导率

比周围空气或其他物质的磁导率高得多，磁通的绝大部分经过铁心形成闭合通路，磁通的闭合路径称为磁路。

对于磁路的计算通常涉及四个物理量：磁感应强度、磁通、磁场强度、磁导率。

在计算中我们使用以下定理进行计算：

安培环路定理

$$I = \oint_l \boldsymbol{H} \cdot \mathrm{d}\boldsymbol{l} \tag{6-6}$$

对于均匀多匝线圈，可直接写为

$$NI = Hl \tag{6-7}$$

$$NI = H_1 l_1 + H_2 l_2 + \cdots + H_n l_n \tag{6-8}$$

结合式(6-2)、式(6-5)进行磁场分析。

同电路一样，磁路也有基尔霍夫定律和欧姆定律，具体见表6-5。

表6-5　磁路基本定律

磁路定律	公式	内容
基尔霍夫第一定律	$\sum \varPhi = 0$	磁路任一点节点所连接的各分支磁通的代数和等于零
基尔霍夫第二定律	$\sum HL = \sum IN$	沿磁路中的任一闭合路径的总磁压等于磁路的总磁动势
欧姆定律	$\varPhi = \dfrac{F_m}{R_m}$	一段磁路的磁压等于磁阻与磁通的乘积

磁路的基尔霍夫第一定律，在形式上与电路的 KCL 相似，故称为磁路的基尔霍夫第一定律，应用上式时，若参考方向从封闭面穿出的磁通取正号，则穿入封闭面的磁通取负号。

应用磁路基尔霍夫第二定律时，往往选择磁路的中心线作为计算总磁压的路径，并沿此路径选择一个绕行方向，当某段磁路的 H 方向与绕行方向相同时，该段磁路的磁压取正号，反之取负号；而磁动势的正负号取决于各励磁电流的方向与回路的绕行方向，凡是与绕行方向符合右手螺旋关系的电流取正号，否则取负号。

从形式上来看，$\varPhi = \dfrac{F_m}{R_m}$ 相似于 $I = \dfrac{U}{R}$，所以称为磁路的欧姆定律，其中 $F_m = NI$，称为磁动势，$R_m = \dfrac{l}{\mu s}$，称为磁阻。对于气隙磁路来说，由于磁导率 μ_0 为常数，故磁阻有确定的值。而铁磁性物质的磁导率 μ 不是常数，其磁阻是非线性的。因此，在一般情况下，不能应用磁路的欧姆定律对磁路进行定量计算，只用它来对磁路进行定性分析。

磁路中的相关物理量和基本定律与电路中的有许多相似之处，见表6-6。

表6-6　磁路与电路的比较

电路	磁路
电动势 E	磁动势 $F_m = NI$
电流 I	磁通 $\varPhi$
电阻 $R = \rho \dfrac{l}{S}$	磁阻 $R_m = \dfrac{l}{\mu s}$

续表

电路	磁路
电压 $U = IR$	磁压 $U_m = Hl$
电路的基尔霍夫第一定律 $\sum I = 0$	磁路的基尔霍夫第一定律 $\sum \Phi = 0$
电路的基尔霍夫第二定律 $\sum IR = \sum E$	磁路的基尔霍夫第二定律 $\sum Hl = \sum IN$
电路的欧姆定律 $I = \dfrac{U}{R}$	磁路的欧姆定律 $\Phi = \dfrac{F_m}{R_m}$

磁路和电路有本质的区别：电路中有电动势但电流可为零，而磁路中有磁动势就必有磁通。电流代表某质点的运动，电路中只要有电流，实际上总有能量损耗。磁通并不代表某种质点的运动，在维持恒定磁通的磁路中，磁阻不消耗能量。

6.3　电　磁　铁

电磁铁是利用通电的铁心线圈吸引衔铁或保持某种机械零件工作于固定位置的一种电器。衔铁的动作可使其他机械装置发生联动。当电源断开时，电磁铁的磁性随之消失，衔铁或其他零件即被释放。

电磁铁可分为线圈、铁心及衔铁三部分。它的结构形式如图 6-2 所示。

电磁铁在生产中的应用极为普遍，吸力是它的主要参数之一。吸力的大小与气隙的截面积 S 及气隙中的磁感应强度 B 有关，我们可以用虚位移法得出其计算公式，计算吸力的计算公式为

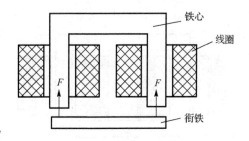

图 6-2　电磁铁的结构形式

$$F = \frac{B^2 S}{\mu_0} \tag{6-9}$$

式中，B 的单位是特 (T)，S 的单位是平方米 (m^2)，力是国际单位制单位牛顿 (N)。

由于交流电磁铁中磁场是交变的，因而衔铁会颤动，引起噪声，可以用分磁环，消除衔铁的颤动，当然也就消去了噪声。

在交流电磁铁中，为了减少铁损，它的铁心由钢片叠成。而在直流电磁铁中，铁心是用整块软钢制成的。

交直流电磁铁除有上述不同外，在使用时我们还应该知道，它们在吸合过程中电流和吸力的变化情况也是不一样的。在直流电磁铁中，励磁电流仅与线圈电阻有关，不因气隙的大小而变化。但在交流电磁铁的吸合过程中，线圈中的电流变化很大。因为其中电流不仅与线圈电阻有关，而主要的还与线圈感抗有关。在吸合过程中，随着气隙的减小，磁阻减小，线圈的感抗增大，因而电流逐渐减小。因此，如果由于某种机械障碍，衔铁或机械可动部分被卡住，通电后衔铁吸合不上，线圈中就会通过较大电流而使线圈严重发热，甚至烧毁。遇到这种情况应尽快切断电源，检查排除故障，以免线圈过热而烧坏。

6.4 变 压 器

6.4.1 变压器的基本结构

各种变压器尽管用途不同、但基本结构相同，其主体都是由绕组和铁心两大部分组成。

1. 绕组

绕组是变压器的电路部分，用导线绕制而成。图 6-3(a)为单相变压器的基本结构示意图。左右两套绕组分别套在口字形铁心的两个立柱上。每套绕组又分为高压绕组和低压绕组，高压绕组 1 在外层，低压绕组 2 在里层。这样安排的好处是能够降低对绕组和铁心之间的绝缘要求。两个高压绕组和两个低压绕组根据需要可以分别串联或并联使用。图 6-3(b)为三相变压器的基本结构示意图，A、B、C 三相的高压绕组 1 和低压绕组 2 分别套在日字形铁心的三个立柱上。三个高压绕组和三个低压绕组可以根据需要分别连接成星形或三角形。

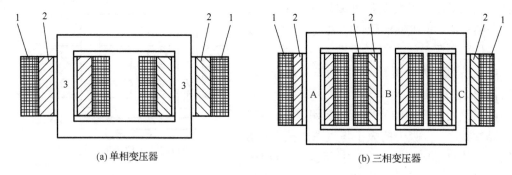

(a) 单相变压器　　　　　　　　　　　(b) 三相变压器

图 6-3　变压器的基本结构示意图

2. 铁心

铁心是变压器的磁路部分，为提高磁路的导磁能力，铁心采用高磁材料。这样，当绕组通入电流时，就能在铁心中产生足够强的磁场，磁力线既穿过高压绕组也穿过低压绕组，以磁耦合的形式把高压绕组和低压绕组联系起来。

铁心之所以能产生很强的磁场，是因为采用磁导率很高的磁性材料，具有磁化特性。这时，绕组磁场把铁心磁化后，产生很强的附加磁场。于是，绕组产生的实际磁场就大大增强。

容量较大的变压器还有散热装置。因为变压器工作时，绕组和铁心都会发热，如果热量不能很好地散发掉，会加速变压器绝缘材料的老化和劣化，从而减低使用寿命。所以通常把绕组和铁心浸在油箱中，油箱外面装有散热油管。

6.4.2 变压器的工作原理

图 6-4 是变压器的原理电路图。为便于分析，把高压绕组和低压绕组分别画在铁心的两边，与电源相连的一边称为原绕组，与负载相连的一边称为副绕组。匝数分别为 N_1 和 N_2。原、副绕组没有电的联系。只是通过铁心把两者联系起来。

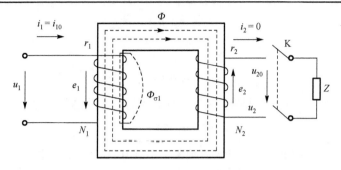

图 6-4　变压器的空载状态

1. 变压器的空载状态

变压器原绕组接交流电源，副绕组开路时，称为变压器的空载，如图 6-4 所示。此时原绕组中电流称作空载电流。副绕组中电流为 0，负载不消耗功率，变压器处于空载状态。

1）电磁关系

由于铁心具有很强的导磁能力，磁阻很小。绕组外面是空气，磁阻很大。因此，原绕组产生的磁力线绝大部分通过铁心而闭合，把原、副绕组耦合起来，这部分磁通称为主磁通，用 Φ 表示。只有少数磁力线经过绕组附近空气而闭合，不参与原、副绕组的耦合。这一小部分磁通不是工作磁通，称为漏磁通，用 $\Phi_{\sigma 1}$ 表示。

一般情况下，磁通的强弱正比于绕组电流与匝数的乘积。因此，可认为主磁通与漏磁通是由 $i_{10}N_1$ 产生的，我们把它称为磁通势。由于漏磁通比主磁通小得多，因此可以忽略漏磁通的影响。

变压器空载时，副绕组电流为零，无功率输出，此时原绕组电流的作用只是用来产生磁通 Φ，因此电流 i_{10} 称为变压器的励磁电流，其数值很小，为额定电流的 3%～8%。根据电磁感应原理，原、副绕组将分别产生感应电动势，

$$e_1 = -N_1 \frac{\mathrm{d}\Phi}{\mathrm{d}t}$$
$$e_2 = -N_2 \frac{\mathrm{d}\Phi}{\mathrm{d}t} \tag{6-10}$$

2）电压变换

若忽略原绕组漏磁通的影响和绕组电阻的压降，原绕组回路电压方程为

$$u_1 + e_1 = 0$$

用相量表示

$$\dot{E}_1 = -\dot{U}_1 \tag{6-11}$$

有效值

$$E_1 = U_1 \tag{6-12}$$

副绕组有感应电动势，但是由于副绕组开路，电流为零，不产生磁通，也没有电压降。副绕组的开路电压用 u_{20} 表示，则有

$$u_{20} = e_2 \tag{6-13}$$

用相量表示

$$\dot{U}_{20} = \dot{E}_2 \tag{6-14}$$

有效值

$$U_{20} = E_2 \tag{6-15}$$

原、副绕组的电压变换作用是通过主磁通实现的。主磁通按正弦规律变化，即

$$\Phi = \Phi_{\mathrm{m}} \sin \omega t \tag{6-16}$$

式中，Φ_{m} 为主磁通最大值，ω 为电源角频率。由式(6-10)可知，原绕组的感应电动势

$$e_1 = -N_1 \frac{\mathrm{d}\Phi}{\mathrm{d}t} = -N_1 \frac{\mathrm{d}(\Phi_{\mathrm{m}} \sin \omega t)}{\mathrm{d}t} = -\omega N_1 \Phi_{\mathrm{m}} \cos \omega t$$
$$= \omega N_1 \Phi_{\mathrm{m}} \sin(\omega t - 90^\circ) = E_{1\mathrm{m}} \sin(\omega t - 90^\circ) \tag{6-17}$$

式中

$$E_{1\mathrm{m}} = \omega N_1 \Phi_{\mathrm{m}} = 2\pi f N_1 \Phi_{\mathrm{m}} \tag{6-18}$$

e_1 的有效值为

$$E_1 = \frac{E_{1\mathrm{m}}}{\sqrt{2}} = 4.44 f N_1 \Phi_{\mathrm{m}} \tag{6-19}$$

同理，由式(6-10)可得到副绕组的感应电动势的有效值

$$E_2 = 4.44 f N_2 \Phi_{\mathrm{m}} \tag{6-20}$$

于是我们可以得到原、副绕组电压的变换关系。

因为

$$U_1 = E_1 \tag{6-21}$$

$$U_{20} = E_2 \tag{6-22}$$

所以

$$\frac{U_1}{U_{20}} = \frac{E_1}{E_2} = \frac{4.44 f N_1 \Phi_{\mathrm{m}}}{4.44 f N_2 \Phi_{\mathrm{m}}} = \frac{N_1}{N_2} = k \tag{6-23}$$

式中，k 为原、副绕组的匝数比，称为变压器的变比。一般变比是个常数，匝数多的绕组电压高，匝数少的绕组电压低。如果电源电压 U_1 一定，只要改变匝数比，就可得到不同的输出电压 U_{20}。

【例 6-1】 一台变压器，原绕组匝数为 825 匝，接在 10000V 高压输电线上，副绕组开路电压为 400V。试求变压器的变比和副绕组的匝数。

解 变压器的变比

$$k = \frac{U_1}{U_{20}} = \frac{10000}{400} = 25$$

副绕组的匝数

$$N_2 = \frac{N_1}{k} = \frac{825}{25} = 33(匝)$$

2. 变压器的有载状态

变压器空载时，副绕组有开路电压，为带负荷做好了准备。合上开关 K，副绕组则与

负载接通，产生副绕组电流 i_2，其参考方向如图 6-5 所示。此时变压器向负载输送电能，变压器处于有载状态。

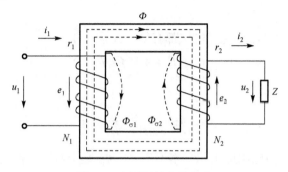

图 6-5　变压器的有载状态

1）电磁关系

变压器有载时，原、副绕组都有电流通过，i_1N_1 与 i_2N_2 分别为原、副绕组的磁动势。此时的主磁通 Φ 由磁动势 i_1N_1 与 i_2N_2 共同作用产生。简单来说，由原、副绕组共同产生。

主磁通穿过原、副绕组，在原、副绕组中产生感应电动势 e_1 和 e_2。漏磁通很小，仍忽略不计。

变压器有载时的电磁关系简单表示为

$$e_1 = -N_1 \frac{\mathrm{d}\Phi}{\mathrm{d}t}$$
$$e_2 = -N_2 \frac{\mathrm{d}\Phi}{\mathrm{d}t} \tag{6-24}$$

2）电压变换

对于原绕组，忽略漏磁通和原绕组电阻上的电压降，有

$$u_1 + e_1 = 0 \tag{6-25}$$

$$\dot{E}_1 = -\dot{U}_1 \tag{6-26}$$

$$E_1 = U_1 \tag{6-27}$$

对于副绕组，忽略漏磁通和副绕组电阻上的电压降，有

$$u_2 = e_2 \tag{6-28}$$

$$\dot{U}_2 = \dot{E}_2 \tag{6-29}$$

$$U_2 = E_2 \tag{6-30}$$

原、副绕组的电压有效值之比为

$$\frac{U_1}{U_2} = \frac{E_1}{E_2} \tag{6-31}$$

$$\frac{U_1}{U_2} = \frac{N_1}{N_2} = k \tag{6-32}$$

式（6-31）与式（6-32）表明：变压器有载时与空载时一样，原、副绕组电压有效值之

比等于原、副绕组匝数之比。当变比 $k>1$ 时，是降压变压器；当变比 $k<1$ 时，是升压变压器。

3）电流关系

变压器空载和有载时，原绕组电压都有如下关系，即

$$U_1 = E_1 = 4.44 fN_1\Phi_m \tag{6-33}$$

所以

$$\Phi_m = \frac{U_1}{4.44 fN_1} \tag{6-34}$$

由式（6-34）可以看出，当电源电压和频率不变时，Φ_m 是个常数。就是说，无论负载怎么变化，铁心中主磁通的最大值保持不变。

根据这个结论可以得出：变压器有载时产生主磁通的磁动势 $(i_1N_1+i_2N_2)$ 与空载时产生主磁通的磁动势 $i_{10}N_1$ 是相等的。即

$$i_1N_1 + i_2N_2 = i_{10}N_1 \tag{6-35}$$

变压器空载时的励磁电流 i_{10} 很小，与有载状态时的 i_1 和 i_2 相比，可以忽略。因而式（6-35）可改为

$$i_1N_1 + i_2N_2 = 0 \tag{6-36}$$

$$i_1N_1 = -i_2N_2 \tag{6-37}$$

用相量表示

$$\dot{I}_1N_1 = -\dot{I}_2N_2 \tag{6-38}$$

式（6-38）中的负号说明，变压器原、副绕组的磁动势在相位上接近于反相。也就是说，变压器带负载后，副绕组对原绕组有去磁作用。

原、副绕组电流有效值之比

$$\frac{I_1}{I_2} = \frac{N_2}{N_1} = \frac{1}{k} \tag{6-39}$$

即原、副绕组电流有效值之比等于原、副绕组匝数的反比。

变压器有载时，电流随负荷的变化过程是当负载增加时，副绕组电流和磁动势随之增大，对原绕组磁动势的去磁作用增强。此时，原绕组电流和磁动势因补偿副绕组的去磁作用也随着增大，从而维持主磁通不变。

实际上，变压器有载时，无论负载怎样变动，电流总是自动地适应负载电流的变化。变压器就是在副绕组的去磁作用与原绕组的补偿作用的动态平衡过程中，完成了电能的输送任务。

【例6-2】　一台额定容量为 $S_N = 1000\text{V} \cdot \text{A}$、额定电压为 380/24V 的变压器供给临时建筑工地照明用电。试求：(1)变压器的变压比；(2)原、副绕组的额定电流；(3)副绕组能接入60W、24V白炽灯多少只？

解　(1)变压比　　　　　　　$k = \dfrac{380}{24} = 15.83$

(2)原、副绕组额定电流

$$I_{1n} = \frac{S_N}{U_{1N}} = \frac{1000}{380} = 2.63(A)$$

$$I_{2n} = \frac{S_N}{U_{2N}} = \frac{1000}{24} = 41.67(A)$$

(3)副绕组能接入的灯数为

$$\frac{I_{2N}}{\dfrac{60}{24}} = \frac{41.67}{2.5} = 16.7 \approx 17 \text{（只）}$$

4）阻抗变换

把一个阻抗为 Z 的负载接到变压器的副绕组，如图 6-6 所示，负载阻抗可以表示为

$$|Z| = \frac{U_2}{I_2} \tag{6-40}$$

从原绕组来看，原先的负载阻抗就变为

$$|Z'| = \frac{U_1}{I_1} = \frac{kU_2}{\dfrac{1}{k}I_2} = k^2|Z| \tag{6-41}$$

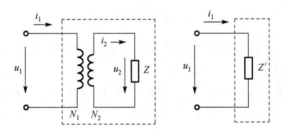

图 6-6 变压器的阻抗变换

这说明一个阻抗为 Z 的负载，可以用变压器将它的阻抗增大 k^2 倍。这就是变压器的阻抗变换作用。

在电子技术中，常需要将负载阻抗值变换为放大器所需要的数值，以获得最大的功率，称为阻抗匹配。实现这种作用的变压器称为匹配变压器。

【例 6-3】 一只 8Ω 的扬声器接到变比为 6 的变压器的副绕组，试问反映到原绕组的电阻是多少？

解 反映到原绕组的电阻为

$$R' = k^2 \cdot R = 6^2 \times 8 = 288(\Omega)$$

5）变压器的功率损耗

变压器在输送能量过程中，本身存在功率损耗。损耗有铜损 ΔP_{Cu} 和铁损 ΔP_{Fe} 两部分。

(1)铜损。产生于绕组中的损耗称为铜损。变压器工作时，原、副绕组电阻所消耗的功率就是铜损。即

$$\Delta P_{Cu} = I_1^2 r_1 + I_2^2 r_2 \tag{6-42}$$

(2)铁损。产生于铁心中的损耗就是铁损。铁损包括磁滞损耗 ΔP_h 和涡流损耗 ΔP_e（在物理学中讲述）。

变压器的损耗会导致变压器发热,温度过高时会加速绝缘材料的老化,缩短使用寿命。因此要减小变压器的损耗。实际中,变压器的损耗可以控制在很小的范围内,效率通常在90%以上。

6.4.3 变压器绕组的极性及其连接

1. 绕组极性的判别

已经制成的变压器,由于经过浸漆、装箱或其他处理,从外观上无法辨认绕组的绕向。通常采用直流法和交流法进行测定,本书对直流法进行简单介绍。

直流法测定绕组极性的电路如图 6-7 所示。在开关闭合瞬间,如果毫安表的指针正向偏转,则 1 和 3 是同名端;如果指针反向偏转,则 1 和 4 是同名端。

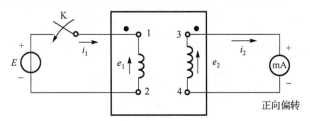

图 6-7 直流法测定绕组极性的电路

在开关闭合瞬间,电路中出现变化的电流 i_1,其实际方向如图 6-7 所示。i_1 产生的磁通在两个绕组中产生感应电动势 e_1 和 e_2。由楞次定律可知,e_1 实际方向如图 6-7 所示。e_2 的实际方向可以从电流表的指针偏转方向推知。若指针正向偏转,说明 e_2 的实际方向如图 6-7 所示,因而 1 和 3 是同名端。若指针反向偏转,则 e_2 的实际方向与图 6-7 中相反,1 与 4 是同名端。

2. 绕组的连接

绕组的极性确定以后,即可根据实际需要将绕组连接起来。绕组串联可以提高电压,绕组并联可以增大电流。但是,只有额定电流相同的绕组才能串联,额定电压相同的绕组才能并联。

图 6-8(a)将两个绕组按首-末-首-末顺序连接起来,可向负载提供 220V 电压和 2A 电流;图 6-8(b)将两个绕组按首-首,末-末分别连接起来,可向负载提供 100V 电压和 4A 电流。

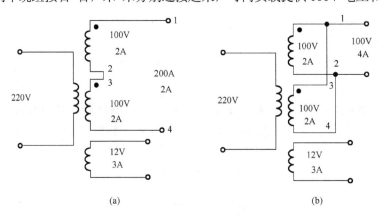

图 6-8 变压器绕组的串并联

6.4.4 特殊变压器

特殊用途的变压器种类很多。本书介绍常用的自耦变压器。

自耦变压器一般除有高、中压自耦绕组外，还有低压非自耦绕组，可能出现高压低压绕组运行、中压开路和中低压绕组运行、高压开路的运行方式。

图 6-9 是自耦变压器的原理电路，主要特点是：副绕组由 a、b 两点引出，副绕组是原绕组的一部分。原、副绕组的电压关系和电流关系仍然是

$$\frac{U_1}{U_2} = \frac{N_1}{N_2} = k \tag{6-43}$$

$$\frac{I_1}{I_2} = \frac{N_2}{N_1} = \frac{1}{k} \tag{6-44}$$

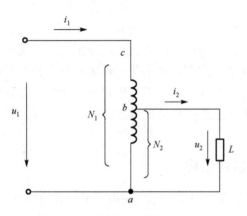

图 6-9 自耦变压器的原理电路

自耦变压器分为可调式和不可调式两种。可调式的 b 点可沿绕组上下滑动，以改变匝数比的方式，获得可调的输出电压，十分方便。注意：为了防止自耦变压器在遭受过电压入侵波的情况下损坏，会加装避雷器进行保护。

习 题

6-1 变压器有何用途？

6-2 变压器的铁心有何用途？

6-3 一台变压器，额定电压为 220/110V，$N_1 = 2500$ 匝，$N_2 = 1250$ 匝，如果为了节省铜线将 N_1 改为 50 匝，N_2 改为 25 匝，这样做行吗？为什么？

6-4 一台电压为 3300/220V 的单相变压器，向 5kW 的电阻性负载供电。试求变压器的变压比及原、副绕组的电流。

6-5 有一台单相照明变压器，容量为 10kV·A，电压为 3300/220V。今欲在副绕组接上 60W、220V 的白炽灯，如果变压器在额定状态下运行，这种电灯能接多少只？原、副绕组的额定电流是多少？

第7章 电 动 机

电动机是工农业生产中应用最广泛的动力机械,其作用是将电能转换为机械能。本章介绍三相异步电动机的结构、工作原理、电磁转矩、机械特性以及使用要点,并对单相异步电动机和直流电机做简单介绍。

7.1 三相异步电动机的结构和工作原理

电动机有直流电动机和交流电动机两大类。在生产上主要用的是交流电动机,特别是三相异步电动机。它被广泛应用于各种机床、起重机、鼓风机、水泵、皮带运输机等设备中。本节以三相鼠笼式异步电动机为重点,介绍异步电动机的结构、工作原理、机械特性和使用方法。它在原理方面与变压器有许多相似之处,变压器的一些规律和分析方法在研究异步电动机时也同样适用。但变压器是静止的,而异步电动机的转子是旋转运动的,这是异步电动机区别于变压器的本质所在,在学习时必须抓住这一点,以便加深理解。

7.1.1 三相异步电动机的结构

三相异步电动机的构造如图 7-1 所示。它由定子(包括机座)、转子、端盖等组成,其中定子和转子是能量传递的主要部分。分别介绍如下。

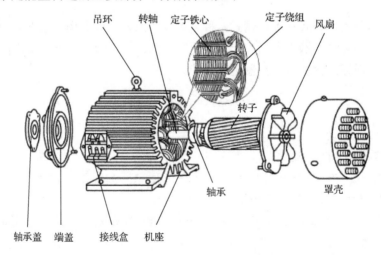

图 7-1 三相异步电动机的构造

1. 定子

定子是电动机的不动部分,它主要由定子铁心、定子绕组和机座组成。定子铁心是电动机磁路的一部分,为了减少铁损,定子铁心由表面绝缘的硅钢片叠压而成。硅钢片内圆周表面冲有槽孔,用以嵌置定子绕组。定子绕组是定子中的电路部分,中、小型电动机一般采用漆包线绕制，其三相对称绕组共有六个出线端，每相绕组的首端分别用 U_1、V_1、W_1 标记，末端用 U_2、V_2、W_2 标记，可以根据电源电压和电动机的额定电压把三相绕组接成星形或三角形，参见图 7-2。

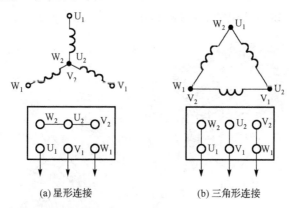

(a) 星形连接　　　　　　　　　　　　　(b) 三角形连接

图 7-2　定子绕组的星形和三角形连接

2. 转子

转子是电动机的旋转部分，由转轴、转子铁心、转子绕组和风扇等组成。转子铁心是一个圆柱体，也由硅钢片叠压而成，其外圆周表面冲有槽孔，以便嵌置转子绕组。转子绕组根据其构造分为两种形式：鼠笼式和绕线式。

1) 鼠笼式

鼠笼式转子是在转子铁心的槽内压进铜条，铜条的两端分别焊接在两个铜环上。因其形状如同鼠笼，故得名。鼠笼式转子如图 7-3 所示。

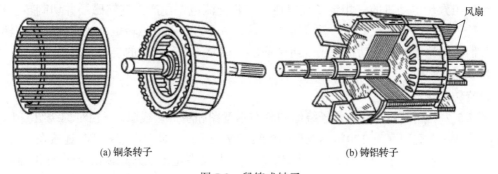

(a) 铜条转子　　　　　　　　　　　　　　　　(b) 铸铝转子

图 7-3　鼠笼式转子

现在中小型电动机更多地采用铸铝转子，即把熔化的铝浇铸在转子铁心槽内，两端的圆环及风扇也一并铸成。用铸铝转子可节省铜材，简化了制造工艺，降低了电机的成本。

鼠笼式电动机由于构造简单，价格低廉，工作可靠，使用方便，称为生产上应用最广泛的一种电动机。

2) 绕线式

其转子铁心与鼠笼式相同，不同的是在转子的槽内嵌置对称的三相绕组。三相绕组接成星形，末端接在一起，首端分别接在转轴上三个彼此绝缘的铜制滑环上。滑环对轴也是绝缘的，滑环通过电刷将转子绕组的三个首端引到机座上的接线盒里，以便在转子电路中串入附加电阻，用来改善电动机的启动和调速性能。

绕线式电动机结构比较复杂，成本比鼠笼式电动机高，但它有较好的性能，一般只有在特殊的场合使用。绕线式电动机结构图如图 7-4 所示。

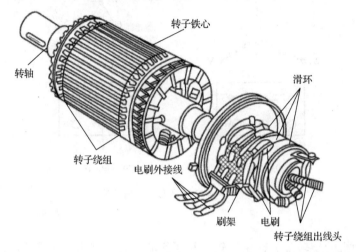

图 7-4　绕线式电动机结构

鼠笼式电动机与绕线式电动机只是在转子的构造上不同，它们的工作原理是一样的。

7.1.2　三相异步电动机的工作原理

异步电动机是利用载流导体在磁场中产生电磁力的原理而制成的。

给三相异步电动机的三相定子绕组通入三相交流电，便产生旋转磁场并切割转子导体，在转子电路产生感应电流，载流转子在磁场中受力产生电磁转矩，从而使转子旋转。因此我们先讨论在异步电动机定子绕组中通以三相交流电所产生的旋转磁场。

1. 旋转磁场

1）旋转磁场的产生

图 7-5 为三相异步电动机定子绕组的分布示意图和星形接线图。三相对称绕组 U_1U_2、V_1V_2、W_1W_2 在空间互差 120°，将其星形连接（Y 连接），即 U_2、V_2、W_2 连接在一起，U_1、V_1、W_1 分别接到三相电源上，便有对称的三相交变电流通入相应的定子绕组。即

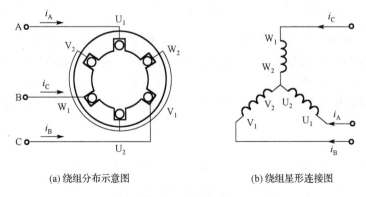

(a) 绕组分布示意图　　　　　　　　(b) 绕组星形连接图

图 7-5　定子绕组

$$i_A = I_m \sin \omega t$$

$$i_B = I_m \sin(\omega t - 120°)$$

$$i_C = I_m \sin(\omega t + 120°)$$

三相对称电流波形如图 7-6 所示。

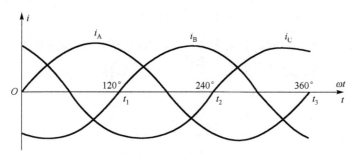

图 7-6　三相对称电流波形

我们规定电流的正方向是从绕组首端流入，末端流出。三相绕组通入三相电流后，共同产生了一个随电流的交变而在空间不断旋转的合成磁场，这就是旋转磁场，如图 7-7 所示。为了便于分析，在图 7-7 中取 $\omega t = 0°$，$\omega t = 120°$，$\omega t = 240°$，$\omega t = 360°$ 四个时刻进行分析。

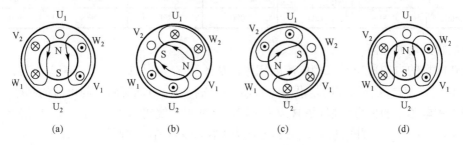

图 7-7　旋转磁场的形成（$p = 1$）

$\omega t = 0°$ 时，i_A 为 0，$U_1 U_2$ 绕组没有电流；i_B 为负，电流从末端 V_2 流入（⊗ 表示流入定子绕组），从首端 V_1 流出（⊙ 表示流出定子绕组）；i_C 为正，电流从首端 W_1 流入，从末端 W_2 流出。

根据右螺旋定则，其合成磁场如图 7-7(a) 所示。对定子而言，磁力线方向是自上而下的，因此，定子上方是 N 极，下方是 S 极。因是两极磁场，故称其为一对磁极，用 p 表示极对数，则 $p = 1$。

$\omega t = 120°$ 时，i_B 为 0，$V_1 V_2$ 绕组没有电流；i_C 为负，电流从末端 W_2 流入，从首端 W_1 流出；i_A 为正，电流从首端 U_1 流入，从末端 U_2 流出。合成磁场如图 7-7(b) 所示，显然，与图 7-7(a) 相比，磁场在空间沿顺时针方向旋转了 $120°$。

同理，$\omega t = 240°$ 和 $\omega t = 360°$ 时，可分别画出对应的合成磁场如图 7-7(c) 和 (d) 所示。

由上述分析可以看出，当三相对称分布的定子绕组通入对称的三相交流电时，将在电机中产生旋转磁场。且电流变化一个周期时，合成磁场在空间旋转 $360°$。

旋转磁场的磁极对数 p 与定子绕组的安排有关。通过适当的安排，也可以产生两对、三对或更多磁极对数的旋转磁场。

2) 旋转磁场的转速

根据上面的分析，电流在时间上变化一个周期，两极磁场在空间旋转一周，若电流的频率为 f，即电流每秒变化 f 周，则旋转磁场的转速为每秒 f 转。旋转磁场的转速也称为同步转速，通常转速是以每分钟的转速来计算的，若以 n_0 表示同步转速，则可得

$$n_0 = 60f \ (\text{r/min}) \tag{7-1}$$

如果设法使定子磁场为四极（极对数 $p = 2$），可以证明，电流变化一个周期，合成磁场在空间旋转 $180°$，其同步转速为 $n_0 = \dfrac{60f}{2}$。由此可以推广到 p 对磁极的异步电动机的同步转速为

$$n_0 = \frac{60f}{p} \ (\text{r/min}) \tag{7-2}$$

由此可得，同步转速 n_0 取决于电源频率和电动机的磁极对数 p。我国的电源频率为 50Hz，不同磁极对数所对应的同步转速如表 7-1 所示。

表 7-1 不同磁极对数对应的同步转速

p	1	2	3	4	5	6
$n_0/(\text{r/min})$	3000	1500	1000	750	600	500

3) 旋转磁场的方向

旋转磁场的方向取决于三相电流的相序。从图 7-7 可以看出，当三相电流的相序为 A→B→C 时，旋转磁场的方向是沿绕组首端 U_1→V_1→W_1 方向旋转，与电流的相序一致。如果把三相电源中的任意两根（如 B、C）对调，此时，W 绕组通入 B 相电流，V 绕组通入 C 相电流，可以发现，此时旋转磁场的方向为 U_1→W_1→V_1，与原转向相反。

2. 转子转动原理

图 7-8 是两极三相异步电动机转动原理示意图。设磁场以同步转速 n_0 顺时针方向旋转，转子与磁场之间有相对运动。即相当于磁场不动转子导体以逆时针方向切割磁力线，在导体中产生感应电动势，其方向由右手定则确定。由于转子导体的两端由端环连通，形成闭合的转子电路，在转子电路中就产生了感应电流。载流的转子导体在磁场中受电磁力 F 的作用（电磁力的方向可用左手定则决定）形成电磁转矩，在此转矩的作用下，转子就沿旋转磁场的方向转动起来，其转速用 n 表示。但 n 总是要小于旋转磁场的同步转速 n_0，否则，两者之间没有相对运动，就不会产生感应电动势及感应电流，电磁转矩也无法形成，电动机不可能旋转。这就是异步电动机名称的由来。又因转子中的电流是感应产生的，所以又称为感应电动机。

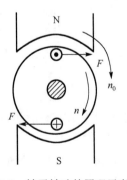

图 7-8 转子转动的原理示意图

通常，我们把同步转速 n_0 与转子转速 n 的差值与 n_0 的比值称为异步电动机的转差率，用 s 表示。即

$$s = \frac{n_0 - n}{n_0} \quad 或 \quad s = \frac{n_0 - n}{n_0} \times 100\% \tag{7-3}$$

转差率 s 是描述异步电动机运行状况的一个重要物理量。

在电动机启动瞬间，$n=0$，$s=1$，转差率最大。

空载运行时，转子转速最高，转差率最小，s 约为 0.5%。

额定负载运行时，转子转速较空载要低，s_N 为 1%～9%。

7.2 三相异步电动机的电路分析

三相异步电动机的电磁关系与变压器相似，它的定子电路和转子电路就分别相当于变压器的一次绕组和二次绕组。每相等效电路如图 7-9 所示。它的旋转磁场的主磁通将定子和转子交链在一起。它们的主要区别是变压器是静止的，而异步电动机的转子是旋转的；变压器的主磁通通过铁心形成闭合回路，而电动机的磁路中存在着一个很小的空气隙。

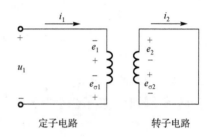

图 7-9 三相异步电动机的每相等效电路

7.2.1 定子电路

定子绕组在通以三相交流电流后，产生旋转磁场，旋转磁场既切割转子导体也切割定子绕组，在定子绕组中感应的电动势为

$$e_1 = E_{1m} \sin \omega t$$

和在变压器绕组中感应电动势的运算方法相似，当定子绕组接入三相交流电压 U_1 后，所产生的旋转磁场在定子每相绕组中会产生感应电动势，忽略定子绕组本身阻抗压降，其端电压有效值 E_1 为

$$U_1 \approx E_1 = 4.44 K_1 f_1 N_1 \Phi \tag{7-4}$$

式中，N_1 为每相定子绕组的匝数；f_1 是外加电源电压的频率；Φ 为旋转磁场的每极磁通量，在数值上等于通过定子每相绕组的 f_1 磁通最大值 Φ_m；K_1 称为定子绕组系数，是考虑电动机定子绕组按一定规律沿定子铁心内周分布而引入的绕组系数，K_1 小于 1 而约等于 1。

式(7-4)说明，当电源 U_1 和 f_1 一定时，异步电动机旋转磁场的每极磁通量基本不变。

7.2.2 转子电路

转子电路的各个物理量对电动机的运行性能都有影响。

1. 转子绕组的频率 f_2

当转子绕组电路闭合时，在转子电路中由于 E_2 的作用出现电流 I_2，I_2 与旋转磁场相互作用而产生转矩，使转子以 n 的转速转动。如果磁场有 p 对磁极，旋转磁场切割转子导体的速率为 $n' = n_0 - n$，因此，转子绕组中感应电势的频率为

$$f_2 = \frac{Pn'}{60} = \frac{P(n_0 - n)}{60} = \frac{Pn_0}{60} \times \frac{n_0 - n}{n_0} = sf_1 \tag{7-5}$$

由此可知，转子电流的频率与定子电流的频率及转差率成正比。

当电动机刚启动时(转子不动，$n = 0$)$s = 1$，转子与旋转磁场间的相对转速最大，转子导条被旋转磁通切割得最快。所以这时 f_2 最高，即 $f_2 = f_1$。随着转速的增加 s 减小，f_2 也减小。当转子的转速能达到同步转速 n_0 时，$s = 0$，于是 $f_2 = 0$。

异步电动机在额定负载时，$s = 1\% \sim 9\%$，则 $f_2 = 0.5 \sim 4.5\text{Hz}(f_1 = 50\text{Hz})$。

2. 转子绕组的电动势 E_2

当转子旋转时，旋转磁场在转子中所产生的电动势为

$$E_2 = 4.44 K_2 f_2 N_2 \Phi \tag{7-6}$$

当 $n = 0$，即 $s = 1$ 时，转子电动势达到最大值 E_{20}。

$$E_{20} = 4.44 K_2 f_1 N_2 \Phi \tag{7-7}$$

3. 转子绕组的感抗 X_2

当转子旋转时，转子绕组中感应电动势的角频率为

$$\omega_2 = 2\pi f_2 = 2\pi s f_1 = s\omega_1 \tag{7-8}$$

由于转子电路有了电流，和定子绕组一样，也会出现漏磁通 Φ_S，并在转子绕组中产生漏磁电动势 E_S，也将引起感抗压降。

$$-\dot{E}_S = j\dot{I}_2 X_{2s} = j\dot{I}_2 \omega_2 L_2 \tag{7-9}$$

$$X_2 = \omega_2 L_2 = s\omega_1 L_2 = sX_{20} \tag{7-10}$$

式中，X_2 为转差率等于 s 时转子每相绕组的感抗；X_{20} 为转子不动($s = 1$)时，每相绕组的感抗；L_2 为转子绕组一相的漏磁电感。

由式(7-10)可知，转子绕组的感抗不是一个常数，在转子不动时，它等于最大值 X_{20}，随着转速 n 的增加，s 减小，转子绕组的感抗也逐渐减小。

4. 转子绕组的电流 I_2

当转子旋转时，转子各相中的电流为

$$I_2 = \frac{E_2}{Z_2} = \frac{E_2}{\sqrt{R_2^2 + X_2^2}} \tag{7-11}$$

$\dot{I}_2$ 和 $\dot{E}_2$ 的频率相同，都等于 f_2。式(7-11)中：E_2 和 X_2 都随 n 的变化而变化；R_2 可视为不变。当 s 增大，即转速 n 降低时，转子与旋转磁场间的相对旋速($n_0 - n$)增加，转子导体切割磁通的速度提高，于是 E_2 增加，I_2 也增加。I_2 随 s 变化的关系可用图 7-10 所示的曲线表示。图 7-10 中，当 $s = 0$ 时，即 $n_0 - n = 0$ 时，$I_2 = 0$；当 s 很小时，$R_2 \gg sX_{20}$，$I_2 \approx \frac{sE_{20}}{R_2}$，即 I_2 与 s 近似成正比；当 s 接近于 1 时，$sX_{20} \gg R_2$，$I_2 \approx \frac{E_{20}}{X_{20}}$ 为常数。

5. 转子每相绕组的功率因数 $\cos\varphi_2$

$$\cos\varphi_2 = \frac{R_2}{\sqrt{R_2^2 + X_2^2}} = \frac{R_2}{\sqrt{R_2^2 + (sX_{20})^2}} \tag{7-12}$$

由式(7-12)可知，当 s 增大时，X_2 也增大，于是 φ_2 也增大，即 $\cos\varphi_2$ 减小。$\cos\varphi_2$ 与 s 的关系如图 7-10 所示。图 7-10 中，当 s 很小时，$R_2 \gg sX_{20}$，$\cos\varphi_2 \approx 1$；当 s 接近于 1 时，$sX_{20} \gg R_2$，$\cos\varphi_2 \approx \dfrac{R_2}{sX_{20}}$，即两者之间近似有双曲线的关系。

由上述可知，转子电路的各物理量 E_2，I_2，f_2，X_2，$\cos\varphi_2$ 都是转差率 s 的函数，即都与电动机的转速 n 有关。

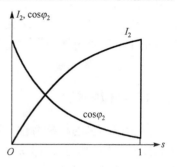

图 7-10　I_2、$\cos\varphi_2$ 与 s 的关系

7.3　三相异步电动机的电磁转矩和机械特性

电磁转矩是三相异步电动机的重要物理量，机械特性是它的主要特性。它表征一台电动机拖动生产机械能力的大小和运行性能。

7.3.1　电磁转矩

由三相异步电动机的转动原理可知，驱动电动机旋转的电磁转矩是由转子导体中的电流 I_2 与旋转磁场每极磁通 $\varPhi$ 相互作用而产生的。因此，电磁转矩的大小与 I_2 及 $\varPhi$ 成正比。由于转子电路是一个交流电路，它既有电阻，又有感抗存在，故转子电流 $\dot{I}_2$ 滞后于转子感应电动势 $\dot{E}_2$ 一个相位差 φ_2，其功率因数是 $\cos\varphi_2$，转子电流只有有功分量才能与旋转磁场相互作用而产生电磁转矩。因此，异步电动机的电磁转矩表达式为

$$T = K_T \varPhi I_2 \cos\varphi_2 \tag{7-13}$$

式中，K_T 是与电动机结构有关的常数。若电流的单位为 A，磁通 $\varPhi$ 的单位为 Wb，则电磁转矩的单位为 N·m。

式(7-13)称为电磁转矩的物理表达式。它说明异步电动机的电磁转矩是由气隙中的磁通 $\varPhi$ 和转子电流的有功分量 $I_2\cos\varphi_2$ 相互作用而产生的。在电动机正常工作范围内，磁通 $\varPhi$ 可认为是不变的，因此电磁转矩与转子电流的有功分量成正比。此公式对定性地说明异步电动机运行中的一些物理现象是很有用的。

由式(7-4)有

$$\varPhi \approx \frac{U_1}{4.44K_1 f_1 N_1} \propto U_1 \tag{7-14}$$

$$I_2 = \frac{sE_{20}}{\sqrt{R_2^2 + (sX_{20})^2}} = \frac{s(4.44K_2 f_1 N_2 \varPhi)}{\sqrt{R_2^2 + (sX_{20})^2}} \tag{7-15}$$

$$\cos\varphi_2 = \frac{R_2}{\sqrt{R_2^2 + X_2^2}} = \frac{R_2}{\sqrt{R_2^2 + (sX_{20})^2}} \tag{7-16}$$

代入转矩公式(7-13)，则得出转矩的另一个表达式为

$$T = K_T \varPhi I_2 \cos\varphi_2 = K \frac{sR_2 U_1^2}{R_2^2 + (sX_{20})^2} \tag{7-17}$$

式中，K 是一个常数；U_1 为定子绕组的相电压。由此可见，电磁转矩 T 与相电压 U_1 的平方成正比，所以电源电压波动对电动机的电磁转矩将产生很大的影响。此外，转矩 T 还受转子电阻 R_2 的影响。

7.3.2　机械特性

异步电动机的机械特性方程是指在一定的电源电压 U_1 和转子电阻 R_2 下，异步电动机的转速与转矩的关系，即 $n = f(T)$，如图 7-11 所示。但因异步电动机的转差率与转速有着固定的关系，所以常常把电磁转矩与转差率的关系，即 $T = f(s)$ 关系也称为机械特性方程，如图 7-12 所示。

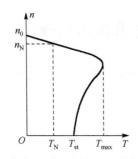
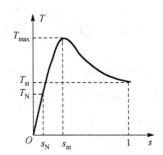

图 7-11　异步电动机的 $n = f(T)$ 曲线　　　图 7-12　异步电动机的 $T = f(s)$ 曲线

$n = f(T)$ 曲线可由 $T = f(s)$ 曲线顺时针方向转过 90°，再将 T 表示的横轴移下得到。

机械特性是三相异步电动机的主要特性。由此可分析电动机的运行性能。在机械特性曲线上，重点讨论以下三个转矩。

1. 额定转矩 T_N

在等速运行时，电动机的电磁转矩 T 必须与阻力转矩 T_C 相平衡，即 $T = T_C$。阻力转矩主要是轴上的机械负载转矩 T_2，此外，还包括电动机的空载损耗转矩 T_0。由于 T_0 一般很小，可忽略，所以有 $T_C = T_2 + T_0 \approx T_2$。

即可近似认为，当电动机等速运行时，其电磁转矩与轴上的负载转矩相平衡。由此可得

$$T = T_2 = \frac{P_2 \times 10^3}{\omega} = \frac{P_2 \times 10^3}{\dfrac{2\pi n}{60}} = 9550 \frac{P_2}{n} \quad (\text{N} \cdot \text{m}) \tag{7-18}$$

式中，P_2 是电动机轴上的机械功率 (kW)；n 是电动机的转速 (r/min)。

电动机的额定转矩是电动机在额定负载时的转矩。可将电动机铭牌上的额定功率和额定转速代入式 (7-18) 求得。即

$$T_N = 9550 \frac{P_{2N}}{n_N} \quad (\text{N} \cdot \text{m}) \tag{7-19}$$

2. 最大转矩 T_m

T_m 是三相异步电动机所能产生的最大转矩。对应于最大转矩的转差率为临界转差率 s_m，可由 $\dfrac{\mathrm{d}T}{\mathrm{d}s} = 0$ 求得

$$s_m = \frac{R_2}{X_{20}}$$

再将 s_m 代入转矩公式得

$$T_m = K\frac{U_1^2}{2X_{20}} \tag{7-20}$$

由以上两式可见，T_m 与 U_1^2 成正比，而与转子电阻 R_2 无关；s_m 与 R_2 有关，R_2 越大，s_m 也越大，即 n_m 越小。

图 7-13 是 U_1 一定时，对应不同 R_2 的机械特性曲线。在同一负载转矩 T_2 作用下，R_2 越大，n 越小。

图 7-14 是 R_2 为常数时对应不同 U_1 时的 $n = f(T)$ 曲线。在负载转矩 T_2 一定时，U_1 下降，即 $U_1 > U_1'$ 时，电动机的转速下降，$n' < n$。U_1 进一步减小，T_2 将超过电动机的最大转矩 T_m，即 $T_2 > T_m$，转速急剧下降至 $n = 0$，电动机停转。而电动机的电流迅速升高至额定电流的 5~7 倍，电动机将严重过热，甚至烧毁。这种现象称为闷车或堵转。

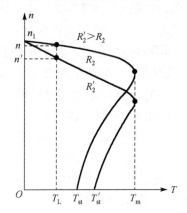

图 7-13 R_2 不同时的 $n = f(T)$ 曲线

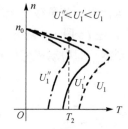

图 7-14 U_1 不同时的 $n = f(T)$ 曲线

在较短的时间内，电动机的负载转矩可以超过额定转矩而不至于过热。因此，最大转矩也表示电动机的短时允许过载能力。用过载系数 λ 表示。即

$$\lambda_m = \frac{T_m}{T_N} \tag{7-21}$$

一般三相异步电动机的过载系数为 1.8~2.2。

3. 启动转矩 T_{st}

电动机接通电源瞬间 $n = 0$，$s = 1$ 的电磁转矩称为启动转矩。将 $s = 1$ 代入式 (7-17) 得

$$T_{st} = K\frac{R_2 U_1^2}{R_2^2 + X_{20}^2} \tag{7-22}$$

由式 (7-22) 可见，T_{st} 与 U_1^2 及 R_2 有关。当电源电压降低时，启动转矩会减小，如图 7-14 所示。当转子电阻适当加大时，启动转矩会增大，如图 7-13 所示。当 $R_2 = X_{20}$ 时，可得 $T_{st} = T_m$，$s_m = 1$，如图 7-13 所示，这时，T_{st} 达到最大值。但继续增大 R_2 时，T_{st} 就要减小。绕线式电动机通常采用改变 R_2 的方法来改善电动机的启动性能。

电动机的启动转矩必须大于电动机静止时的负载转矩才能带负载启动。启动转矩与负载转矩的差值越大，启动越快，启动过程越短。通常用 T_{st} 与 T_N 之比表示异步电动机的启动能力，称为启动系数，用 λ_s 表示。即

$$\lambda_s = \frac{T_{st}}{T_N}$$

一般三相异步电动机的启动系数为 $1.0 \sim 2.2$。

异步电动机接通电源后，只要启动转矩大于轴上的负载转矩 T_2，转子便启动旋转，如图 7-15 所示。由机械特性曲线 $n=0$ 的 c 点沿 cb 段加速运行，cb 段 T 随着转速 n 升高而不断增大，经过 b 点后，由于 T 随 n 的增加而减小，故加速度也逐渐减小，直到 a 点，$T = T_2$，电动机就以恒定速度 n 稳定运行。

若由于某种原因使负载转矩增加，如 $T_2' > T$，电动机就会沿 ab 段减速，电磁转矩 T 随 n 的下降而增大，直至 $T_2' = T$，对应于曲线的 a' 点。电动机在新的稳定状态下，以较低的转速 n' 运行。反之，若负载转矩变小，如 $T_2'' < T$，电动机将沿曲线 ab 段加速，上升至曲线的 a'' 点，这时，电磁转矩随 n 的增加而减小，又达到新的稳定状态 $T_2'' = T$，电动机以较高的转速 n'' 稳定运行。由此可见，在机械特性的 $n''b$ 段内，当负载转矩发生变化时，电动机能自动地调节电磁转矩，使之适应负载转矩的变化，而保持稳定运行，故 $n''b$ 段称为稳定运行区。且在 $n''b$ 段，较大转矩的变化对应的转速的变化很小，异步电动机有硬的机械特性。

在电动机运行中，若负载转矩增加太多，使 $T_2 > T_m$，电动机将越过机械特性的 b 点而沿 bc 段运行。在 bc 段，T 随 n 的下降而减小，T 的减小又进一步使 n 下降，电动机的转速很快下降到零，即电动机停转(堵转)。所以，机械特性 bc 段称为不稳定运行区。电动机堵转时，其定子绕组仍接在电源上，而转子却静止不动，此时，定、转子电流剧增，若不及时切断电源，电动机将迅速过热而烧毁。

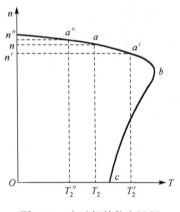

图 7-15 电动机的稳定运行

【例 7-1】 有一台三相鼠笼异步电动机，其额定功率 $P_{2N} = 55kW$，额定转速 $n_N = 1480r/min$，$\lambda_m = 2.2$，$\lambda_s = 1.3$，试求这台电动机的额定转矩 T_N，启动转矩 T_{st} 和最大转矩 T_m 各为多少？

解 由式 (7.19) 可得电动机的额定转矩为

$$T_N = 9550 \frac{P_{2N}}{n_N} = 9550 \frac{55}{1480} = 354.9 (N \cdot m)$$

启动转矩　$T_{st} = 1.3 \times 354.9 = 461 (N \cdot m)$

最大转矩　$T_m = 2.2 \times 354.9 = 7801 (N \cdot m)$

7.4　三相异步电动机的使用

7.4.1　三相异步电动机的铭牌数据

要正确使用电动机必须看懂铭牌。以 Y132-4M 型电动机为例，来说明铭牌上各个数据的意义，如表 7-2 所示。

表 7-2 电动机铭牌

三相异步电动机		
型号 Y132M-4	功率 7.5kW	频率 50Hz
电压 380V	电流 15.4A	接法 △
转速 1440r/min	绝缘等级 B	工作方式 连续
年　月　日		电机厂

此外，它的主要技术数据还有功率因数为 0.85，效率为 87%(可从手册上查出)。

(1)型号。电动机的型号是表示电动机的类型、用途和技术特征的代号。用大写拼音字母和阿拉伯数字组成，各有一定的含义。

例如：

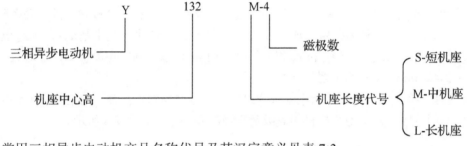

常用三相异步电动机产品名称代号及其汉字意义见表 7-3。

表 7-3 常用三相异步电动机产品名称代号及其汉字意义

产品名称	新代号	汉字意义	旧代号
鼠笼式异步电动机	Y, Y-L	异	J, JO
绕线式异步电动机	YR	异 绕	JR, JRO
防爆型异步电动机	YB	异 爆	JB, JBS
防爆安全型异步电动机	YA	异 安	JA
高启动转矩异步电动机	YQ	异 起	JQ, JQO

表 7-3 中，Y、Y-L 系列是新产品。Y 系列定子绕组是铜线，Y-L 系列定子绕组是铝线。

(2)功率、效率、功率因数。额定功率是电动机在额定运行状态下，其轴上输出的机械功率，用 P_{2N} 表示。输出功率 P_{2N} 与电动机从电源输入的功率 P_{1N} 不相等。其差值($P_{1N}-P_{2N}$)为电动机的损耗；其比值 P_{2N}/P_{1N} 为电动机的效率。

$$\eta_N = \frac{P_{2N}}{P_{1N}} \times 100\%$$

电动机为三相对称负载，从电源输入的功率用下式计算：

$$P_{1N} = \sqrt{3} U_N I_N \cos\varphi$$

式中，$\cos\varphi$ 是电动机的功率因数。

鼠笼式异步电动机在额定运行时，效率为 72%~93%，功率因数为 0.7~0.9。

(3)频率。频率是指定子绕组上的电源频率，我国工业用电的标准频率为 50Hz。

(4)电压。电压是指额定运行时，定子绕组上应加的电源线电压值，称额定电压 U_N。

一般规定异步电动机的电压不应高于或低于额定值的 5%。当电压高于额定值时，磁通将增大(因 $U = 4.44fN\Phi$)，磁通的增大又将引起励磁电流的增大(由于磁路饱和，可能增得很大)。这不仅使铁损增加，铁心发热，而且绕组也会有过热现象。

但若电压低于额定值，将引起转速下降，电流增加。如果在满载的情况下，电流的增加将超过额定值，使绕组过热；同时，在低于额定电压下运行时，和电压的平方成正比的最大转矩会显著下降，对电动机的运行是不利的。

三相异步电动机的额定电压有 380V、3000V、6000V 等。

(5)电流。电流是指电动机在额定运行时，定子绕组的线电流值，也称额定电流 I_N。

(6)接法。接法是指电动机在额定运行时定子绕组应采取的连接方式。有星形(Y)连接和三角形(△)连接两种，如图 7-2 所示。通常，Y 系列三相异步电动机容量在 4kW 以上时均采用三角形连接法。

(7)转速。转速是指当电源为额定电压、频率为额定频率和电动机输出额定功率时，电动机每分钟的转速，称为额定转速 n_N。额定转速与同步转速的关系是 $n_N = (1 - s_N)n_0$。由于额定状态下 s_N 很小，故 n_N 和 n_0 相差很小，由 n_N 可以判断出电动机的磁极对数。例如，$n_N = 1440\text{r/min}$，其磁极对数 $p = 2$。

(8)绝缘等级。绝缘等级是指电动机绕组所用的绝缘材料，按使用时的最高允许温度而划分的不同等级。常用绝缘材料的等级及其最高允许温度如表 7-4 所示。

表 7-4 常用绝缘材料的等级及其最高允许温度

绝缘材料的等级	A	E	B	F	H
最高允许温度/℃	105	120	130	155	180

上述最高允许温度为环境温度(40℃)和允许温升之和。

(9)工作方式。工作方式是对电动机在铭牌规定的技术条件下运行持续时间的限制。以保证电动机的温度不超过允许值。电动机的工作方式可分为以下三种。

① 连续工作：在额定状态下可长期连续工作。如机床、水泵、通风机等设备所用的异步电动机。

② 短时工作：在额定状态下，持续运行时间不允许超过规定的时限(分钟)，有 15、30、60、90。否则，会使电机过热。

③ 断续工作：可按一系列相同的工作周期，以间歇方式运行。如吊车、起重机等。

7.4.2 三相异步电动机的启动

电动机接通电源后开始转动，转速不断上升，直至达到稳定转速，这一过程称为启动。在电动机接通电源的瞬间，转子尚未转动，即 $n = 0$，$s = 1$。旋转磁场以同步转速 n_0 切割转子导体，在转子导体中产生很大的感应电动势和感应电流，转子电流增大，定子电流也相应地增大，一般是电动机额定电流的 5～7 倍，这就是电动机的启动电流 I_{st}。启动电流虽然很大，但启动时间短(一般为 1～3s)，而且随着电动机转速的上升，启动电流会迅速减小，故对于容量不大且启动不频繁的电动机影响不大。如果连续频繁启动，则由于热量的积累，可能使电机过热，故在使用时应特别注意。

但是，电动机的启动电流对线路是有影响的。过大的启动电流会在输电线路上产生较大的电压降，影响接在同一线路上的其他负载的正常工作。例如，电灯瞬间变暗，运行中的电动机转速下降，甚至停转。

根据异步电动机的机械特性，电动机的启动转矩 T_{st} 不大，启动系数只有 $1.0 \sim 2.2$。因为启动时 $(s = 1)$，转子感抗大 $(X_2 = sX_{20})$，转子功率因数低，故启动转矩较小。而启动转矩小，则会使电动机不能在满载情况下启动，或者启动时间过长。

异步电动机常有如下启动方法。

1) 直接启动

利用闸刀开关、交流接触器、空气自动开关等电器将电动机直接接入电源启动，称为直接启动或全压启动。其优点是设备简单，操作方便，启动迅速，但是启动电流大。

一台异步电动机能否直接启动，各地电业部门都有一定的规定。

(1) 容量在 10kW 及以下的异步电动机允许直接启动。

(2) 启动时，电动机的启动电流在供电线路上引起的电压降不超过正常电压的 15%，若没有独立变压器(与照明共用)，则不应超过 5%。

(3) 用户有独立的变压器供电时，频繁启动的电动机容量小于变压器容量的 20% 时允许直接启动；不频繁启动，容量小于变压器容量的 30% 时允许直接启动。

2) 降压启动

电动机的容量较大，当电源容量不能满足直接启动要求时，为了减小它的启动电流，常采用降压启动。降压启动是利用启动设备，在启动时降低加在定子绕组上的电压，当电动机的转速接近额定转速时，再加全电压(额定电压)运行。由于降低了启动电压，启动电流也就降低了。但因启动转矩正比于启动电压的平方，所以启动转矩显著减小。因此，降压启动只适用于启动时负载转矩不大的情况，如轻载或空载启动。

常用的降压启动方法有以下几种。

(1) 星形-三角形(Y-△)换接启动。这种方法只适用于正常运行时定子绕组接成三角形的电动机。图 7-16 是 Y-△ 启动电路图。启动时，将转换开关 QS_2 扳到"启动"位置，使定子绕组接成星形，待电动机的转速接近额定转速时，再迅速将转换开关 QS_2 扳到"运行"位置，定子绕组换接成三角形。

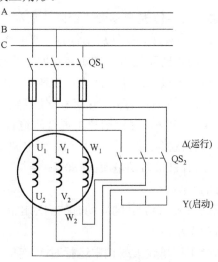

图 7-16　Y-△启动电路图

如图 7-17(a) 所示，设电源的线电压为 U_l，定子绕组启动时的每相阻抗为 Z，当定子绕组 Y 连接降压启动时，线电流 I_{lY} 等于相电流 I_{pY}，即

$$I_{lY} = I_{pY} = \frac{U_l/\sqrt{3}}{|Z|} = \frac{U_l}{\sqrt{3}|Z|} \tag{7-23}$$

当定子绕组△连接直接启动时，如图 7-17(b) 所示，其线电流为

$$I_{l\triangle} = \sqrt{3}I_{p\triangle} = \sqrt{3}\frac{U_l}{|Z|} \tag{7-24}$$

比较以上两式可得

$$\frac{I_{lY}}{I_{l\triangle}} = \frac{1}{3} \tag{7-25}$$

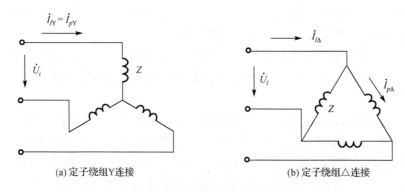

(a) 定子绕组Y连接　　　　　　　　　　　(b) 定子绕组△连接

图 7-17　定子绕组 Y 连接和△连接时的启动电流

即采用 Y-△启动时，启动电流只是直接启动时的 1/3。但是，由于启动转矩正比于启动时每相定子绕组电压的平方，故 Y-△启动时，启动转矩也降为全电压启动的 1/3。

Y-△启动具有设备简单、体积小、寿命长、动作可靠等优点，加之现在 Y 系列中小型三相异步电动机(4～100kW)都已设计为 380V，△连接，因此，Y-△启动得到了广泛的应用。

(2) 自耦变压器降压启动。图 7-18 是自耦变压器降压启动电路图。启动时，先合上电源开关 QS₂，然后把启动器上的手柄开关扳到启动位置，使电动机定子绕组接通自耦变压器的副绕组而降压启动。待电动机的转速接近额定转速时，再迅速将转换开关 QS₂ 扳到运行位置，使电动机定子绕组直接接在三相电源上，在额定电压下运行。

自耦变压器降压启动的变压器通常有几个抽头，使其输出电压分别为电源电压的 80%，60%，40%或 73%，64%，55%，可供用户根据要求进行选择。如果选用 80%抽头启动时，电动机的启动电流只有直接启动电流的 80%。而电源供给的线电流(即自耦变压器的一次电流 I_1)$I_1 = 0.8I_2$，只有直接启动电流的 $(80\%)^2 = 64\%$。启动转矩与电压的平方成正比，也只有直接启动时的 64%。

若自耦降压变压器的变比为 $K(K>1)$，则启动时的启动电流(变压器原绕组电流)和启动转矩均减小为直接启动时的 $1/K^2$。

自耦变压器降压启动适合于容量较大或正常运行时 Y 连接的鼠笼式异步电动机。

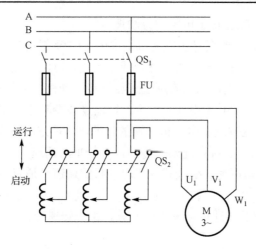

图 7-18 自耦变压器降压启动电路

3)绕线式异步电动机的启动

绕线式异步电动机由于它的转子电路可以经过滑环和电刷与外电路接通，故可采用在转子电路中串接电阻的方法来改善它的启动性能。启动时转子电路中接入适当的电阻 R_{st}，使转子电流减小，定子电流也相应减小，达到减小启动电流的目的。同时，转子电路中串入电阻后，还可提高转子电路的功率因数 $\cos\varphi_2$，即可提高启动转矩，如图 7-19 所示。

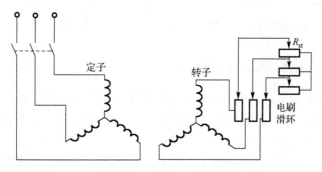

图 7-19 绕线式异步电动机启动时的接线图

启动时，先将全部电阻串入转子电路，再合上电源开关，电动机开始转动。随着电动机转速的逐渐升高，逐级减小启动电阻，当转速升高到额定值时，启动电阻全部切除，并将转子绕组短接，使电动机正常运行。

绕线式异步电动机可以重载启动，对于启动频繁，要求启动转矩较大的机械，如吊车、卷扬机等都是合适的。

7.4.3 三相异步电动机的调速

调速是指负载不变时，根据需要人为地改变电动机的转速，根据式(7-3)可得

$$n = (1-s)n_0 = (1-s)\frac{60f_1}{p} \tag{7-26}$$

由式(7-26)可以看出，异步电动机可通过改变电源频率 f_1 或极对数 p 实现调速。在绕

线式异步电动机中也可用改变转子电阻的方法调速。

(1)变频调速。变频就是改变异步电动机供电电源的频率。图 7-20 所示为变频调速装置的方框图。整流器先将 50Hz 的交流电变换成直流电，再由逆变器将直流电逆变为频率和电压连续可调的三相交流电，从而实现了三相异步电动机的无级调速。

(2)变极调速。对于三相异步电动机来说，可通过改变其定子绕组的接法实现改变旋转磁场的极对数 p，从而达到改变电动机转速的目的，这种方法称为变极调速，这种电动机称为多速电动机。然而，这种调速是有级的，不能平滑调速。

(3)改变转子电路电阻调速。绕线式异步电动机的调速是通过改变串接在转子电路中的电阻而进行的。在图 7-21 中，转子电阻从 R_2 增加到 R_2' 时，若负载转矩 T_2 不变，则转差率由 s 增大到 s'，相应的转速也从 n 下降到 n'，由于转速变化时，s 随之而变，故又称为改变转差率调速。

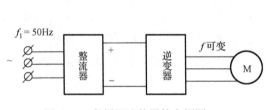

图 7-20 变频调速装置的方框图

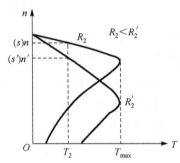

图 7-21 转子电阻对 s 的影响

7.4.4 三相异步电动机的反转和制动

(1)反转。三相异步电动机的转向取决于旋转磁场的转向，所以要使电动机反转，只需要将定子绕组上的三根电源线中的任意两根对调，改变接入电动机电源的相序，使旋转磁场反转即可。

(2)制动。制动又称刹车。当切断电动机的电源后，由于转子的惯性作用，电动机将继续转动一段时间才能停下来。在生产中，为了提高生产率，保证产品质量及安全，常要求电动机能迅速地停止转动，就需要对电动机进行制动。

制动的方法有机械的方法和电气的方法及机电结合的方法。常用的电气制动方法有以下两种。

①反接制动。反接制动是利用电动机的反向转矩进行制动的。当电动机停车时，在切断电源后将电源的三根导线中的任意两根对调位置再合上电源，使同步旋转磁场反向，产生一个与转子旋转方向相反的电磁转矩(制动转矩)，使电动机迅速减速，如图 7-22 所示。当转速接近零时，必须立即切断电源，否则，电动机将会反转。反接制动的特点是简单，制动效果较好，但能量消耗大，机械冲击大。有些中小型车床和机床主轴的制动多采用这种方法。

②能耗制动。能耗制动是在电动机断电后，立即在定子绕组通入直流电流，产生一个固定的磁场，由于转子仍继续朝原方向惯性运行，转子导体切割这个固定磁场的磁力

线，产生感应电动势和感应电流。根据右手定则和左手定则不难确定，这时的转子电流与固定磁场相互作用产生的转矩的方向与电动机转动的方向相反，因而起制动作用。制动转矩的大小与直流电流的大小有关。直流电流的大小为电动机额定电流的 50%～100%。图 7-23 是能耗制动的原理图。这种方法是消耗转子动能(转换成电能)来进行制动的，故称为能耗制动。其特点是制动平稳准确，能耗小，但需另加直流电源。

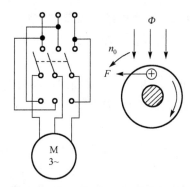 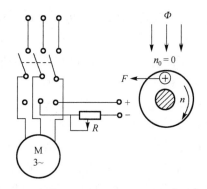

图 7-22 反接制动的原理图　　　　　图 7-23 能耗制动的原理图

7.4.5 三相异步电动机的选用

异步电动机应用很广，它所拖动的生产机械多种多样，要求也各不相同。选用异步电动机应从技术和经济两方面来考虑。以实用、合理、经济和安全为原则，正确选择其种类、结构、容量、电压和转速等，以确保安全可靠地运行。

(1)种类选择。三相异步电动机分为鼠笼式和绕线式两类。鼠笼式异步电动机有结构简单、坚固耐用、工作可靠、维护方便、价格低廉等优点；其缺点是调速性能差、启动电流大。故凡无特殊要求的一般生产机械如各种泵、通风机、压缩机、金属切削机床等都选用它来拖动。

绕线式异步电动机的启动性能和调速性能都比鼠笼式异步电动机好。但其结构复杂，启动、维护都较麻烦，价格较高。它适用于需较大的启动转矩，且要求在一定范围内进行调速的生产机械，如起重机、卷扬机、电梯等。

(2)结构选择。电动机的外形结构可分为开放式、防护式、封闭式及防爆式等。应根据电动机的工作环境来进行选择。以确保安全、可靠地运行。

开放式：在结构上无特殊防护装置，通风散热好，价格便宜，适用于干燥、无灰尘的场所。

防护式：电动机机壳或端盖处有通风孔，可防雨、防溅及防止铁屑等杂物掉入电机内部。但不能防尘、防潮。适用于灰尘不多且较干燥的场所。

封闭式：电动机外壳严密封闭，能防止潮气和灰尘进入。但体积较大，散热差。价格较高，适用于多尘、潮湿的场所。

防爆式：电动机外壳和接线端全部密闭，不会让电火花窜到壳外。能防止外部易燃、易爆气体侵入机内。适用于石油、化工、煤矿及其他有爆炸气体的场所。

(3)容量选择。电动机的容量(功率)决定于它所拖动的生产机械的工作方式和所需的功率。电动机的容量应大于负载的功率。但容量过大，将使电动机的功率因数和效率降低，不经济。如果容量过小，电动机将长期过载，不能正常工作，甚至烧坏。

①连续工作的电动机：选择容量时，先计算出生产机械的功率。所选电动机的额定功率应等于或略大于生产机械的功率，其计算公式为

$$P_{2N} = K \frac{P_L}{\eta_1 \eta_2} \tag{7-27}$$

式中，η_1 是生产机械的效率；η_2 是传动效率，电动机与生产机械直接传动时 $\eta_2 = 1$，皮带传动时，$\eta_2 = 0.95$；K 是安全系数，其值为 $1.05 \sim 1.4$；P_L 是生产机械的功率，不同的生产机械有不同的计算公式，可在有关手册中查到。

②短时工作的电动机：其工作时间短，停机时间长，为了充分地利用电动机的容量，允许电动机短时过载。通常根据过载系数来选择短时工作电动机的功率。电动机的额定功率可以是生产机械所要求功率的 $1/\lambda_m$。

(4) 电压选择。Y 系列异步电动机的额定电压只有 380V 一种。功率大于 100kW 的应考虑采用 3000V 或 6000V 的高压异步电动机。

(5) 转速选择。电动机的额定转速是根据生产机械的要求而选定的。如果生产机械的转速很低(如低于 500r/min)，则不宜采用低速电动机。因为电动机转速越低，体积越大，效率越低，价格也贵。这时，应选用较高速的电动机，并用减速器传动生产机械。

7.5　单相异步电动机

在单相电源电压作用下运行的异步电动机称为单相异步电动机。单相异步电动机的结构特征为：定子绕组为单相，转子大多是鼠笼式；其磁场特征为：当单相正弦电流通过定子绕组时，会产生一个空间位置固定不变，而大小和方向随时间做正弦交变的脉动磁场，而不是旋转磁场，如图 7-24 所示。其工作特征为：由于脉动磁场不能旋转，故不能产生启动转矩，因此电动机不能自行启动。但当外力使转子旋转起来后，脉动磁场产生的电磁转矩能使其继续沿原旋转方向运行。

为了使单相异步电动机通电后能产生一个旋转磁场，自行启动，常用电容式和罩极式两种方法。现介绍电容式单相异步电动机的基本工作原理。

图 7-25 为电容式单相异步电动机的结构原理图。电动机定子上有两个绕组 AX 和 BY。AX 是工作绕组，BY 是启动绕组。两绕组在定子圆周上的空间位置相差 90°，如图 7-25 (a) 所示。启动绕组 BY 与电容 C 串联后，再与工作绕组 AX 并联接入电源。工作绕组为感性电路，其电流 $\dot{I}_A$ 滞后于电源电压 $\dot{U}$ 一个角度

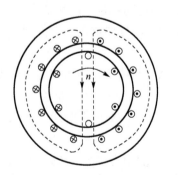

图 7-24　单相异步电动机的脉动磁场

φ_2，当电容 C 的容量足够大时，启动绕组为一容性电路，电流 $\dot{I}_B$ 超前于电源电压 $\dot{U}$ 一个角度 φ_B，如果电容器的容量选择适当，可使两绕组的电流 $\dot{I}_A$、$\dot{I}_B$ 的相位差为 90°，这称为分相。即电容器的作用使单相交流电分裂成两个相位相差 90° 的交流电。其接线图和电压电流的相量图分别如图 7-25 (b)、(c) 所示。

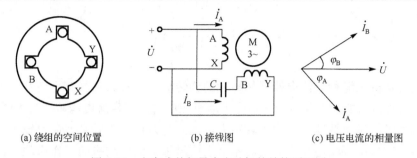

(a) 绕组的空间位置　　　　(b) 接线图　　　　(c) 电压电流的相量图

图 7-25　电容式单相异步电动机的结构原理图

空间位置相差 90° 的两个绕组通入相位相差 90° 的两个电流 $\dot{I}_A$ 和 $\dot{I}_B$ 以后,在电动机内部产生一个旋转磁场。在该旋转磁场的作用下,电动机就有启动转矩产生,转子就自行转动起来。其分析方法如同三相异步电动机的转动原理一样。图 7-26 是电容式单相异步电动机的电流波形和旋转磁场。

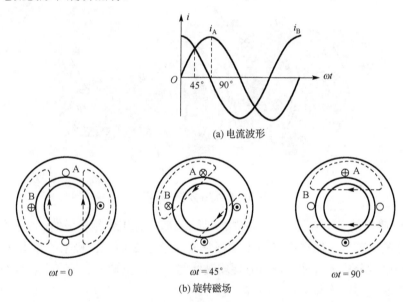

(a) 电流波形

$\omega t = 0$　　　　$\omega t = 45°$　　　　$\omega t = 90°$

(b) 旋转磁场

图 7-26　电容式单相异步电动机的旋转磁场

电容式单相异步电动机启动后,启动绕组可以留在电路中,也可以在转速上升到一定数值后利用离心开关的作用切除它,只留下 AX 绕组工作。这时,电动机仍能继续运转。

电容式单相异步电动机也可以反向运行。只要利用一个转换开关将工作绕组和启动绕组互换即可,如图 7-27 所示。读者可自行分析其工作原理,这种电路常应用在洗衣机中。其转换开关由定时器自动控制。

单相异步电动机的功率因数和效率都较低,过载能力较差。容量一般在 1kW 以下。常应用于家用电器(如风扇、洗衣机、电冰箱等)、小功率生产机械(如电钻、搅拌机等)的驱动及医疗器械等。

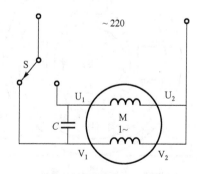

图 7-27　可以反方向运行的
电容式单相异步电动机

7.6　直流电动机

直流电机是机械能和直流电能互相转换的旋转机械装置。它具有可逆性,当作发电机应用时,它将机械能转换为电能;当作电动机应用时,将直流电能转换为机械能。

直流电动机的调速性能好,启动转矩大,因此对调速要求较高或需要较大启动转矩的生产机械,常采用直流电动机驱动。本节主要讨论直流电动机的工作原理、机械特性和使用。

7.6.1　直流电动机的结构及工作原理

1. 直流电动机的结构

直流电动机主要由磁极、电枢和换向器三部分组成。如图 7-28 所示。

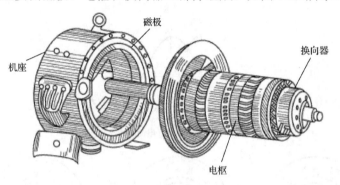

图 7-28　直流电动机的结构

(1)磁极。磁极是产生磁场的,如图 7-29 所示。磁极是用钢片叠成的,固定在机座上,机座也是磁路的一部分。磁极由极心 1 和极掌 2 及绕组 3 组成。极掌的作用是使电机空气隙中磁感应强度分布最合适,同时方便安装绕组。绕组里通入直流励磁电流(小型直流电动机也可用永久磁铁作磁极)。

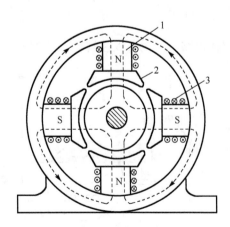

图 7-29　直流电动机的磁极和磁路
1-极心;2-极掌;3-绕组

(2)电枢。电枢是直流电动机的旋转部分,称为转子。它由铁心和绕组两部分构成。铁心呈圆柱状,由硅钢片叠成,其表面冲有许多槽,槽中放置绕组。

电枢绕组是直流电动机的重要部分。电枢绕组里通入直流电流产生电磁转矩,实现了电能与机械能的转换。绕组线圈与铁心绝缘,安放在铁心外表面的槽中,每个线圈的两个端头按一定规律各焊在一个换向片上。

(3)换向器。换向器主要由换向铜片和电刷组成。换向铜片固定在圆形套筒上,铜片间由云母垫片绝缘。换向器与电枢转轴同轴且紧固在一起,其表面用弹簧压着固定的电刷,使转动的电枢绕组得以同外电路连接起来。

2. 直流电动机的工作原理

直流电动机按励磁方式的不同可分为并励、他励、串励和复励四种。其中并励和他励两种电动机较常用，其接线分别如图 7-30 和图 7-31 所示。并励是励磁绕组与电枢绕组用同一电源供电，他励是用单独的励磁电源供电。

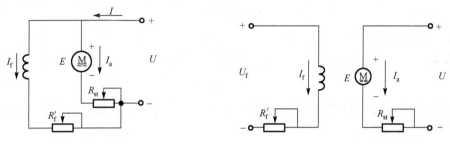

图 7-30　并励电动机的接线图　　　　图 7-31　他励电动机的接线图

为了方便讨论直流电动机的工作原理，我们把电动机简化成图 7-32 所示的原理图。假设电动机只有一对磁极，电枢只有一个绕组，绕组两端分别连在两个换向片 A 和 B 上，换向片上压着电刷 C 和 D。

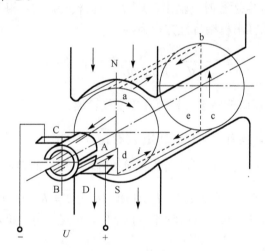

图 7-32　直流电动机的工作原理

将直流电源接在电动机电刷之间，使电流通入电枢绕组中。N 极下的有效边中的电流总是一个方向，而 S 极下的有效边中的电流总是另一个方向。这样才能使两个线圈边上受到的电磁力方向一致，电枢因而转动。当绕组的有效边从 N(S) 极下转到 S(N) 极下时，各有效边中电流的方向会同时改变，使电磁力的方向不变，这是换向器的作用。

电枢绕组中的电流 I_a 与磁通 Φ 相互作用产生电磁力和电磁转矩，它就是直流电动机的驱动转矩。在电磁转矩的作用下，电动机带动生产机械旋转，即把电能转换成机械能输出。电磁转矩可用式 (7-28) 表示：

$$T = K_T \Phi I_a \tag{7-28}$$

式中，K_T 是与电动机的结构有关的常数。

若电动机输出的机械功率是 P_2，电枢转速是 n，则电磁转矩也可以表示为

$$T = 9550 \frac{P_2}{n} \quad (\mathrm{N \cdot m}) \qquad (7\text{-}29)$$

当电枢在磁场中转动时，绕组中要产生感应电动势 E，E 的方向总是与电流 I_a 和电源电压的方向相反，称为反电动势。E 的大小可由式 (7-30) 表示

$$E = K_E \varPhi n \qquad (7\text{-}30)$$

式中，K_E 是与电机的结构有关的常数。

电枢电压 U、电流 I_a 及反电动势 E 三者之间的关系为

$$U = E + I_a R_a \qquad (7\text{-}31)$$

即电枢的电压 U 用来平衡反电动势和电枢绕组压降。由于电枢电阻很小，所以电源电压主要用来平衡反电动势。

7.6.2　并励电动机

直流电动机的性能与励磁绕组的连接方式有关。并励和他励直流电动机较为常用，且其特性基本相同，因此以并励电机为例分析其机械特性。

当电动机带动负载稳定运行时，输出转矩 T 与负载转矩 T_L 相平衡，即 $T = T_L$。由式 (7-23)～式 (7-25) 可以推出机械特性方程为

$$n = \frac{U}{K_E \varPhi} - \frac{R_a}{K_E K_T \varPhi^2} T = n_0 - \Delta n \qquad (7\text{-}32)$$

式中，$n_0 = \dfrac{U}{K_E \varPhi}$ 是 T 为零时的转速，称为理想空载转速。但这种情况实际上不存在，因为即使负载转矩 T_L 为零，还有空载损耗转矩 T_0 存在。

$\Delta n = \dfrac{R_a}{K_E K_T \varPhi^2} T$ 是转速降。它表示当负载增加时，电动机的转速会下降。因为当保持 R_a、$\varPhi$、U 为常数时，若负载增加，I_a 增加（因为 $T = K_T \varPhi I_a$），于是 E 会减小（$U = E + I_a R_a$）。由于 $E = K_E \varPhi n$，所以转速 n 将下降。可见，电动机加负载后转速下降是由电枢电阻 R_a 引起的。

并励电动机的机械特性曲线如图 7-33 所示。由于 R_a 很小，在负载变化时，转速的变化不大。可见并励电动机的机械特性很硬。曲线上 n_N 为额定转速，T_N 为额定转矩。一般要求电动机尽可能地按额定值运行。若长期欠载运行，不但浪费设备容量，而且降低电动机的效率。

负载变化时，电动机的电磁转矩、电枢电流及转速能自动调节，其过程如下。在 U、$\varPhi$ 一定的情况下，设电动机带负载稳定运行在某一转速 n 上，其负载转矩为 T_L，此时电枢电流为 I_a。若阻转矩增加到 T_L'，这时电磁转矩 T 来不及变化，致使 $T < T_L'$，于是转速开始下降。由 $E = K_E \varPhi n$ 可知，反电动势将减小。由 $U = E + I_a R_a$ 和 $T = K_T \varPhi I_a$ 可知，电枢电流和电磁转矩会增大。但是只要电磁转矩 $T < T_L'$，电枢转速将会继

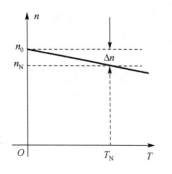

图 7-33　并励电动机的机械特性曲线

续下降。当电磁转矩增大到 $T = T'_L$ 时,电动机转速就不再下降而稳定在 n' 上。此时,$n' < n$,$I'_a > I_a$,即电动机输入功率增加了。负载减小时各个量的自动调节过程读者可自行分析。

习 题

7-1 已知 Y180-6 型电动机的额定功率 $P_{2N} = 15kW$,额定转差率 $s_N = 0.03$,电源频率 $f_1 = 50Hz$。求同步转速 n_0,额定转速 n_N,额定转矩 T_N。

7-2 已知 Y112M-4 型异步电动机的 $P_{2N} = 4kW$,$U_N = 380V$,$n_N = 1440r/min$,$\cos\varphi = 0.82$,$\eta_N = 84.5\%$,△接法。试计算:额定电流 I_N,额定转矩 T_N,额定转差率 s_N 及额定负载时的转子电流频率 f_2。设电源频率 $f_1 = 50Hz$。

7-3 有一台三相异步电动机,额定功率为 20kW,额定转速为 970r/min,额定电压为 220/380V,额定效率为 88%,额定功率因数为 0.86。问:当电源电压为 220V 或 380V 时,其额定电流和转差率各是多少?

7-4 有一台三相异步电动机,其技术数据如下表所示。

P_{2N}/kW	U_N/V	η_N/%	I_N/A	$\cos\varphi$	I_{st}/I_N	T_m/T_N	T_{st}/T_N	n_N/(r/min)
3.0	220/380	83.5	11.18/6.47	0.84	7.0	2.0	1.8	1430

(1) 求磁极对数;

(2) 电源线电压为 380V 时,定子绕组应如何连接?

(3) 求额定转差率 s_N,转子电流频率 f_2,额定转矩 T_N;

(4) 求直接启动电流 I_{st},启动转矩 T_{st},最大转矩 T_m;

(5) 额定负载时,求电动机的输入功率 P_{1N}。

7-5 有一台并励电动机,已知:$U = 110V$,$E = 90V$,$R_a = 20\Omega$,$I_a = 1A$,$n = 3000r/min$。为了提高转速,把励磁调节电阻 R'_f 增大,使磁通 Φ 减小 10%,如果负载转矩不变,问转速如何变化?

7-6 有一台他励电动机,已知:$U = 220V$,$R_a = 0.7\Omega$,$I_a = 53.8A$,$n = 1500r/min$。今将电枢电压降低一半,而负载转矩不变,问转速降低多少?设励磁电流保持不变。

第8章 继电接触器控制

继电器、接触器及按钮等控制电器可实现对电动机或其他电气设备的接通或断开。本章对常用低压电器、继电接触器控制线路图的绘制原则、三相笼型异步电动机的基本控制线路、行程控制和时间控制进行介绍。

8.1 常用低压电器

凡额定电压低于 1kV 的控制和保护等电气设备，均为低压电器。低压电器是控制系统中最常用的电器设备，按其用途可分为控制电器和保护电器。在工业企业中常用的控制电器有闸刀开关、组合开关、按钮、接触器、继电器等；保护电器有熔断器、自动空气开关、热继电器等。它们大都具有接通或断开电路的作用，也就是说，可把它们看成不同性质用途的开关。

按低压电器动作性质又可分为手动控制电器和自动控制电器两类。手动控制电器由工作人员手动操作，如闸刀开关、组合开关、按钮等；而自动控制电器则是按照指令、信号或某个物理量的变化而自动动作的，如各种继电器、接触器和行程开关等。

8.1.1 手动控制电器

手动控制电器是由工作人员手动操纵的，例如，闸刀开关、组合开关、按钮及星三角启动器等。

1. 闸刀开关

闸刀开关广泛用于 500V 以下的电路中接通和断开小电流电路，或作为隔离电源的明显断开点，以确保检修、操作人员的安全。

闸刀开关的结构简单，主要部分由刀片(动触头)和刀座(静触头)组成。HK 系列开启式负荷开关，又称胶盖瓷底闸刀开关，如图 8-1(a)所示。按极数可分为二极和三极。这种开关结构简单，应用十分广泛。它可用在容量不大的低压电路中，作为不频繁的接通和切断电路之用，也可用来对小容量的电动机做不频繁的直接启动。图 8.1(b)为闸刀开关在电路中的符号。

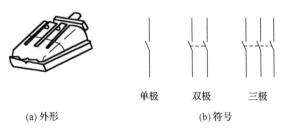

| 单极 | 双极 | 三极 |

(a) 外形　　　　　　　　　　　(b) 符号

图 8-1 胶盖瓷底闸刀开关

　　闸刀开关常作为电源的引入开关，而不用它直接接通或断开较大的负载。也可以用于低压配电盘和配电箱上，作为隔离开关使用。在连接开关时应该注意，电源线接在刀座上，而负载则接在刀片上。

　　还有一种 HH 系列封闭式负荷开关，由动触刀、静触座、操作手柄、速断弹簧及熔断器等组合在一起，并装于封闭的铁壳中，因此又称为铁壳开关。它具有机械联锁装置，合闸后打不开铁壳，打开铁壳后合不上闸。因此封闭式负荷开关的通断电性能、灭弧性能、安全防护性能都优于开启式负荷开关。一般用于不频繁地接通和断开带负荷的电路，也可用于功率 15kW 以下交流电动机不频繁地直接启动。其结构如图 8-2 所示。

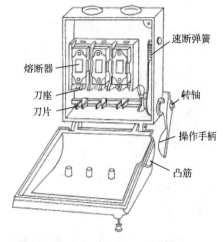

图 8-2　封闭式负荷开关

　　2. 组合开关

　　组合开关又称为转换开关，它是手动的控制电路，有单极、双极、三极和四极几种。常用的组合开关有 HZ10 系列的，其外形、结构与符号如图 8-3 所示。图 8-3 为三极组合开关，共有三组静触头和三个动触头，三对静触头的每个触片的一端固定在绝缘板上，另一端伸出盒外，连在接线柱上。三个动触片套在装有手柄的绝缘转轴上，转动转轴就可以把三个触片(彼此相差一定角度)同时接通或断开。

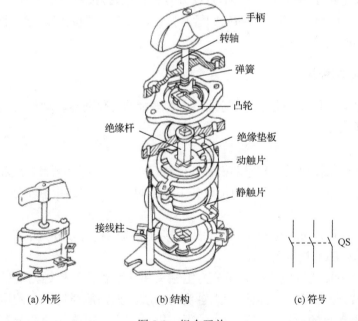

(a) 外形　　　　　(b) 结构　　　　　(c) 符号

图 8-3　组合开关

　　组合开关结构紧凑，安装面积小，操作方便，广泛地用于机床上，作为引入电源的开关。通常组合开关是不带负载操作的，但也能用来接通和分断小电流的电路，如小容量笼型异步电动机的直接启动及正反转控制、照明电源的接通与分断等。

组合开关的额定持续电流有 10A、25A、60A 和 100A 等。

3. 按钮

按钮是一种最简单的手动开关，它可用来接通和断开低电压小电流的控制电路，如接触器、继电器的吸引线圈电路等。大多数按钮都具有自动复位功能。

按钮的外形、结构及符号如图 8-4 所示。

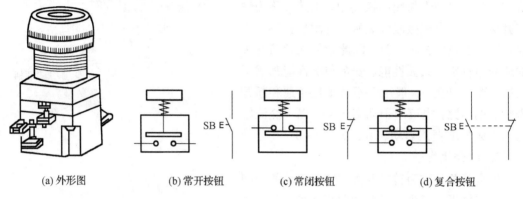

(a) 外形图　　　(b) 常开按钮　　　(c) 常闭按钮　　　(d) 复合按钮

图 8-4　按钮的外形、结构及符号

按钮的种类很多，按不受外力作用时触头的分合状态，可分为常开按钮、常闭按钮、复合按钮三种，如图 8-4 所示。常闭触头又称为动断触头，常开触头又称为动合触头。同时具有一对或几对常开与常闭触头的按钮，称为复合按钮。需要注意的是复合按钮按下时，按钮的常闭触头先断开，常开触头后闭合；松开复合按钮时，按钮的常开触头先复位(断开)，常闭触头后复位(闭合)。对于复合按钮和常开按钮，按下时要按到底，直到常开触头闭合，否则线路可能不能正常工作。

8.1.2　自动控制电器

自动控制电器则是按照指令、信号或某个物理量的变化而自动动作的，例如，接触器、继电器、行程开关等。

1. 接触器

接触器通常用来接通或断开电动机和其他负载电路。它可以频繁接通和切断交直流电动机、电热设备、电容器组等各种用电设备主电路的自动开关。接触器是一种最常用的低压自动控制电器。

接触器按工作原理分为电磁式和气动式。接触器按结构可以分为单极与多极、带强迫消弧与不带强迫消弧的接触器。

接触器的触头按通过电流的大小分为主触头和辅助触头。接触器的触头按线圈未通电时状态分为常开触头和常闭触头。主触头的接触面大，能通过较大的电流，可以接在主电路中控制电动机的启停。辅助触头的额定电流较小，用来接通和分断小电流的控制电路，如控制接触器的吸引线圈电路等。接触器按主触头通过的电流种类可分为交流接触器和直流接触器。一般交流接触器有三对主触头(常开触头)、四对辅助触头(两对常开、两对常闭)。

交流接触器的工作原理图如图 8-5 所示。它是利用电磁吸力而工作的自动电器，一般

由电磁铁和触头两部分组成，接触器的动触头固定
在衔铁上，静触头则固定在壳体上。当吸引线圈未
通电时，接触器所处的状态为常态，常态时互相分
开的触头称为常开触头（又称为动合触头）；而互相
闭合的触头则称为常闭触头（又称为动断触头）。当
吸引线圈加上额定电压时，产生电磁吸力将衔铁吸
合，同时带动动触头与静触头接通，当吸引线圈断
电或电压降低较多时，由于弹簧的作用，使衔铁释
放，触头断开，即恢复原来的常态位置。因此，只
要控制吸引线圈通电或断电就可以使它的触头接通
或断开，从而使电路接通或断开。

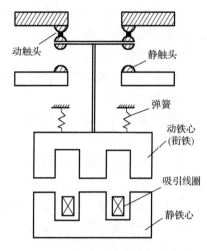

图 8-5　交流接触器的工作原理图

　　由于接触器主要用于切换主电路，所以触头接
触要良好，接触压力要足够大，触头通断速度要快，
并要有一套灭弧装置使电弧迅速熄灭，因此接触器允许有较高的操作频率，可以频繁工作。
接触器只宜用于接通与切断其额定电流或过电流倍数不大于 10 倍额定电流的电路，不适于
切断短路电流。当选用接触器时，应注意它的额定电流、线圈电压和触头数量等。接触器
的主触头额定电流有 5A、10A、20A、40A、60A、100A、150A 等；其线圈电压有 380V、
220V、127V、36V 等。可根据电动机（或其他负载）的额定容量和控制电路电源来选用。20A
以上的交流接触器，通常都装有灭弧罩，用以迅速熄灭主触头分断时所产生的电弧，保护
主触头不被烧坏。

　　交流接触器新产品常用型号有 CJ10 系列、CJ12 系列。

　　CJ10 型交流接触器的外形及图形符号如图 8-6 所示。

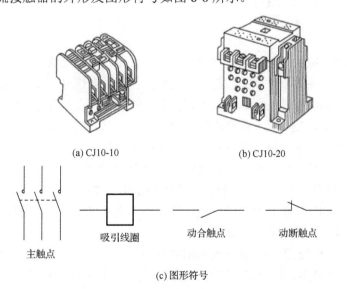

(a) CJ10-10　　　　　　　　(b) CJ10-20

(c) 图形符号

图 8-6　CJ10 型交流接触器的外形及图形符号

2. 继电器

继电器是一种传递信号的电器，用来接通和分断控制电路。继电器的输入信号可以是

电压、电流等电气量，也可以是温度、速度、光、油压等非电气量，而输出则都是触头动作。继电器的动作迅速，反应灵敏，是自动化基本元件之一。

继电器种类和形式很多，按其动作原理可分为电磁继电器、热继电器、速度继电器及压力继电器等，按其反映参数的不同可以分为电压、电流、时间速度、温度等继电器。

1) 中间继电器

中间继电器通常用来传递信号和同时控制多个电路的通断，也可以直接控制小容量电动机或其他执行元件。

中间继电器的主要结构与接触器基本相同，只是电磁系统较小，触头数目较多。

常用的中间继电器有 JZ17 系列和 JZ8 系列两种，后者为交直流两用。此外，还有 JZX 系列小型通用继电器，常用在自动装置中以接通或断开电路。

选用中间继电器时，主要考虑电压等级和触头(常开和常闭)数目。

2) 时间继电器

时间继电器在通电或断电后，触点要延迟一段时间才动作，在电路中起着控制时间的作用。通常用来在需要延时的控制电路中发送信号，其种类很多，有空气式、电磁式、自动式和电子式等。

空气式时间继电器的延时范围大，有 0.4～60s 和 0.4～180s 两种，其结构简单，但准确度差。目前生产的有 JS7-A 型及 JJSK2 型等多种。

电子式时间继电器分为晶体管式和数字式两种。常用的晶体管式时间继电器有 JS20、JS15、JS14A、JSJ 等系列。其中 JS20 是全国统一设计产品，延时有 0.1～180s，0.1～300s，0.1～3600s 三种。适用于交流 50Hz，380V 及以下或直流 110V 及以下的控制电路。

数字式时间继电器分为电源分频式、RC 振荡式和石英分频式三种，有 DH48S、DH14S、JS14S 等系列。DH48S 系列的延时为 0.01s～99h99min，可任意设置，且精度高、体积小、功耗小、性能可靠。

3. 行程开关

行程开关又称为限位开关，是一种自动开关。它是行程控制的主令开关，用于控制机械设备的行程及进行终端限位保护。它能将机械位移变为电信号，使电动机运行状态发生改变，是一种根据运动部件的行程位置而切换电路的电器。在实际系统中，将行程开关安装在限定运行的位置，当安装于生产机械运动部件上的触动模块撞击行程开关时，行程开关的触点动作。从而限制机械部件的运动或实现程序控制。

行程开关按其结构可分为直动式、滚轮式和微动式。

(1) 直动式行程开关。直动式行程开关的结构如图 8-7(a) 所示。直动式行程开关其工作原理与按钮开关相同。但其触点的分合速度取决于生产机械的运行速度。行程开关在电气控制线路中的符号，如图 8-7(b) 所示。

要注意图形上的 "△" 为行程开关的限定符号。

(2) 滚轮式行程开关。滚轮式行程开关触点的分合速度不受生产机械运动速度的影响，但其结构较为复杂。滚轮式行程开关在外部撞杆端有一个滚轮，当滚轮被机械上的撞块撞击带有滚轮的撞杆时，撞杆转向带动凸轮转动，顶下推杆，使微动开关中的触点迅速动作。当运动机械返回时，在复位弹簧的作用下，各部分动作部件复位。

(3) 微动式行程开关。微动式行程开关动作灵敏，触点切换速度不受操作按钮压下速度的影响。但由于操作或允许压下的极限行程很小，开关的结构强度不高，因而使用时要特别注意行程和压力的大小。

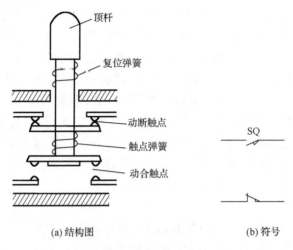

(a) 结构图　　　　　　　　　　　(b) 符号

图 8-7　直动式行程开关

8.1.3　保护控制电器

1. 自动空气开关

自动空气开关，又称为自动空气断路器，是低压电路中的一种重要保护电器。它可以实现短路、过载和欠压等多种保护，也可以用于不频繁启动电动机及控制电路通断等。它的特点是动作后不需要更换元件，工作可靠，运行安全，操作方便，断流能力大(可达数千安以上)。图 8-8 为自动空气开关结构的动作原理图。

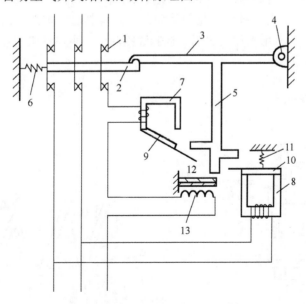

图 8-8　自动空气开关结构的动作原理图

1-主触头；2-锁键；3-搭钩；4-轴；5-杠杆；6-弹簧；7-过电流脱扣器；

8-欠电压脱扣器；9、10-衔铁；11-弹簧；12-热脱扣器的双金属片；13-热元件

自动空气开关的三个主触头接在三相主电路中。在正常情况下，由锁键 2 和搭钩 3 组成的脱扣机构锁住，主触头 1 保持在接通状态。当电路发生短路、过载或欠电压等不正常情况时，脱扣器将自动脱扣而切断电路，以实现保护作用。如图 8-8 所示，一旦发生短路事故，与主电路串联的过电流脱扣器 7 额定线圈(图 8-8 中仅画一相)就会产生很大的电磁吸力，把衔铁 9 吸合，推动杠杆 5，从而顶开脱扣机构，使主触头 1 分断。而当电网电压严重下降或全部消失时，欠电压脱扣器 8 的线圈失电，衔铁 10 释放，也顶开脱扣机构使主触头 1 分断。当过载时，由于热脱扣器的双金属片 12 弯曲，同样将脱扣器顶开，使主触头 1 分断。

自动空气开关的结构形式很多，常用的有万能式(框架式)和装置式(塑料外壳式)两种。万能式空气开关能实现过电流、欠电压等多种保护，广泛用于工业企业、电站和变电所等。装置式空气开关结构紧凑、体积小，其导电部分全部封闭在绝缘的外壳中，故操作与使用都很安全，广泛用于一般电器设备的过流保护。

2. 熔断器

熔断器俗称保险丝，是一种最常用的短路保护电器。

熔体是熔断器的主要部件，它通常是由电阻率较高的易熔合金制成，如铅锡合金丝和青铅合金丝等熔断器串联在被保护的电路中，当正常运行时，电路中通过额定电流熔体不应熔断。但当电路发生短路故障时，便有很大的短路电流通过熔断器，使熔体发热后立即自动熔断，切断电源，从而达到保护线路和电器设备的目的。熔体熔断后可更换，所以熔断器可多次使用。

常用的低压熔断器有以下几种。

(1)无填料封闭管式熔断器：主要有 RM1、RM3、RM10 型，其外形和结构如图 8-9 所示。

(2)有填料封闭管式熔断器：其熔管内填充石英砂，以加速灭弧。常用的为 RTO 型。

(3)插入式熔断器：是一种最常见的熔断器。它有制造成本低、结构简单、外形尺寸小及更换方便等优点，常用来作为照明、控制线路和中、小电动机的短路保护。常用的为 RC1 型，如图 8-10 所示。

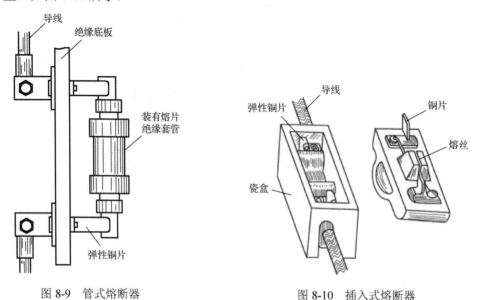

图 8-9　管式熔断器　　　　　　　　　图 8-10　插入式熔断器

　　(4)螺旋式熔断器：是一种有填料熔断器。熔断管由瓷质制成，内填石英砂，并有熔断指示器，便于检查。并能在带电时(不带负荷)用手安全地卸下更换熔断体。常用的有 RL1、RL2、RLS 型。图 8-11 为螺旋式熔断器的外形及结构。

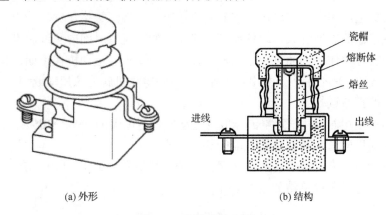

(a) 外形　　　　　　　　　　　　(b) 结构

图 8-11　螺旋式熔断器

3.　热继电器

　　热继电器是利用感受热量而动作的电器，通常用来使电动机(或其他负载)免于过载而损坏，所以它是一种过载保护的自动电器。图 8-12 为热继电器的外形及动作原理图。

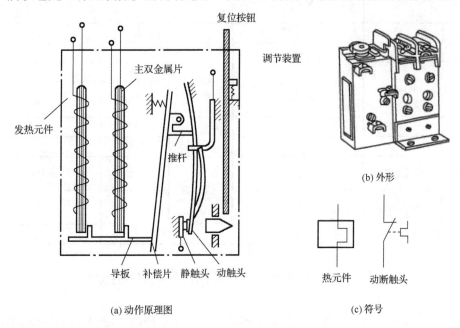

(a) 动作原理图　　　　　　　　　　　　(c) 符号

图 8-12　热继电器的外形及动作原理图

　　在图 8-12(a)中，发热元件(电阻丝或电阻片)，串联在电动机的主电路中；双金属片由两种具有不同膨胀系数的金属碾压而成。常闭触头串联在控制电路中，即与接触器的吸引线圈串联。

　　当主电路中的电流正常时，流过发热元件的电流所产生的热量不会使热继电器动作，常闭触头是闭合的。当电动机过载时，发热元件中通过的电流超过了额定值，并经过一定时间后，发热元件产生过量的热，这热量使双金属片的温度升高，由于双金属片中右面的一片热膨胀系数比左面的小，因此双金属片向右弯曲，推动绝缘导板，带动补偿片和推杆，使常闭动、静触头分断，从而断开了电源，达到过载保护的目的。双金属片冷却后，热继电器的常闭触头重新闭合；也可按下它的复位按钮，使常闭触头复位。

由于热继电器的热惯性大，即使通过发热元件的电流短时间内超过额定电流几倍，热继电器也不会瞬时动作，因而符合电动机的过载保护要求。电动机在短期过载后又能恢复到正常负载情况时，是不希望热继电器动作的，否则电动机就无法启动或稍一过载就停车，反而影响生产的正常运行。

热继电器在使用时，其整定电流一般为电动机额定电流的95%～105%。另外，对于三角形连接的电动机应选带断相保护功能的热继电器。

常用的热继电器有两相保护和三相保护两种，其型号有 JR1、JR0、JR9、JR15、JR16等。常用电器符号及名称总结如表 8-1 所示。

表 8-1　常用电器符号及名称

名称		符号	名称		符号
三相笼型　异步电动机			三相绕线型异步电动机		
按钮触点	动合触点		接触器吸引线圈继电器吸引线圈		
	动断触点				
接触器主触点			辅助触点	动合触点	
				动断触点	
时间继电器触点	动合延时闭合		行程开关触点	动合	
	动断延时断开			动断	
	动合延时断开		热继电器	动断触点	
	动断延时闭合			热元件	
熔断器			信号灯		

8.2　继电接触器控制线路图的绘制原则

电气控制线路是指用导线将电机、电器、仪表等元器件按一定的要求连接起来，并实现某种特定控制要求的电路。电气控制线路原理图是用国家规定的标准图形符号来表达电气控制线路的工作原理，由于它与实际的电路布置不同，因此称为原理图。

电气控制线路原理图一般分为主电路和控制电路两部分。主电路是电动机的工作电路，是电气控制线路中大电流通过的部分，包括从电源到电机之间相连的电器元件。一般由组合开关、主熔断器、接触器主触点、热继电器的热元件和电动机等组成。控制电路是用来控制主电路的电路，保证主电路安全正确地按照要求工作。其流过的电流比较小。一般由按钮、接触器和继电器的线圈及辅助触点、热继电器触点、保护电器触点等组成。为了读图和分析线路的工作原理，把主电路画在一边，把控制电路画在另一边，同一元件使用相同符号标注，三相鼠笼式异步电动机直接启动控制原理图如图 8-13 所示。

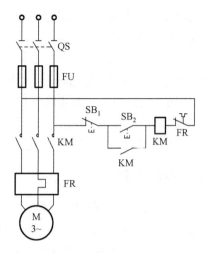

图 8-13　三相鼠笼式异步电动机
直接启动控制原理图

电气控制原理图的主要绘图原则归纳如下。

(1)主电路画在一边，用粗实线绘制，控制电路画在另一边，用细实线绘制。

(2)原理图中，用国家规定的图形符号，绘出电器元件中的电气功能部件。图中的电器触点状态，是表示电器在未动作前的原始状态。

(3)同一电器中的各个部件，分散画在各个工作电路中。但标注的文字代号必须一致。

(4)复杂的电路接线一般以奇偶数码标注，以示区别。

8.3　三相鼠笼式异步电动机的基本控制线路

三相鼠笼式异步电动机在生产实际中用途广泛，其电气控制线路图大都由继电器、接触器和按钮等有触点的电器组成。

8.3.1　直接启动控制线路

三相鼠笼式异步电动机在很多场合都是加上额定电压直接启动的，这种启动方法称为直接启动。图 8-13 所示为其控制原理图。

主电路由组合开关(或闸刀开关)QS、熔断器 FU、接触器的三个主触点 KM、热继电器 FR 的发热元件、鼠笼式电动机 M 组成。

控制电路中，SB_1 是按钮的常闭触点，SB_2 是另一个按钮的常开触点。接触器的线圈和辅助常开触点均用 KM 表示。FR 是热继电器的常闭触点。

控制过程：合上组合开关 QS，为电动机启动做好准备。按下启动按钮 SB_2，控制电路中接触器线圈 KM 通电，其三个主触点闭合，电动机 M 通电并启动。松开 SB_2，由于线圈 KM 通电时其常开辅助触点 KM 与主触点同时闭合，所以线圈通过闭合的辅助触点仍继续通电而使其所有常开触点保持闭合状态。与 SB_2 并联的常开触点 KM 称为自锁触点。按下 SB_1，线圈 KM 断电，接触器动铁心释放，各触点恢复常态，电动机停转。

图 8-13 中的熔断器起短路保护作用。一旦发生短路，其熔体立即熔断而切断主电路，电动机立即停转。

热继电器起过载保护作用。当过载一段时间后，主电路中的热元件 FR 发热使双金属片动作，将控制电路中的常闭触点 FR 断开，使接触器线圈断电，主触点断开，电动机停转。另外，当电动机在单相运行时(断一根火线)，仍有两个热元件通有过载电流，因而也保护了电动机不会长时间单相运行。

交流接触器在此起失压保护作用。当暂时停电或电源电压严重下降时，接触器的动铁心释放而使主触点断开，电动机自动脱离电源。当复电时，若不重新按 SB₂，则电动机不会自行启动。这种作用称为失压或零压保护。如果用闸刀开关直接控制电动机启停，由于停电时未及时断开闸刀，复电时，电动机会自行启动而造成事故。必须指出，如果不使用按钮 SB₂ 而使用不能自动复位的其他开关，即使使用了接触器也不能实现失压保护。

直接启动的启动电流很大，一般为额定电流的 4～7 倍。如果电动机的容量较大，则应采取措施来限制电动机的启动电流。

8.3.2　点动控制

点动控制就是按下按钮，电动机就得电运转；松开按钮，电动机就失电停转。当生产机械需要试验各部件的动作情况或进行部件与加工工件之间的调整工作，就需要对电动机进行点动控制。点动控制线路是用按钮、接触器来控制电动机运转的最简单的控制线路。点动在生产上应用很广泛，例如，在调整时使用。将图 8-13 中与 SB₂ 并联的触点 KM 去掉，就可以实现这种控制。

动作过程如下：接通电源开关 QS，按压点动按钮 SB₂，接触器 KM 的吸引线圈通电，所有的动合触点闭合，电动机启动。当手放松时，接触器线圈断电，接触器所有的动合触点分断，电动机停转。

8.3.3　正反转控制线路

在生产上往往要求运动部件向正反两个方向运动。例如，机床工作台的前进与后退、主轴的正转与反转、起重机的提升与下降等。为了实现正反转，我们在学习三相异步电动机的工作原理时已经知道，只要将电动机接入电源的任意两根线对调一下即可。为此，用两个交流接触器就能实现这一控制要求，主电路如图 8-14 所示。当只有正转接触器 KM_F 工作时，电动机正转；当只有反转接触器 KM_R 工作时，由于调换了两根电源线，所以电动机反转。如果两个接触器同时工作，那么从图 8-14 可以看到，将有两根电源线通过它们的主触点而将电源短路了。所以，对三相鼠笼式异步电动机正反转控制线路最根本的要求是必须保证两个接触器不能同时工作。

这种在同一时间里两个接触器只允许一个工作的控制作用称为互锁或联锁。下面分析两种有联锁保护的正反转控制线路。

在图 8-15(a) 所示的控制线路中，正转接触器 KM_F 的一个常闭辅助触点串接在反转接触器 KM_R 线圈电路中，而反转接触器 KM_R 的一个常闭辅助触点串接在正转接触器 KM_F 的线圈电路中。这两个常闭触点称为联锁触点或互锁触点。当按下正转启动按钮 SB_F 时，正转接触器线圈通电，主触点 KM_F 闭合，电动机正转。与此同时，联锁触点 KM_F 断开了反转接触器 KM_R 的线圈电路。因此，即使误按反转启动按钮 SB_R，反转接触器也不能动作。

但是这种控制电路有个缺点，就是在正转过程中要求

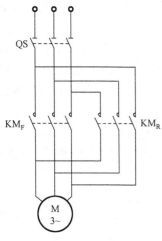

图 8-14　正反转控制的主电路

反转时，必须先按停止按钮 SB_1，让联锁触点 KM_F 闭合后，才能按反转启动按钮使电动机反转，带来操作上的不方便。为了解决这个问题，在生产上常采用按钮和触点双重联锁的控制电路，如图 8-15（b）所示。当电动机正转运行时，按下反转启动按钮 SB_R，它的常闭触点先断开，常开触点后闭合，使正转接触器线圈 KM_F 断电，主触点 KM_F 断开；与此同时，串接在反转控制电路中的常闭触点 KM_F 恢复闭合，反转接触器线圈 KM_R 通电，电动机即反转。而串接在正转控制电路中的常闭触点 KM_R 断开，起着联锁作用。

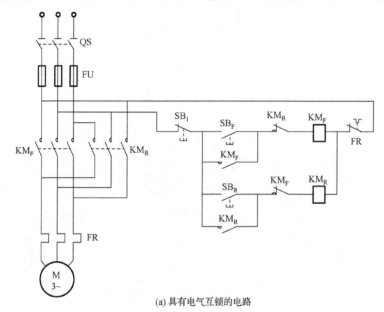

(a) 具有电气互锁的电路

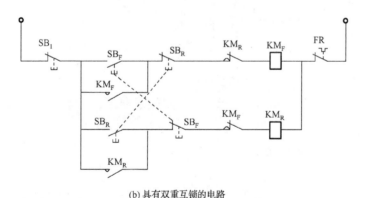

(b) 具有双重互锁的电路

图 8-15 鼠笼式异步电动机正反转控制线路

以上提到的自锁和互锁的控制统称为电气的联锁控制，在电气控制电路中应用十分广泛，是最基本的控制。

8.3.4 多台电动机的联锁控制

在生产实践中，常见到多台电动机拖动一套设备的情况。这几台电动机的启、停等动作常常有先后顺序，以满足各种生产工艺的需要。

图 8-16 中的主电路有两台电动机 M_1 和 M_2。启动时，按下 SB_2，KM_1 通电并自锁，

M_1 先启动；再按下 SB_4，KM_2 通电并自锁，M_2 才能启动；停车时，先按下 SB_3. KM_2 断电，M_2 先停，再按下 SB_1，KM_1 断电，M_1 才能停。

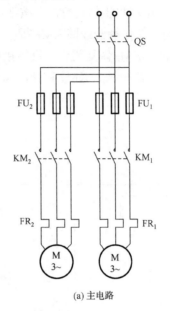

(a) 主电路

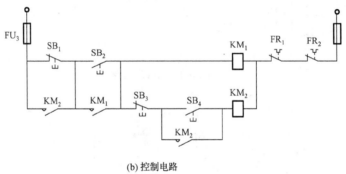

(b) 控制电路

图 8-16 两台电动机的联锁控制

8.4 行 程 控 制

行程控制，就是当运动部件到达一定行程位置时采用行程开关进行控制。使用行程开关，可以对生产机械实现行程控制、限位保护控制和自动循环控制等。在电梯的控制电路中，利用行程开关来控制开关轿(厅)门的速度。自动开、关门的限位及实现轿厢的上下限位保护等。

图 8-17 是用行程开关对某生产机械的运动部件 A 前进和后退的示意图和控制电路。

行程开关按图 8-17(a) 设置，ST_a 和 ST_b(均能自动复位)分别安装在工作台的原位和终点，由装在 A 上的挡块来撞动。A 由电动机 M 带动。电动机主电路与图 8-14 相同，控制电路也只是多了行程开关的三个触点。

控制过程简述如下。

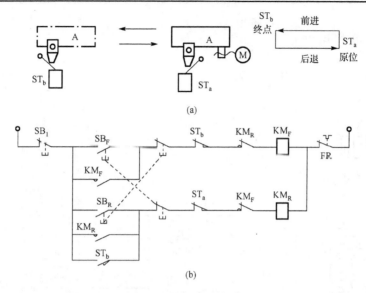

图 8-17　行程控制电路

运动部件 A 在原位时，其上挡块将原位行程开关 ST_a 压下，其串接在反转控制电路中的常闭触点断开。这时，即使按下反转按钮 SB_R，电动机也不能反转。按下正转启动按钮 SB_F，电动机正转，带动 A 前进。当 A 到达终点时，挡块压下终点行程开关 ST_b，使串接在正转控制电路中的常闭触点 ST_b 断开，电动机停止正转。与此同时，接在反转控制电路中的常开触点 ST_b 闭合，电动机反转，带动 A 后退。退到原位，挡块压下 ST_a，将串接在反转控制电路中的常闭触点压开，于是电动机在原位停止。

如果 A 在前进中按下反转按钮 SB_R，A 会立即后退，到原位停止。

行程开关除用来控制电动机的正反转外，还可实现终端保护、自动循环、制动和变速等控制要求。

8.5　时　间　控　制

时间控制是采用时间继电器进行延时控制。例如，电动机的 Y-△ 换接启动就需要用时间继电器来控制。

图 8-18 为异步电动机的 Y-△ 换接启动的控制线路。其中用了通电延时的时间继电器 KT 的两个触点：延时断开的动断触点和瞬时闭合的动合触点。KM_1、KM_2、KM_3 是三个交流接触器。启动时，KM_3 工作，电动机接成 Y 形，运行时 KM_2 工作，电动机接成△形。

线路动作的次序如下：

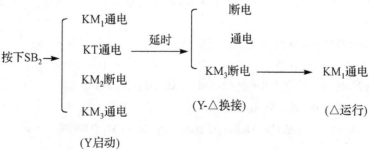

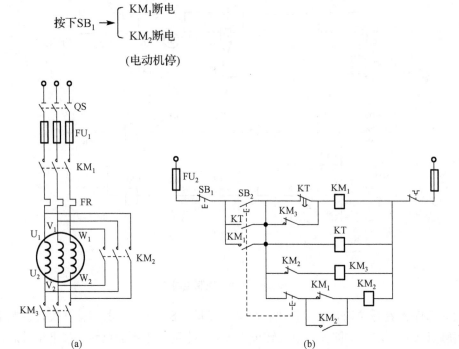

按下SB₁ →｛ KM₁断电 / KM₂断电

(电动机停)

图 8-18 异步电动机的 Y-△换接启动的控制线路

本线路的特点是在接触器 KM₁ 断电的情况下进行 Y-△换接，这样可以避免当 KM₃ 的动合触点尚未断开时，KM₂ 已吸合而造成电源短路；同时接触器 KM₃ 的动合触点在无电下断开，不发生电弧，可延长使用寿命。

习 题

8-1 电器按工作电压的高低分为哪几类？什么是零压保护？如何实现零压保护？

8-2 熔断器在电路中起什么作用？使用时应注意哪些问题？

8-3 接触器按主触头通过的电流种类可分为哪几类？接触器在使用时要注意哪些问题？

8-4 简述接触器的工作原理。

8-5 什么是过载保护？怎样实现过载保护？

8-6 什么是自锁？

8-7 绘制电气控制线路原理图时应注意哪几个原则？

8-8 什么是联锁？在电动机正反转控制线路中为什么必须要有联锁控制？

8-9 请分析题 8-9 图所示控制电路当按下 SB₂ 后的工作过程。

8.10 题 8-10 图所示电路。

(1) 简述控制电路的控制过程；

(2) 电路对电机实现何种控制？

8-11 根据下列要求，分别绘出控制电路(M₁ 和 M₂ 都是三相异步电动机)。

(1) M₁ 启动后 M₂ 才能启动，M₂ 并能点动；

(2) M₁ 先启动，经过一定延时后 M₂ 能自行启动，M₂ 启动后 M₁ 立即停车。

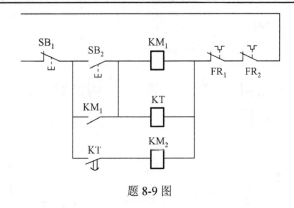

题 8-9 图

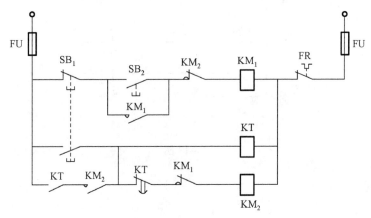

题 8-10 图

8-12 题 8-12 图是电动机 Y-△启动控制电路,试分析其控制过程。并与图 8-18(b)比较两个控制电路的优、缺点。

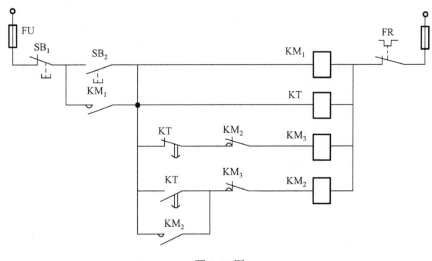

题 8-12 图

8-13 在题 8-13 图中,运动部件 A 由 M 拖动,原位和终点各设行程开关 ST$_1$ 和 ST$_2$。

(1)简述控制电路的控制过程;

(2) 电路对 A 实现何种控制?

(3) 电路有哪些保护措施? 各由何种电器实现?

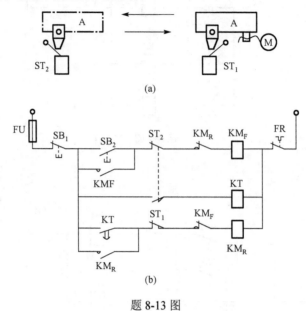

(a)

(b)

题 8-13 图

第9章 可编程控制器

本章为初学者提供 PLC 的基础知识。各节内容为可编程控制器概述、PLC 的基本结构和工作原理、PLC 的程序编制、S7-200 系列 PLC 的基本指令、PLC 控制系统设计实例。

9.1 可编程控制器概述

可编程控制器是随着现代社会生产的发展和技术进步、现代工业生产自动化水平的日益提高及微电子技术的飞速发展,在继电器控制的基础上产生的一种新型的工业控制装置。它是将 3C(computer,control,communication)技术,即微型计算机技术、控制技术及通信技术融为一体,应用到工业控制领域的一种高可靠性控制器,是当代工业生产自动化的重要支柱。它是专为工业环境下应用而设计的工业控制计算机。

可编程控制器是一种带有指令存储器,数字的或模拟的输入/输出接口,以位运算为主,能完成逻辑、顺序、定时、计数和算术运算等功能,用于控制机器或生产过程的自动控制装置。

9.1.1 可编程控制器的产生和发展

1969 年美国数字设备公司(DEC)研制出世界上第一台可编程控制器。

在 20 世纪 70 年代初期、中期,可编程控制器可以完成顺序控制,有逻辑运算、定时、计数等控制功能。并且将可编程控制器称为 PLC(programmable logical controller)。

20 世纪 70 年代末至 80 年代初,可编程控制器的处理速度大大提高,不仅可以进行逻辑控制,而且可以对模拟量进行控制。美国电器制造协会(NEMA)将可编程控制器命名为 PC(programmable controller)。

20 世纪 80 年代以来,以 16 位和 32 位微处理器为核心的可编程控制器得到迅速发展。这时的 PLC 具有了高速计数、中断技术、PID 调节和数据通信等功能。

9.1.2 可编程控制器的特点

PLC 不仅能执行逻辑控制、顺序控制、计时及计数控制,还增加了算术运算、数据处理、通信等功能,具有处理分支、中断、自诊断的能力,使 PC 更多地具有计算机的功能。由于其编程简单、可靠性高、使用方便、维护容易、价格适中等优点,使其得到了迅猛的发展,在冶金、机械、石油、化工、纺织、轻工、建筑、运输、电力等部门得到了广泛的应用。

可编程控制器的特点表现在:①编程简单,易于掌握;②可靠性高,抗干扰能力强;③通用性好;④功能强;⑤开发周期短;⑤体积小,使用方便。

9.1.3 可编程控制器的分类

通常各类 PLC 产品可按结构形式、I/O 点数及功能三方面进行分类。

1. 按结构形式分类

按 PLC 的结构形式可分为整体式和模块式。

整体式 PLC 是将电源、CPU、I/O 部件都集中在一个机箱内,具有结构紧凑、体积小、价格低的特点。一般小型 PLC 采用这种结构。整体式 PLC 由不同 I/O 点数的基本单元和扩展单元组成,基本单元内有 CPU、I/O 接口部件、与 I/O 扩展单元相连的扩展口和与编程器或 EPROM 写入器相连的接口等。扩展单元内只有 I/O 和电源等不带 CPU。整体式 PLC 一般还可配备特殊功能单元,如模拟量单元、位置控制单元等。

模块式 PLC 是将 PLC 上各部分分成若干个单独的模块,如 CPU 模块、I/O 模块、电源模块以及各种功能模块。模块式 PLC 由框架和各种模块组成,这种结构的特点是配置灵活,可根据需要选配不同模块组成一个系统,而且装配方便,便于扩展和维修。一般大中型 PLC 采用模块式结构。

2. 按 I/O 点数分类

按 I/O 点数可分为小型、中型和大型三类。

小型 PLC 的 I/O 点数在 256 点以下,其中 I/O 点数小于 64 点为超小型或微型 PLC。

中型 PLC 的 I/O 点数为 256～2048 点。

大型 PLC 的 I/O 点数在 2048 点以上,其中 I/O 点数超过 8192 点为超大型。

3. 按功能分

按功能不同 PLC 可分为低档、中档、高档机三类。

低档机具有逻辑运算、定时、计数、移位以及自诊断、监控等基本功能。还可能增设少量模拟量输入/输出、算术运算、远程 I/O、通信等功能。

中档机除只有低档机的功能外。还只有较强的模拟量输入/输出、算术运算、数据传送和比较、过程 I/O、通信等功能。

高档机除具有中档机的功能外,还有符号算术运算、位逻辑运算、矩阵运算、平方根运算及其他特殊功能函数运算、表格功能等。高档机具有更强的通信联网功能,可用于大规模过程控制系统。

9.1.4 可编程控制器的基本功能

(1)逻辑控制。

PLC 设置有"与""或""非"等逻辑指令。能够描述继电器触点的串联、并联、串并联、并串联等各种连接,因此它可以代替继电器进行组合逻辑与顺序逻辑控制。

(2)定时控制。

PLC 为用户提供了若干个定时器并设置了定时指令。定时值可由用户在编程时设定,并能在运行中被读出与修改,使用灵活,操作方便。

(3)计数控制。

PLC 为用户提供了若干个计数器并设置了计数指令。计数值可由用户在编程时设定,并能在运行中被读出与修改,使用与操作都很灵活方便。

(4)步进控制。

PLC 的步进控制是指在完成一道工序以后,再进行下一步工序,也就是顺序控制。PLC 为用户提供了若干个移位寄存器或者直接有步进指令,可用于步进控制,编程与使用很方便。

(5) A/D、D/A 转换。

有些 PLC 还具有模数转换(A/D)和数模转换(D/A)功能，能完成对模拟量的控制与调节。

(6) 数据处理。

有的 PLC 还具有数据处理能力，并具有并行运算指令，如能两个数据并行传送、比较和逻辑运算，进行数据检索、比较、数制转换等操作。

(7) 通信与联网。

有些 PLC 采用了通信技术。可以进行远程 I/O 控测、多台 PLC 之间可以进行同位链接，计算机作为上位机可对其发布命令并返回执行结果。这种采用一台计算机，多台 PLC 组成的分布式控制网络可完成较大现模的复杂控制。

(8) 监控控制。

PLC 具有较强的监控功能。在控制系统中，操作人员通过监控命令可以监视系统各部分的运行状态，可以调整定时或计数设定值，因而调试、使用和维护都很方便。

9.1.5 可编程控制器的应用领域和发展趋势

目前，PLC 上在国内外都已得到了广泛的应用。主要应用在两个方面：一是 PLC 的基本功能应用，二是 PLC 在工业控制领域中的应用。

随着微处理器芯片及有关元器件价格大大下降，PLC 成本下降，同时 PLC 的功能大大增强，使得 PLC 应用越来越广泛。可广泛地应用于钢铁、水泥、石油、化工、采矿、电力、机械制造、汽车、造纸、纺织和环保等行业。

而且随着计算机控制技术的发展，国外近几年兴起自动化网络系统，PLC 与 PLC 之间，PLC 与上位机之间连成网络，通过光缆传送信息，构成大型的多级分布式控制系统(集散控制系统)。

随着应用领域日益扩大，PLC 技术及其产品仍在继续发展。主要朝着高速化、大容量化、智能化、网络化、标准化、系列化、小型化、廉价化方向发展，使 PLC 的功能更强、可靠性更高、使用更方便、适用面更广。

9.1.6 常用的 PLC 产品

目前世界上 PLC 产品按地域分成三大流派：美国、欧洲和日本。日本和美国的 PLC 产品较相似。占 PLC 市场 80%以上的生产公司是德国的西门子(SIEMENS)股份公司、法国的施耐德(SCHNEIDER)电气有限公司、日本的欧姆龙(OMRON)集团和三菱(MITSUBISHI)集团。

1. 美国 PLC 产品

美国是 PLC 生产大国，有 100 多家 PLC 厂商，著名的有 A-B 公司、通用电气(GE)公司、莫迪康(MODICON)公司、德州仪器(TI)公司、西屋公司等。其中 A-B 公司是美国最大的 PLC 制造商，其产品约占美国 PLC 市场的一半。

A-B 公司产品规格齐全、种类丰富，其主推的大、中型 PLC 产品是 PLC-5 系列。该系列为模块式结构，CPU 模块为 PLC-5/10、PLC-5/12、PLC-5/15、PLC-5/25 时，属于中型 PLC，I/O 点配置为 256～1024 点；当 CPU 模块为 PLC-5/11、PLC-5/20、PLC-5/30、PLC-5/40、PLC-5/60、PLC-5/40L、PLC-5/60L 时，属于大型 PLC，I/O 点最多可配置到

3072 点。该系列中 PLC-5/250 功能最强，最多可配置到 4096 个 I/O 点，具有强大的控制和信息管理功能。大型机 PLC-3 最多可配置到 8096 个 I/O 点。A-B 公司的小型 PLC 产品有 SLC500 系列等。

GE 公司的代表产品是小型机 GE-1、GE-1/J、GE-1/P 等，除 GE-1/J 外，均采用模块结构。GE-1 用于开关量控制系统，最多可配置到 112 个 I/O 点。GE-1/J 是更小型化的产品，其 I/O 点最多可配置到 96 点。GE-1/P 是 GE-1 的增强型产品，增加了部分功能指令（数据操作指令）、功能模块（A/D、D/A 等）、远程 I/O 功能等，其 I/O 点最多可配置到 168 点。中型机 GE-Ⅲ，它比 GE-1/P 增加了中断、故障诊断等功能，最多可配置到 400 个 I/O 点。大型机 GE-Ⅴ，它比 GE-Ⅲ增加了部分数据处理、表格处理、子程序控制等功能，并具有较强的通信功能，最多可配置到 2048 个 I/O 点。GE-Ⅵ/P 最多可配置到 4000 个 I/O 点。

德州仪器（TI）公司的小型 PLC 新产品有 510、520 和 TI100 等，中型 PLC 新产品有 TI300、5TI 等，大型 PLC 产品有 PM550、530、560、565 等系列。除 TI100 和 TI300 无联网功能外，其他 PLC 都可实现通信，构成分布式控制系统。

莫迪康（MODICON）公司有 M84 系列 PLC。其中 M84 是小型机，具有模拟量控制、与上位机通信功能，最多 I/O 点为 112 点。M484 是中型机，其运算功能较强，可与上位机通信，也可与多台联网，最多可扩展 I/O 点为 512 点。M584 是大型机，其容量大、数据处理和网络能力强，最多可扩展 I/O 点为 8192 点。M884 增强型中型机，它具有小型机的结构、大型机的控制功能，主机模块配置 2 个 RS-232C 接口，可方便地进行组网通信。

2. 欧洲 PLC 产品

德国的西门子（SIEMENS）股份公司、德国 AEG 公司、法国的 TE 公司是欧洲著名的 PLC 制造商。德国的西门子股份公司的电子产品以性能精良而久负盛名。在中、大型 PLC 产品领域与美国的 A-B 公司齐名。

西门子股份公司生产的可编程序控制器（PLC）在我国应用相当广泛，在冶金、化工、印刷生产线等领域都有应用。西门子股份公司的 PLC 主要产品是 S5、S7 系列。在 S5 系列中，S5-90U、S-95U 属于微型整体式 PLC；S5-100U 是小型模块式 PLC，最多可配置到 256 个 I/O 点；S5-115U 是中型 PLC，最多可配置到 1024 个 I/O 点；S5-115UH 是中型机，它是由两台 SS-115U 组成的双机冗余系统；S5-155U 为大型机，最多可配置到 4096 个 I/O 点，模拟量可达 300 多路；SS-155H 是大型机，它是由两台 S5-155U 组成的双机冗余系统。而 S7 系列是西门子股份公司在 S5 系列 PLC 基础上近年推出的新产品，其体积小、速度快、标准化，具有网络通信能力，功能更强，可靠性高，性价比高。其中 S7-200 系列属于微型 PLC、S7-300 系列属于于中小型 PLC、S7-400 系列属于于中高性能的大型 PLC。

3. 日本 PLC 产品

日本的小型 PLC 最具特色，在小型机领域中颇具盛名，某些用欧美的中型机或大型机才能实现的控制，日本的小型机就可以解决。在开发较复杂的控制系统方面明显优于欧美的小型机，所以格外受用户欢迎。在世界小型 PLC 市场上，日本产品约占有 70% 的份额。

我国有许多厂家、科研院所从事 PLC 的研制与开发，如中国科学院自动化研究所的 PLC-0088，北京联想计算机集团公司的 GK-40，上海机床电器厂有限公司的 DKY-40，上海起重电器厂有限公司的 CF-40MR/ER，苏州电子计算机厂的 YZ-PC-001A，北京机械工业自动化研究所的 MPC-001/20、KB-20/40，杭州机床电器厂的 DKK02，上海自立电子设备厂的 KKI 系列，上海香岛机电制造有限公司的 ACMY-S80、ACMY-S256，无锡华光电子工业有限公司的 SR-10、SR-20/21 等。

9.2　PLC 的基本结构和工作原理

9.2.1　PLC 的结构及各部分的作用

PLC 的硬件结构主要由中央处理器(CPU)、存储器(RAM、ROM)、输入输出单元(I/O)接口、电源及外围编程设备等构成。PLC 的硬件系统结构图如图 9-1 所示。

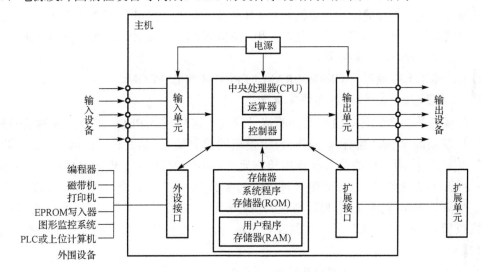

图 9-1　PLC 的硬件系统结构图

下面将结合图 9-1 介绍 PLC 各个组成部分的功能。

1. 中央处理器(CPU)

CPU 是 PLC 的核心，它按照系统程序赋予的功能完成的主要任务有以下几方面。

(1)接收与存储用户由编程器键入的用户程序和数据。

(2)检查编程过程中的语法错误，诊断电源及 PLC 内部的工作故障。

(3)用扫描方式工作，接收来自现场的输入信号，并将它们存入 I/O 映像区中的相应单元内。

(4)在进入运行方式后，从存储器中逐条读取并执行用户程序，完成用户程序所规定的逻辑运算、算术运算及数据处理等操作。

(5)根据运算结果，更新有关标志位的状态，刷新输出映像寄存器的内容，再经输出部件实现输出控制、打印制表或数据通信等功能。

目前，小型 PLC 均为单 CPU 系统，而大、中型 PLC 通常是双 CPU 或多 CPU 系统。

2. 存储器(RAM、ROM)

可编程控制器存储器中配有两种存储系统，即用于存放系统程序的系统程序存储器(ROM)和存放用户程序的用户程序存储器(RAM)。

系统程序存储器主要用来存储可编程控制器内部的各种信息。在大型可编程控制器中，又可分为寄存器存储器、内部存储器和高速缓存存储器。在中、小型可编程控制器中，常把这 3 种功能的存储器混合在一起，统称为功能存储器，简称存储器。

一般系统程序是由 PLC 生产厂家编写的系统监控程序，不能由用户直接存取。系统监控程序主要由有关系统管理、解释指令、标准程序及系统调用等程序组成。系统程序存储器一般由 PR0M 或 EPROM 构成。

由用户编写的程序称为用户程序。用户程序存放在用户程序存储器中，用户程序存储器的容量不大，主要存储可编程控制器内部的输入输出信息，以及内部继电器、移位寄存器、累加寄存器、数据寄存器、定时器和计数器的动作状态。小型可编程控制器的存储容量一般只有几个 K 字节的容量(不超过 8KB)，中型可编程控制器的存储能力为 2～64KB，大型可编程控制器的存储能力可达到几百 KB 以上。我们一般讲 PLC 的内存大小，是指用户程序存储器的容量，用户程序存储器常用 RAM 构成。为防止电源掉电时 RAM 中的信息丢失，常采用锂电池做后备保护。

目前，常用的存储器有 CMOS-SRAM、EPROM 和 EEPROM。

3. 数字量(或开关量)输入部件及接口

来自现场的主令元件、检测元件的信号经输入接口进入 PLC。主令元件的信号是指由用户在控制键盘(或控制台、操作台)上发出的控制信号(如开机、关机、转换、调整、急停等信号)。检测元件的信号是指用检测元件(如各种传感器、继电器的触点，限位开关、行程开关等元件的触点)对生产过程中的参数(如压力、流量、温度、速度、位置、行程、电流、电压等)进行检测时产生的信号。这些信号有的是开关(或数字量)量，有的是模拟量，有的是直流信号，有的是交流信号，要根据输入信号的类型选择合适的输入接口。

4. 数字量(开关量)输出部件及接口

由 PLC 产生的各种输出控制信号经输出接口去控制和驱动负载(如指示灯的亮或灭、电动机的启动、停止或正反转、设备的转动、平移、升降、阀门的开闭等)。因为 PLC 的直接输出带负载能力有限，所以 PLC 输出接口所带的负载，通常是接触器的线圈、电磁阀的线圈、信号指示灯等。

同输入接口一样，输出接口的负载有的是直流量，有的是交流量，要根据负载性质选择合适的输出接口。

5. 模拟量输入/输出接口模板

小型 PLC 一般没有模拟量输入/输出接口模板，或者只有通道数有限的 8 位 A/D，D/A 模板。大、中型 PLC 可以配置成百上千的模拟量通道，它们的 A/D，D/A 转换器一般是 10 位或 12 位的。

模拟量 I/O 接口模板的模拟输入信号或模拟输出信号可以是电压，也可以是电流。可以是单极性的，如 0～5V，0～10V，1～5V，4～20mA，也可以是双极性的，如±50mV，±5V，±10V，±22mA。

一个模拟量 I/O 接口模板的通道数，可能有 2、4、8、16 个。也有的模板既有输入通道，也有输出通道。

6. 智能 I/O 接口

为适应和满足更加复杂控制功能的需要，PLC 生产厂家均生产了各种不同功能的智能 I/O 接口，这些 I/O 接口板上一般都有独立的微处理器和控制软件，可以独立地工作，以便减少 CPU 模板的压力。

在众多的智能 I/O 接口中，常见的有满足位置控制需要的位置闭环控制接口模块；快速 PID 调节器的闭环控制接口模板；满足计数频率高达 100kHz 甚至兆赫兹以上的高速计数器接口模板。用户可根据控制系统的特殊要求，选择相应的智能 I/O 接口。

7. 扩展接口

PLC 的扩展接口有两个含义：一个含义是单纯的 I/O（数字量 I/O 或模拟量 I/O）扩展接口，它是为弥补原系统中 I/O 接口有限而设置的，用于扩展输入、输出点数，当用户的 PLC 控制系统所需的输入、输出点数超过主机的输入、输出点数时，就要通过 I/O 扩展接口将主机与 I/O 扩展单元连接起来。另一个含义是 CPU 模板的扩充，它是在原系统中只有一块 CPU 模板而无法满足系统工作要求时使用的。这个接口的功能是实现扩充 CPU 模板与原系统 CPU 模板，以及扩充 CPU 模板之间（多个 CPU 模板扩充）的相互控制和信息交换。

8. 通信接口

通信接口是专用于数据通信的一种智能模板，它主要用于人-机对话或机-机对话。PLC 通过通信接口可以与打印机、监视器相连，也可与其他的 PLC 或上位计算机相连，构成多机局部网络系统或多级分布式控制系统，或实现管理与控制相结合的综合系统。

通信接口有串行接口和并行接口两种，它们都在专用系统软件的控制下，遵循国际上多种规范的通信协议来工作。用户应根据不同的设备要求选择相应的通信方式并配置合适的通信接口。

9. 编程器

编程器用于用户程序的输入、编辑、调试和监视，还可以通过其键盘去调用和显示 PLC 的一些内部继电器状态和系统参数。它经过编程器接口与 CPU 联系，完成人-机对话。可编程控制器的编程器一般由 PLC 生产厂家提供，它们只能用于某一生产厂家的某些 PLC 产品，可分为简易编程器和智能编程器。

10. 电源

PLC 的外部工作电源一般为单相 85～260V，50Hz AC 电源，也有采用 24～26V DC 电源的。使用单相交流电源的 PLC，往往还能同时提供 24V 直流电源，供直流输入使用。PLC 对其外部工作电源的稳定度要求不高，一般可允许±15%的波动。

对于在 PLC 的输出端子上接的负载所需的负载工作电源，必须由用户提供。

11. 总线

总线是沟通 PLC 中各个功能模板的信息通道，它的含义并不单是各个模板插脚之间的连续，还包括驱动总线的驱动器及其保证总线正常工作的控制逻辑电路。其传送的速度和驱动能力与 CPU 模板上的驱动器有关。

12. PLC 的外部设备接口

此接口可将编程器、计算机、打印机、条码扫描仪等外部设备与主机相连，以完成相应操作。

9.2.2 PLC 的工作原理

PLC 是一种专用的工业控制计算机，其工作原理是建立在计算机控制系统工作原理的基础上。为了可靠地应用在工业环境下，方便现场电气技术人员的使用和维护，它有着大量的接口器件、特定的监控软件、专用的编程器件。所以，不但其外观不像计算机，它的操作使用方法、编程语言及工作过程与计算机控制系统也是有区别的。

PLC 是采用顺序扫描，不断循环的方式进行工作的。即在 PLC 运行时，CPU 根据用户按控制要求编制好并存于用户存储器中的程序，按指令步序号(或地址号)做周期性循环扫描，如无跳转指令，则从第一条指令开始逐条顺序执行用户程序，直至程序结束。然后重新返回第一条指令，开始下一轮新的扫描。在每次扫描过程中，还要完成对输入信号的采样和对输出状态的刷新等工作。

PLC 的一个扫描周期包括输入采样、程序执行和输出刷新三个阶段。

(1)输入采样阶段。

首先以扫描方式按顺序将所有暂存在输入锁存器中的输入端子的通断状态或输入数据读入，并将其写入各对应的输入状态寄存器中，即刷新输入。随即关闭输入端口，进入程序执行阶段。

(2)程序执行阶段。

按用户程序指令存放的先后顺序扫描执行每条指令，经相应的运算和处理后，其结果再写入输出状态寄存器中，输出状态寄存器中所有的内容随着程序的执行而改变。

(3)输出刷新阶段。

当所有指令执行完毕，输出状态寄存器的通断状态在输出刷新阶段送至输出锁存器中，并通过一定的方式(继电器、晶体管或晶闸管)输出，驱动相应输出设备工作。

由此可见，输入采样、程序执行和输出刷新 3 个阶段构成 PLC 的一个工作周期，如此循环往复，因此称为循环扫描工作方式。扫描周期的长短主要取决于以下几个因素：一是 CPU 执行指令的速度；二是执行每条指令占用的时间；三是程序中指令条数的多少。

9.2.3 PLC 的主要技术指标

PLC 的主要性能通常可用以下各种指标进行描述。

1. I/O 点数

I/O 点数是指 PLC 的外部输入和输出端子数。这是一项重要技术指标。通常小型机有几十个点，中型机有几百个点，大型机超过千点。

2. 用户程序存储容量

用户程序存储容量用来衡量 PLC 所能存储用户程序的多少。在 PLC 中，程序指令是按步存储的，一步占用一个地址单元，一条指令有的往往不止一步。一个地址单元一般占用两个字节(约定 16 位二进制数为一个字，即两个 8 位的字节)。例如，一个内存容量为 1000 步的 PLC，其内存为 2K 字节。

3. 扫描速度

扫描速度是指扫描 1000 步用户程序所需要的时间，以 ms/千步为单位。有时也可用扫描一步指令的时间来计算，如μs/步。

4. 指令系统条数

PLC 具有基本指令和高级指令，指令的种类和数量越多，其软件功能越强。

5. 内存分配及编程元件的种类和数量

PLC 内部的存储器有一部分用于存储各种状态和数据，包括输入继电器、输出继电器、内部辅助继电器、特殊功能内部继电器、定时器、计数器、通用字寄存器、数据寄存器等，其种类和数量的多少关系到编程是否方便灵活，也是衡量 PLC 硬件功能强弱的重要指标。

PLC 内部这些继电器的作用和继电接触器控制系统中的继电器十分相似，也有线圈和触点。但它们不是硬继电器，而是 PLC 内部存储器的存储单元。当写入该单元的逻辑状态为 1 时，则表示相应继电器的线圈接通，其动合触点闭合，动断触点断开。所以 PLC 内部用于编程的继电器可称为软继电器。

此外，不同 PLC 还有其他一些指标，如编程语言及编程手段、输入/输出方式、特殊功能模块种类、自诊断、监控、主要硬件符号、工作环境及电源等级等。

9.3　PLC 的程序编制

PLC 的程序有系统程序和用户程序两种。系统程序类似微机的操作系统，用于对 PLC 的运行过程进行控制和诊断，对用户应用程序进行编译等，一般由厂家固化在存储器中，用户不能更改。用户程序是用户根据控制要求，利用 PLC 厂家提供的程序编制语言编写的应用程序。因此，编程就是编制用户程序。

程序编制是通过特定的语言将一个控制要求描述出来的过程。可编程控制器的应用场合是工业现场，它的主要用户是电气技术人员，所以其编程语言，与通用的计算机相比，具有明显的特点，它既不同于高级语言，也不同于汇编语言，它不仅要满足易于编写和易于调试的要求，还要考虑现场电气技术人员的接受水平和应用习惯。且根据生产厂商和机型的不同而不同。IEC 61131-3 是由国际电工委员会(IEC)于 1993 年 12 月所制定IEC 61131标准的第 3 部分，用于规范可编程逻辑控制器(PLC)，DCS，IPC，CNC和SCADA的编程系统的标准。标准定义了 5 种编程语言：梯形图、指令语句表、顺序功能图、功能块图和结构文本。

1. 梯形图

梯形图是一种从继电接触器控制电路图演变而来的图形语言。它沿用继电器的触点、线圈、串并联等术语和图形符号，根据控制要求连接而成的表示 PLC 输入和输出之间逻辑关系的图形，它既直观又易懂，对于熟悉继电器控制线路的电气技术人员来说，很容易被接受，且不需要学习专门的计算机知识，因此，在 PLC 应用中，梯形图是使用的最基本、最普遍的编程语言。但这种编程方式只能用图形编程器直接编程。

梯形图由触点、线圈和用方框表示的功能块组成。触点代表逻辑输入条件，如外部的开关、按钮等；线圈通常代表逻辑输出结果，用来控制外部的指示灯、接触器等；功能块用来表示定时器、计数器或者数学运算附加指令等，图 9-2 是典型的梯形示意图。

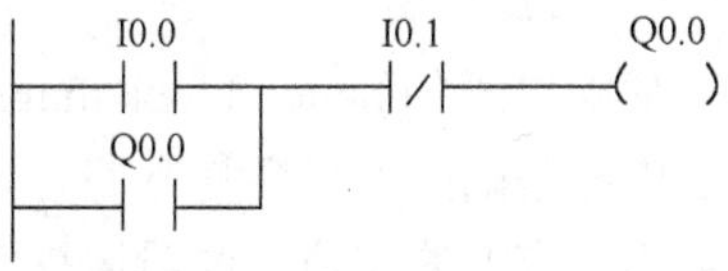

图 9-2　典型的梯形示意图

这里有几点要说明的：

（1）梯形图按从左到右、自上而下的顺序排列。每一个继电器线圈为一个逻辑行（或称梯级）。每一个逻辑行起始于左母线，然后是触点的串、并联，最后是线圈与右母线相连。

（2）梯形图是 PLC 形象化的编程方式，其母线并不接任何电源，因而，梯形图中每个梯级也没有真实的电流流过。但为了方便，常用"有电流"或"得电"等语言来形象地描述用户程序执行中满足输出线圈动作的条件。

（3）梯形图中的继电器不是继电接触控制系统中的物理继电器，而是 PLC 存储器的一个存储单元。因此，称为软继电器。当写入该单元的逻辑状态为 1 时，表示该继电器线圈接通，其常开触点闭合，常闭触点断开。

梯形图中继电器的线圈是广义的，除了输出继电器、内部继电器线圈，还包括定时器、计数器、位移寄存器等的线圈。

（4）梯形图中的触点可以任意串联或并联，但继电器线圈只能并联不能串联。

（5）内部继电器、计数器、位移寄存器等均不能直接控制外部负载，只能作为中间结果供 PLC 内部使用。

（6）程序结束时要有结束标志 END。

2. 指令语句表

指令语句就是用助记符来表达 PLC 的各种功能。它类似于计算机的汇编语言，但比汇编语言通俗易懂，因此也是应用很广泛的一种编程语言。这种编程语言可使用简易编程器编程，尤其是在未能配置图形编程器时，就只能将已编好的梯形图程序转换成语句表的形式，再通过简易编程器将用户程序逐条地输入到 PLC 的存储器中进行编程。通常每条指令由地址、操作码（指令）和操作数（数据或器件编号）3 部分组成。编程设备简单，逻辑紧凑，系统化，连接范围不受限制，但比较抽象，一般与梯形图语言配合使用，互为补充。目前，大多数 PLC 都有指令语句编程功能，如图 9-3 所示。

LD	I0.0
O	Q0.0
AN	I0.1
=	Q0.0

图 9-3 指令语句表

目前，各种类型的 PLC 基本上都同时具备两种以上的编程语言。其中，以同时使用梯形图和指令语句表的占大多数。不同厂家、不同型号的 PLC，其梯形图及语句表达都有些差异，使用符号也不尽相同，配置的功能各有千秋。因此，各个厂家不同系列，不同型号的可编程控制器是互不兼容的，但编程的思想方法和原理是一致的。

3. 顺序功能图

顺序功能图（sequential function chart，SFC）是一种位于其他编程语言之上的图形语言，主要用来编制顺序控制程序。顺序功能图提供了一种组织程序的图形方向，可以用来描述系统的功能，根据它可以很容易地画出梯形图。顺序功能图如图 9-4 所示，SFC 程序的运行从初始步开始，每次转换条件成立时执行下一步，在遇到 END 步时结束向下运行。

4. 功能块图

功能块图（function block diagram，FBD）是一种类似于数字逻辑门电路的编程语言，有数字电路基础的人很容易掌握。该编程语言用类似与门、或门和非门的方框来表示逻辑运算关系。方框的左边为逻辑运算的输入变量，右边为输出变量，信号由左向右流动。功能块图如图 9-5 所示。

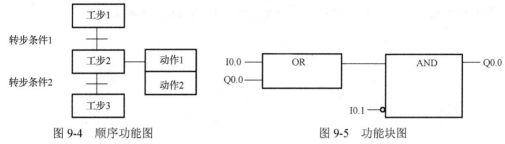

图 9-4　顺序功能图　　　　　　　图 9-5　功能块图

5．结构文本

结构文本(ST)是 IEC1131-3 标准创建的一种专用的高级编程语言,可以增强 PLC 的数学运算、数据处理、图形显示、报表打印等功能。它是 PLC 的高级应用,受过专业计算机编程训练的程序员大多使用结构文本。

上面 5 种编程语言,其中应用最多的是梯形图和指令语句表。这两种编程语言初学者一定要很好地掌握。梯形图与指令表之间存在着一定的对应关系,它们之间可以互相转换。由于生产厂商不同,即使同一种编程语言也有所不同。西门子 PLC 编程软件是以梯形图编程、语句表编程为主要界面,不管用户用什么语言编写的程序,需要另一种的话都能自动转换。

9.3.1　PLC 用户程序结构

用户程序可分为三个程序分区:主程序、子程序、中断程序。

主程序(OB1):用户程序的主体,每一个扫描周期都要执行一次。

子程序:程序的可选部分,只有主程序调用时,才能够执行。

中断程序:程序的可选部分,只有中断事件发生时,才能够执行。

9.3.2　PLC 编程的规则

(1)程序应按自上而下,从左至右的顺序编写。

(2)同一操作数的输出线圈在一个程序中不能使用两次,不同操作数的输出线圈可以并行输出。

(3)线圈不能直接与左母线相连。如果需要,可以通过特殊内部标志位存储器 SM0.0(该位始终为 1)来连接,如图 9-6 所示。

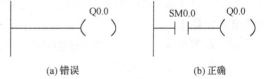

(a)错误　　　　　　　　　(b)正确

图 9-6　线圈不能直接与母线相连

(4)适当安排编程顺序,以减少程序的步数。

①按照上重下轻的原则,即串联多的支路应尽量放在上部,如图 9-7 所示。

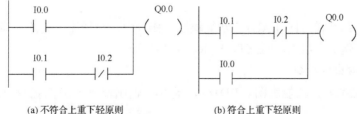

(a)不符合上重下轻原则　　　　　　　(b)符合上重下轻原则

图 9-7　按上重下轻原则安排触点的梯形图

②按照左重右轻的原则，即并联多的支路应靠近左母线，如图 9-8 所示。

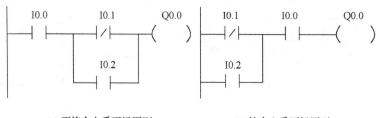

(a) 不符合上重下轻原则　　　　　　　　　　(b) 符合上重下轻原则

图 9-8　按左重右轻原则安排触点的梯形图

9.3.3　PLC 编程的注意事项

为了使编程正确、快速和优化，需注意以下几点。

1. 网络

在梯形图中，程序段被网络分开，在一个网络中，只能放一个程序段。

2. 梯形图（LAD）/功能块图（FBD）

母线：梯形图中左、右垂直线称为左、右母线。

梯级：在左、右母线之间是由触点、线圈或功能框组合的有序排列，触点与左母线相连，线圈或功能框终止右母线，从而构成一个梯级。

注意：在一个梯级中，左、右母线之间是一个完整的电路，不允许短路、开路，也不允许能流反向流动。

3. 允许输入端、允许输出端

在梯形图（LAD）、功能块图（FBD）中，功能框的 EN 端是允许输入端，功能框的允许输入端必须存在能流，即与之相连的逻辑运算结构为 1（即 EN＝1），才能执行该功能框的功能。

在指令语句表（STL）程序中没有 EN 允许输入端，但是允许执行 STL 指令的条件是栈顶的值必须是 1。

在梯形图（LAD）、功能块图（FBD）中，功能框的 ENO 端是允许输出端，允许功能框的布尔量输出。用于指令的级联。

如果执行过程中存在错误，那么能流就在出现错误的功能框终止，即 ENO＝0。

4. 条件/无条件输入

条件输入：在梯形图（LAD）、功能块图（FBD）中，与能流有关的功能框或线圈不直接与左母线连接。

无条件输入：在梯形图（LAD）、功能块图（FBD）中，与能流无关的功能框或线圈直接与左母线连接。例如，LBL、NEXT、SCR、SCRE 等。

5. 无允许输出端指令

在梯形图（LAD）、功能块图（FBD）中，无允许输出端（ENO）的指令方框，不能用于级联。

9.4　S7-200 系列 PLC 的基本指令

9.4.1　基本逻辑指令

逻辑指令是 PLC 常用的基本指令，梯形图指令有触点和线圈两大类，触点又分为常开触点和常闭触点两种形式；语句表指令有与、或以及输出等逻辑关系，位操作指令能够实现基本的位逻辑运算和控制。

1．标准触点指令

（1）装入常开指令（逻辑取）LD。

LD（load）：常开触点逻辑运算的开始。LD 指令用法举例如图 9-9 所示。

（2）装入常闭指令（逻辑取）LDN。

LDN（load not）：常闭触点逻辑运算的开始（对操作数的状态取反）。LND 指令用法举例如图 9-10 所示。

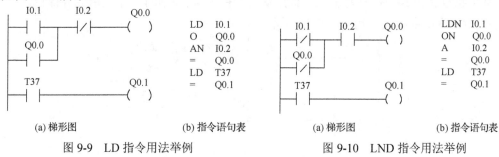

| (a) 梯形图 | (b) 指令语句表 | (a) 梯形图 | (b) 指令语句表 |

图 9-9　LD 指令用法举例　　　　　　　　图 9-10　LND 指令用法举例

触点代表 CPU 对存储器的读操作，用户程序中，触点可以使用无限次。

（3）输出指令 = 。

= ：线圈驱动（赋值指令）。

功能：将逻辑运算的结果输出到指定存储器位或输出继电器对应的映像寄存器位，以驱动线圈。

线圈：代表 CPU 对存储器的写操作，用户程序中同一线圈只能使用一次。

（4）触点串联指令 A（And），AN（And not）。

A（And）:串联连接常开触点。

AN（And not）:串联连接常闭触点。

（5）触点并联指令 O，ON。

O（OR）并联连接常开触点。

ON 并联连接常闭触点。

2．正负跳变指令

正跳变 EU（edge up）：指令格式 EU ————| P |————

负跳变 ED（edge down）：指令格式 ED ————| N |————

正跳变触点每检测到一个正跳变（由 OFF 变为 ON），能让其后的触点或线圈接通一个扫描周期。

负跳变触点每检测到一个负跳变（由 ON 变为 OFF），能让其后的触点或线圈接通一个扫描周期。

正负跳变指令的用法举例如图 9-11 所示。

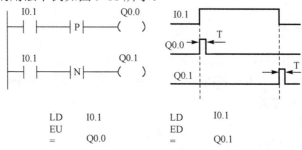

图 9-11　正负跳变指令的应用

3. 置位/复位指令

置位指令 S（Set）：使能输入有效后从起始位 S-bit 开始的 N 个位置 1 并保持。

复位指令 R（Reset）：使能输入有效后从起始位 S-bit 开始的 N 个位清 0 并保持。

置位/复位指令用法举例如图 9-12 所示。

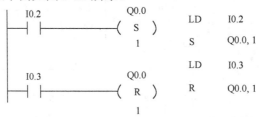

图 9-12　置位/复位指令的应用

9.4.2　立即操作指令

立即操作指令允许对输入输出点进行快速和直接存取，当用立即操作指令读取输入点的状态时，相应的输入映像寄存器中的值并未发生更新；当用立即操作指令访问输出点时，访问的同时，相应的输出映像寄存器的内容也被刷新；只有输入继电器 I 和输出继电器 Q 可以使用立即指令。

1. 立即触点指令

指令执行时，立即读取物理输入点的值，但不刷新相应的输入映像寄存器中的值。

指令格式：LDI　I0.0，如图 9-13 所示。

立即输入指令包括:LDI、LDNI、AI、ANI、OI、ONI。

2. 立即输出指令

指令执行时，立即输出指令访问输出点的同时，刷新相应的输出映像寄存器中的值。

指令格式：＝I　Q0.0，如图 9-14 所示。

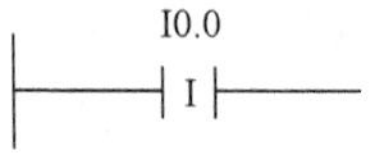

```
      I0.0                                              Q0.0
 ─────┤ I ├─────                              ─────────(  I  )
```

图 9-13　立即触点指令的应用 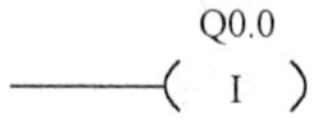　　　　　　图 9-14　立即输出指令的应用

3. 立即置位指令

立即置位指令访问输出点时，从指令所指出的位(bit)开始的 N 个(最多 128 个)物理输出点立即被置位，同时，相应的输出映像寄存器中的内容也被刷新。

指令格式：SI　Q0.2，3，如图 9-15 所示。

4. 立即复位指令

立即复位指令访问输出点时，从指令所指出的位(bit)开始的 N 个(最多 128 个)物理输出点立即被复位，同时，相应的输出映像寄存器中的内容也被刷新。

指令格式：RI　Q0.2，3，如图 9-16 所示。

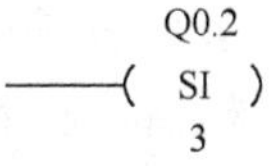

<table>
<tr><td>Q0.2
——(SI)
3</td><td>Q0.2
——(RI)
3</td></tr>
<tr><td>图 9-15　立即置位指令的应用</td><td>图 9-16　立即复位指令的应用</td></tr>
</table>

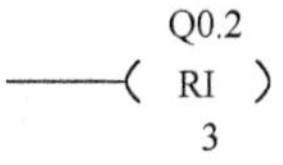

9.4.3　复杂逻辑指令

基本逻辑指令设计可编程元件的触点和线圈的简单连接，不能表达在梯形图中触点的复杂连接结构。复杂逻辑指令主要用来描述对触点进行的复杂连接，同时，它们对逻辑堆栈也可以实现非常复杂的操作。

本类指令包括：ALD、OLD、LPS、LRD、LPP 和 LDS，这些指令中除 LDS 外，其余指令都无操作数。

1. 栈装载与指令 ALD

ALD(and load)：用于串联连接并联触点组成的电路块。

指令格式：ALD，如图 9-17 所示。

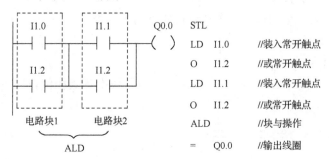

图 9-17　栈装与指令的应用

ALD 指令使用说明：并联电路块与前面电路串联连接时，使用 ALD 指令。分支的起点用 LD，LDN 指令。并联电路结束后使用 ALD 指令与前面电路串联。如果多个并联电路块串联，顺次使用 ALD 指令与前面支路连接，支路数量没有限制。

ALD 指令无操作数。

2. 逻辑环节(电路块)的并联指令 OLD

OLD(or load)：用于并联连接串联触点组成的电路块。

指令格式如图 9-18 所示。

OLD 指令使用说明：几个串联支路并联连接时，其支路的起点以 LD、LDN 开始，以

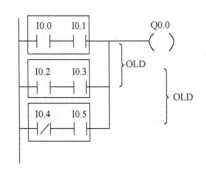

图 9-18　逻辑环节的并联指令的应用

OLD 结束。若需将多个支路并联，从第二条支路开始，在每一条支路后面加 OLD 指令。

OLD 指令没有操作数。

3. 逻辑推入栈指令

在梯形图中的分支结构中，用于生成一条新的母线，左侧为主控逻辑块时，第一个完整的逻辑行从此处开始。

指令格式：LPS。

堆栈操作：用于复制栈顶的值并将这个值推入栈顶，原堆栈中各级栈值依次下压一级。

4. 逻辑读栈指令

在梯形图中的分支结构中，当左侧为主控逻辑块时，开始第二个和后面更多的从逻辑块。

指令格式：LRD。

堆栈操作：把堆栈中第二级的值复制到栈顶。堆栈没有推入栈或弹出栈，但原栈顶值被新的复制值取代。

注意：LPS 后第一个和最后一个从逻辑块不用本指令。

5. 逻辑栈弹出指令

在梯形图中的分支结构中，用于将 LPS 指令生成的一条新母线进行恢复。应注意，LPS 与 LPP 必须配对使用。

指令格式：LPP。

堆栈操作：堆栈做弹出栈操作，将栈顶值弹出，原堆栈中各级栈值依次上弹一级，堆栈第二级的值成为新的栈顶值。

注意：LPS 后第一个和最后一个从逻辑块不用本指令。

6. 逻辑装入堆栈指令

指令格式：LDS。

堆栈操作：复制堆栈中的第 n 个值到栈顶。原栈中各级栈值依次下压一级，栈底值丢失。

9.4.4　取非触点指令和空操作指令

1. 取非触点指令

用来改变能流的状态。能流到达取非触点时，能流就停止；能流未到达取非触点时，能流就通过。

在语句表中，取非触点指令对堆栈的栈顶做取反操作，改变栈顶值。栈顶值由 0 变为 1，或者由 1 变为 0。

取非触点指令无操作数。指令格式：NOT，如图 9-19 所示。

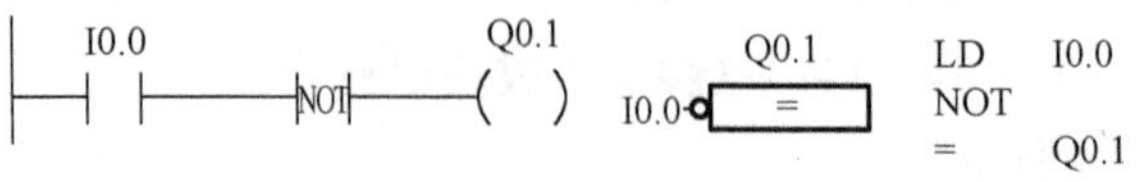

图 9-19　取非触点指令的应用

2. 空操作指令

使能输入有效时，指令空操作指令。空操作指令不影响用户程序的执行。

指令格式：NOP N，如图 9-20 所示。

注意：操作数 N 为空操作执行的次数，是一个 0～225 的常数。

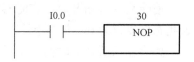

```
LD    I0.0  //使能输入
NOP   30    //空操作指令，标号为30
```

图 9-20　空操作指令的应用

9.4.5　定时器和计数器指令

1. 定时器指令

1）接通延时定时器指令 TON（on-delay timer）

接通延时定时器被用于单一时间间隔的定时，其指令的梯形图和指令语句表及时序图如图 9-21 所示。图中：

T37：编号，定时器名和它的常数编号（0～255）。

IN：使能输入端。当使能接入端接通，即有能流流到定时器时，开始定时。使能输入端断开，定时器复位。

PT：预设值，指定定时器的定时时间。数据类型为 INT 型。寻址范围可以是常数、IW、QW、MW 等。

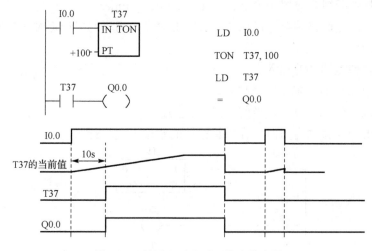

图 9-21　接通延时定时器指令的应用

工作原理：当 I0.0 接通时即使能端（IN）输入有效时，驱动 T37 开始计时，当前值从 0 开始递增，计时到设定值 PT 时，T37 状态位置 1，其常开触点 T37 接通，驱动 Q0.0 输出，其后当前值仍增加，但不影响状态位。

当前值的最大值为 32767。当 I0.0 分断时，使能端无效，T37 复位，当前值清 0，状态位也清 0，即回复原始状态。若 I0.0 接通时间未到设定值就断开，T37 则立即复位，Q0.0 不会有输出。

2）断开延时定时器指令 TOF（off-delay timer）

断电延时型定时器用来在输入断开并延时一段时间后，才断开输出。

使能端（IN）输入有效时，定时器输出状态位立即置 1，当前值复位为 0。

　　使能端(IN)断开时，定时器开始计时，当前值从 0 递增，当前值达到预置值时，定时器状态位复位为 0，并停止计时，当前值保持。

　　如果输入断开的时间小于预定时间，定时器仍保持接通。IN 再接通时，定时器当前值仍设为 0。断电延时定时器的梯形图及时序图如图 9-22 所示。

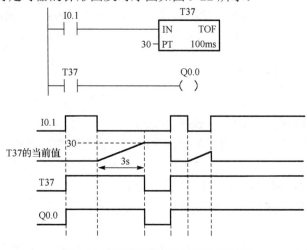

图 9-22　断开延时定时器指令的应用

　　3) 保持型接通延时定时器 TONR(retentive on-delay timer)

　　记忆接通延时定时器具有记忆功能，被用于对许多间隔的累计定时。其梯形图和时序图如图 9-23 所示。

　　工作原理：使能端(IN)输入有效时(接通)。定时器开始计时，当前值递增，当前值大于或等于预置值(PT)时，输出状态位置 1。

　　使能端输入无效(断开)时，当前值保持(记忆)。

　　使能端(IN)再次接通有效时，在原记忆值的基础上递增计时。

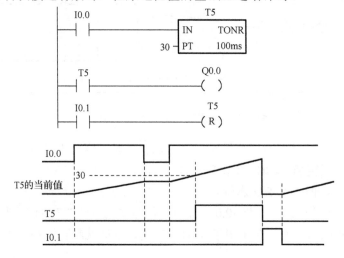

图 9-23　保持型接通延时定时器的应用

　　注意：TONR 记忆型通电延时定时器采用线圈复位指令 R 进行复位操作，当复位线圈有效时，定时器当前位清零，输出状态位置 0。

注意：这三种定时器具有不同的功能：

接通延时定时器(TON)用于单一间隔的定时；

有记忆接通延时定时器(TONR)用于累计时间间隔的定时；

断开延时定时器(TOF)用于故障事件发生后的时间延时。

2. 计数器指令

计数器用来累计输入脉冲的次数。计数器是应用非常广泛的编程元件，经常用来对产品进行计数。用计数器编程时，输入它的预设 PV(计数的次数)，计数器累计它的脉冲输入端电位上升沿(正跳变)个数，当计数器达到预设值 PV 时，相应状态发生变化。

计数器指令有 3 种：增计数 CTU、增减计数 CTUD 和减计数 CTD。

指令操作数有 4 方面：编号、预设值、脉冲输入、复位输入。

1)加计数器指令 CTU(count up)

首次扫描时，计数器位为 OFF，当前值为 0。在计数脉冲输入端 CU 的每个上升沿，计数器计数一次，当前值增加一个单位。当前值达到设定值时，计数器位为 ON(触点动作)，当前值可继续计数到 32767 后停止计数。复位输入端有效或对计数器执行复位指令，计数器自动复位，即计数器位为 OFF(触点恢复常态)，当前值为 0。

格式：CTU　C××,PV。例如：CTU　C20,3。

加计数器的应用如图 9-24 所示。其中，CU 表示计数脉冲，R 代表复位，PV 指设定值为 -32768~32767。

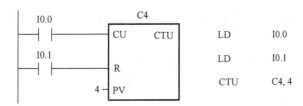

图 9-24　加计数器的应用

2)减计数器指令 CTD(count down)

首次扫描时，计数器位为 ON，当前值为预设定值 PV。在 CD 输入端的每个上升沿，计数器计数一次，当前值减少一个单位。当前值减少到 0 时，计数器位为 ON，复位输入端有效或对计数器执行复位操作，计数器自动复位，即计数器位为 OFF，当前值为设定值。

减计数器的应用如图 9-25 所示。

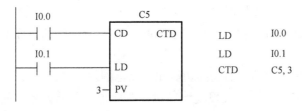

图 9-25　减计数器的应用

其中，CD 为减计数脉冲输入端；LD 为减计数复位端；PV 为预设值。

计数器当前值等于 0 时，停止计数，同时计数器位被置位 1。

3）加减计数器指令 CTUD（count up/down）

加减计数器有两个计数脉冲输入端，CU 为输入端用于递增计数，CD 输入端用于递减计数。首次扫描时，计数器位为 OFF，当前值为 0。CU 输入的每个上升沿，计数器当前值增加 1 个单位；CD 输入的每个上升沿，计数器当前值减小 1 个单位，当前值达到预设值时，计数器位为 ON。

加减计数器计数到 32767（最大值）后，下一个 CU 输入的上升沿将使当前值跳变为最小值（–32768）；反之，当前值达到最小值（–32768）时，下一个 CD 输入的上升沿将使当前值跳变为最大值（32767）。

复位输入有效或执行复位指令，计数器自动复位，即计数器位为 OFF，当前值为 0。

加减计数器的应用如图 9-26 所示。

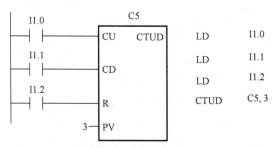

图 9-26　加减计数器的应用

其中，CU 为加计数脉冲输入端；CD 为减计数脉冲输入端；R 为计数复位端；PV 为预置值。

注意：①可以用复位指令对 3 种计数器复位，复位的结果是使计数器位变为 OFF；同时当前值复位。②在一个程序中，同一个计数器编号只能使用一次。③脉冲输入和复位输入同时有效时，复位优先。

9.5　PLC 控制系统设计实例

9.5.1　设计流程

在掌握了 PLC 的基本工作原理和编程技术的基础上，可结合实际问题进行 PLC 应用控制系统设计。图 9-27 是 PLC 应用控制系统设计的流程框图。

1.　分析控制对象及确定控制内容

（1）深入了解和详细分析被控对象（生产设备或生产过程）的工作原理及工艺流程，画出工作流程图。

（2）列出该控制系统应具备的全部功能和控制范围。

（3）拟定控制方案使之能最大限度地满足控制要求，并保证系统简单、经济、安全、可靠。

2.　PLC 机型选择

机型选样的基本原则是在满足控制功能要求的前提下，保证系统可靠、安全、经济及使用维护方便。一般需考虑以下几方面问题。

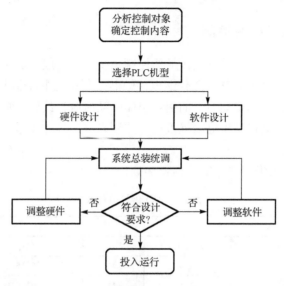

图 9-27 PLC 应用控制系统设计的流程框图

(1)确定 I/O 点数。统计并列出被控系统中所有输入量和输出量，选择 I/O 点数适当的 PLC，确保输入、输出点的数量能够满足需要，并为今后生产发展和工艺改进适当留下裕量(一般可考虑留 10%～15%的备用量)。

(2)确定用户程序存储器的存储容量。用户程序所需内存容量与控制内容和输入/输出点数有关，也与用户的编程水平有关。一般粗略的估计方法是(输入+输出) × (10～12) = 指令步数。对于控制要求复杂、功能多、数据处理量较大的系统，为避免存储容量不够的问题，可适当多留些裕量。

(3)响应速度。PLC 的扫描工作方式使其输出信号与相应的输入信号间存在一定的响应延迟时间，它最终将影响控制系统的运行速度，所选 PLC 的指令执行速度应满足被控对象对响应速度的要求。

(4)输入输出方式及负载能力。根据控制系统中输入输出信号的种类、参数等级和负载要求，选择能够满足输入输出接口需要的机型。

3. 硬件设计

确定各种输入设备及被控对象与 PLC 的连接方式，设计外围辅助电路及操作控制盘，画出输入输出端子接线图，并实施具体安装和连接。

4. 软件设计

(1)根据输入、输出变量的统计结果对 PLC 的 I/O 端进行分配和定义。

(2)根据 PLC 扫描工作方式的特点，按照被控系统的控制流程及各步动作的逻辑关系，合理划分程序模块，画出梯形图。要充分地利用 PLC 内部各种继电器的无限多触点给编程带来的方便。

5. 系统统调

编制完成的用户程序要进行模拟调试(可在输入端接开关来模拟输入信号、输出端接指示灯来模拟被控对象的动作)，经不断修改达到动作准确无误后方可接到系统中去进行总装统调，直到完全达到设计指标要求。

9.5.2 PLC 控制系统应用举例

在传统的三相异步电动机的继电接触器控制系统中，一般分成主电路和控制电路两部分。使用 PLC 技术，就是用其软件取代继电接触器控制系统中控制电路(硬件)的功能。通常情况下，PLC 不直接驱动电动机，而由输出端驱动接触器线圈，再由接触器主触点控制电动机运行。以三相鼠笼式异步电动机正反转控制为例，具体流程如下：

(1) 分析工艺过程。

(2) PLC 的 I/O 点的确定和分配，见表 9-1。

表 9-1   I/O 地址分配表

输入			输出		
符号	名称	地址编号	符号	名称	地址编号
SB$_1$	停止按钮	I0.0	KM$_1$	正转接触器	Q0.0
SB$_2$	正转按钮	I0.1	KM$_2$	反转接触器	Q0.1
SB$_3$	反转按钮	I0.2			
FR	热继电器触点	I0.3			

(3) PLC 接线图

PLC 控制的输入输出接线图如图 9-28(a)所示。

(4) 程序编写

梯形图如图 9-28(b)所示。

控制过程分析如下：

按下正转启动按钮 SB$_2$，原反转运行立即停止，电动机正转。

按下反转启动按钮 SB$_3$，原正转运行立即停止，电动机反转。

停机时按下按钮 SB$_1$，无论电动机正转还是反转，均使电动机立即停止。

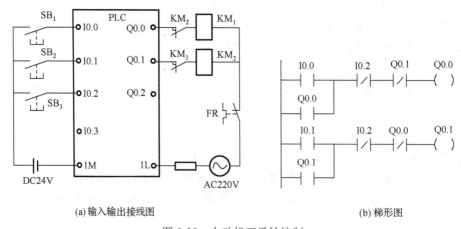

(a) 输入输出接线图   (b) 梯形图

图 9-28   电动机正反转控制

习   题

9-1   试写出题 9-1 图所示梯形图的指令程序。

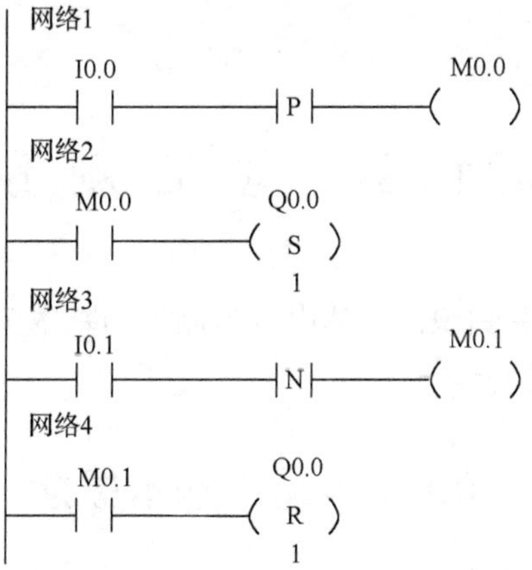

网络1

```
      I0.0                    M0.0
    ——| |——————| P |————————(   )
```

网络2

```
      M0.0        Q0.0
    ——| |———————( S )
                  1
```

网络3

```
      I0.1                    M0.1
    ——| |——————| N |————————(   )
```

网络4

```
      M0.1        Q0.0
    ——| |———————( R )
                  1
```

题 9-1 图

9-2 试写出题 9-2 图所示梯形图的语句表。

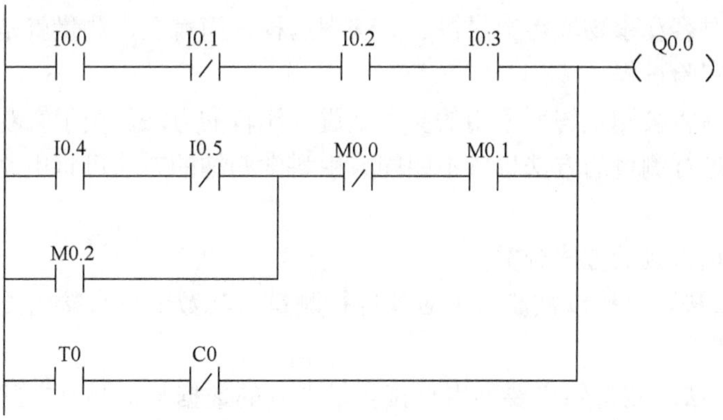

```
    I0.0     I0.1     I0.2     I0.3              Q0.0
  ——| |——————|/|——————| |——————| |————————————(   )
    |                                    |
    I0.4     I0.5     M0.0     M0.1      |
  ——| |——————|/|——+——|/|——————| |———————|
    |             |
    M0.2          |
  ——| |——————————+
    |
    T0       C0
  ——| |——————|/|
```

题 9-2 图

9-3 某一台电动机，要求三个不同地方可控制该电动机的启动和停止。试设计其梯形图并写出相应的指令程序。

9-4 试设计一个四分频的梯形图，并写出对应的指令语句表，画出输入信号及输出信号的状态时序图。

第 10 章　电 工 测 量

本章介绍电工测量的相关知识，具体内容为测量的基本概念、常用电工仪表、电(参)量的测量、非电量电测技术简介。

10.1　测量的基本概念

10.1.1　测量方法及测量设备

1. 测量方法

测量是人们对客观事物取得数量概念的认识过程，简言之，测量就是为确定被测对象的量值而进行的实验过程。

测量方法是指将被测量与所采用的参考量进行比较的方法。由于客观事物和现象是多种多样的，因此进行测量的方法也各不相同。用科学归纳的方法可将电测量方法按以下方式进行分类。

1)按测量数据得到的方式分类

(1)直接测量法。直接以被测量为对象进行测量，其数值可直接由测量的数据得到，如用电压表测电压。

(2)间接测量法。测量结果要利用直接测量得到的数据与被测量之间的函数关系通过计算得到。例如，通过直接测量电阻元件的电压 U 及电流 I，可以计算出该元件的电阻 $R = U/I$。

(3)组合测量法。测量结果是在一系列直接测量总和的基础上通过一系列方程式而获得。例如，要确定电阻的温度系数，根据公式 $R_t = R_{20}[1 + \alpha(t - 20) + \beta(t - 20)^2]$，改变电阻的温度，分别在三个温度之下测量电阻的阻值，可以得到三个方程，联立求解即可求出该电阻的温度系数 α、β 以及温度为 20℃时的电阻值 R_{20}。

2)按标准量是否直接参与测量过程分类

(1)直接测量法。直接从仪器仪表读出测量结果，这是应用最广泛的测量方法，它的准确度决定于所用仪器仪表的准确度，由于作为计量标准的实物不参与测量，因此准确度并不高。

(2)比较测量法。在测量过程中，被测量与标准量直接进行比较，从而获得测量结果。例如，用电桥测量电阻，在测量过程中，电桥中的标准电阻参与了测量。比较测量法是高准确度的测量方法。

3)按测量仪器仪表指示值的有与无分类

(1)偏转法。被测量靠指示电表指针偏转示值，直接或间接得到测量结果。

(2)零值法。被测量与标准量比较过程中，通过补偿或平衡原理并通过参数的指零仪表来检查是否达到平衡，从而获得测量结果。

还可以按其他的方式对测量方法进行分类。例如，按被测量与时间的关系可分为静态测量、动态测量和换算测量；按被测量是有源还是无源可分为电量参数(电流、电压、功率、频率、相位和能量等)测量和电路参数(电阻、电感、电容、互感和介质损耗角等)测量；按测量过程进行的方式可分为自动测量、非自动测量等。

2. 测量设备

测量设备是在进行测量时所使用的技术工具的总称，它包括两种基本形式。

1)度量器

度量器是测量单位的实物样品，测量时以度量器为标准，将被测量与度量器比较而获得测量结果。度量器分为标准器和有限准确度的标准度量器。标准器是测量单位的范型度量器，它保存在国际上特许的实验室或国家法定机构的实验室中。有限准确度的标准度量器，其准确度比标准度量器低，是常用的范型量具及范型测量仪表，广泛地用于实验中，如标准电阻、标准电容、标准电感等。

2)测量仪器、仪表

测量仪器、仪表是准确度低于度量器的用某种方法进行测量的设备，广泛地应用于实验室和工程测试中。电气测量中所用仪器、仪表统称为电工仪表，电工仪表基本上可分为电测量指示仪表和比较仪器两类。

电测量指示仪表又称为直读仪表，测量结果可直接由仪表的指示(读数)机构读出，测量迅速，使用方便，是电气测量中用得最多的仪表。例如，电压表、电流表、万用表(多用表与繁用表)、功率表、电度表等。

应用比较仪器进行测量时，将被测量与标准的测量单位(即标准量)进行直接比较而得出测量结果。电桥、电位差计等属于比较仪器。

10.1.2 仪表测量误差与仪表的准确度

1. 仪表测量误差的分类

用仪表测量某量时，所得测量结果(或指示值)与被测量的实际值之间的差值称为仪表测量(或指示值)误差，简称为仪表误差，一般可进一步简称为误差。根据仪表工作条件的情况，仪表测量误差可分为基本误差和附加误差两类。

1)基本误差

仪表在规定的工作条件下，即在规定的温度、湿度和放置方式，以及没有外界电场和磁场的干扰等条件下，由于制造工艺的限制和本身结构不完善而在测量结果中产生的误差，称为基本误差。摩擦误差、标尺刻度不准、轴承和轴尖间隙造成的倾斜误差等都属于基本误差。

2)附加误差

仪表离开规定的工作条件，例如温度过高、波形非正弦、外电场和外磁场的影响等，而在测量结果中形成的误差属于附加误差。

2. 仪表测量误差的表示方法

1)绝对误差

绝对误差是测量所得被测量的值 A_x 与被测量的真值 A_0 之间的差值。绝对误差用 Δ 表示，即

$$\Delta = A_x - A_0 \qquad (10\text{-}1)$$

由式(10-1)可以看出，绝对误差 Δ 的单位与被测量的单位相同。Δ 的大小和符号表示了测量值偏离真值的程度和方向。

真值 A_0 是一个理想的数值。在实际工作中，通常用准确度等级高的标准表所测量的数值代替真值，或通过理论计算得出的数值作为真值。为了区别起见，将标准仪表给出的值称为实际值，用 A 表示。因此，绝对误差通常表示为

$$\Delta = A_x - A \qquad (10\text{-}2)$$

2）相对误差

相对误差是绝对误差与被测量真值 A_0 比值的百分数。相对误差用百分数 r_0 表示，即

$$r_0 = \Delta / A_0 \times 100\% \qquad (10\text{-}3)$$

式中，r_0 有大小、符号而无单位。

由于真值无法得到，通常用实际值 A 代替真值，所得的相对误差称为实际相对误差 r_A，即

$$r_A = \Delta / A \times 100\% \qquad (10\text{-}4)$$

实际值需要用准确度很高的标准仪表测得，在一般情况下也不易得到。在测量精度要求不太高的情况下，也可用仪表的指示值 A_x 代替实际值，所得相对误差称为示值相对误差 r_x，即

$$r_x = \Delta / A_x \times 100\% \qquad (10\text{-}5)$$

实际相对误差和示值相对误差一般也简称为相对误差。相对误差可以表征测量的准确程度。

3）引用误差

引用误差是绝对误差 Δ 与测量仪表满刻度值 A_m 比值的百分数，用 r_m 表示，即

$$r_m = \Delta / A_m \times 100\% \qquad (10\text{-}6)$$

最大引用误差是仪表所有示值中的最大绝对误差 Δ_{max} 与测量仪表满刻度值 A_m 比值的百分数，用 r_{max} 表示，即

$$r_{max} = \Delta_{max} / A_m \times 100\% \qquad (10\text{-}7)$$

3. 仪表的准确度

最大引用误差也用来表示仪表的准确度，仪表的准确度等级 K 与最大引用误差的关系是

$$K\% = |\Delta_m| / A_m \times 100\% \qquad (10\text{-}8)$$

仪表的准确度等级越高，则其误差越小。例如，准确度为 0.1 级的仪表，其基本误差即允许的最大引用误差为±0.1%。

我国对不同的电测仪表，规定了不同的准确度等级（直接作用模拟指示电测量仪表及其附件第 1 部分：定义和通用要求（GB/T 7676.1—2017）），例如，电流表和电压表准确度分级为 0.05，0.1，0.2，0.3，0.5，1，1.5，2，2.5，3，5 共十一级；功率表和无功功率表分级为 0.05，0.1，0.2，0.3，0.5，1，1.5，2，2.5，3.5 共十级；电阻表（阻抗表）分级为 0.05，

0.1，0.2，0.5，1，1.5，2，2.5，3，5，10，20 共十二级。通常将 0.05，0.1，0.2 级仪表用作标准表，用以检查准确度等级较低的仪表；0.5，1，1.5 级仪表主要用于实验室；准确度更低的仪表主要用于工作现场，如监视生产过程的仪表及配电盘用表一般为 1.0～2.5 级仪表。

由仪表的准确度等级，可以算出该仪表允许的绝对误差。如 0.5 级，量程为 30A 的电流表，其允许的最大绝对误差为 ±(0.5/100) × 30 = ±1.5A。

准确度越高的仪表，允许的基本误差即允许的最大引用误差越小，但并不表示测量结果的准确度越高。只有合理地选择仪表的准确度和量程，才能提高测量结果的准确度。

【例 10-1】 用两只电压表测量 40V 电压，一只表为 0.5 级，量程为 100V；另一只为 1.0 级，量程为 50V。求两只电流表测量结果中最大可能相对误差。

解 用 0.5 级量程为 100V 的表测量时，可能产生的最大绝对误差为

$$\Delta_{1m} = \pm K\% \times A_{1m} = \pm 0.5\% \times 100 = \pm 0.5(V)$$

故用此表测 40V 电压时最大可能相对误差为

$$r_1 = \Delta_{1m}/A \times 100\% = \pm 0.5/40 \times 100\% = \pm 1.25\%$$

用 1.0 级量程为 50V 的表测量时可能产生的最大绝对误差为

$$\Delta_{2m} = \pm K\% \times A_{2m} = \pm 1.0\% \times 50 = \pm 0.5(V)$$

故用此表测 40V 电压时最大可能相对误差为

$$r_2 = \Delta_{2m}/A \times 100\% = \pm 0.5/40 \times 100\% = \pm 1.25\%$$

由此可见，两仪表的测量结果准确度是相同的。因此不能简单地认为等级高的仪表一定比等级低的仪表测量更准，这是因为量程选择对测量结果的准确度也有很大关系。从最大相对误差公式 $r = \Delta_m/A \times 100\%$ 可以看出，A 值越大，即当被测量的值越接近满量程时，则最大相对误差越小。

例 10-1 中用 100V 量程表测 40V 电压，被测量的值约占满量程的 4/10，而用 50V 量程表测量时被测量的值约占满量程 4/5，所以选择表的量程时应尽量使被测量的值（指针偏转）接近满刻度，以便提高测量结果的准确度。一般在选择仪表量程时，应使被测量的值在满量程（刻度）的一半以上。

4. 仪表的修正值

在精密测量中常常使用修正值，修正值就是被测量的实际值 A（即标准表的读数）与仪表读数 A_x 之差，用 λ 表示

$$\lambda = A - A_x \tag{10-9}$$

修正值在数值上等于绝对误差，但符号相反，即

$$\Delta = A_x - A = -\lambda \tag{10-10}$$

知道了仪表的修正值后，加上指示值即可得到实际值。通常可以通过校验的方法测出被校表的修正值，将被校表与标准表相比较确定出修正值。一般所取的标准表的准确度比被校表要高二三级，而量程应与被校表相等或稍大一些。

【例 10-2】 已测得某伏特表各主要刻度的读数与实际值如表 10-1 所示，求出修正值并画出更正曲线。若设 $A_x = 0.50V$，求实际值是多少？

表 10-1　伏特表的指示值、实际值和修正值

指示值 A_x/V	0	1.00	2.00	3.00	4.00	5.00
实际值 A/V	0	0.90	2.05	3.10	3.92	4.98
修正值 $\lambda = A - A_x$/V	0	−0.10	+0.05	+1.10	−0.08	−0.02

解　由表 10-1 所示的各点的指示值、实际值，可以求出各点的修正值，如表 10-1 所示，据此可绘出更正曲线如图 10-1 所示。

在更正曲线上可找到当 $A_x = 0.50$V 时，相对应的 $\lambda = -0.05$V，所以实际值为

$$A = A_x + \lambda = 0.50 - 0.05 = 0.45 (\text{V})$$

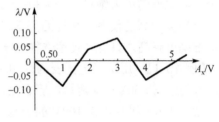

图 10-1　更正曲线

10.1.3　电工仪表的主要技术性能

在国家标准中，对各类型仪表所应具备的技术性能都做了相应规定，这些性能主要包括以下几方面。

1. 仪表灵敏度和仪表常数

仪表灵敏度是指仪表可动部分偏转角的变化量与被测量变化量的比值，即

$$S = \frac{\Delta \alpha}{\Delta x}$$

如果被测量 x 与偏转角 α 呈正比例关系，则 S 为常数，可得到均匀的标尺刻度，这时

$$S = \frac{\alpha}{x}$$

仪表的灵敏度取决于仪表的结构和线路，通常将灵敏度的倒数称为仪表常数 C，均匀标尺的仪表常数为

$$C = \frac{x}{\alpha}$$

2. 仪表误差

仪表误差包括基本误差和附加误差。仪表的基本误差和附加误差都不能超过国家标准的规定。

3. 仪表的阻尼时间

仪表的阻尼时间指仪表接入被测量至仪表指针摆动幅度小于标尺全长 1%时所需要的时间。阻尼时间要尽可能短，以便迅速取得读数，一般不得超过 4s，对于标尺长度大于 150mm 者，不得超过 6s。

10.1.4　误差及消除方法

根据误差产生的根源，还可把仪表测量误差分为系统误差、随机误差及粗差三类。

1. 系统误差

在相同条件下，多次测量同一量时，误差的大小及符号均保持不变或按一定规律变化，这种误差称为系统误差。

系统误差是由于测量仪器、仪表不准确或有缺陷、测量方法不完善、测量环境条件变化以及实验者个人习惯(如偏视)等因素造成的。

在测量中要做到没有系统误差是不容易的, 也不现实。因而应根据测量中的实际情况进行具体分析, 发现系统误差, 采取技术措施防止或消除这类误差。

消除系统误差的方法有：①消除误差根源。如用适当、精良的仪表或选用数字式仪表, 提高测量准确度；使用仪表前应细心检查, 如调整零位等；改善测量环境；提高实验人员技术水平等。②在确切掌握了测量中的系统误差后, 可利用修正值消除系统误差, 得到被测量的实际值。③采用特殊测量方法如正负误差抵偿法、替代法等消除系统误差。

2. 随机误差

在相同的条件下, 多次测量同一量值时, 每次所得的数值, 总是多少有些不同。这种对同一量值的偏离, 称为随机误差。

随机误差是由于物理现象本身的随机性或实验条件实际存在的微小随机变化所产生的, 具体原因包括导体中电子的热躁动、电源电压围绕着平均值的随机起伏、外界干扰以及温度随时间的变化等。

单次测量的随机误差没有规律、无法预料也不可控制, 但是多次测量中的随机误差总体服从统计规律。大多数随机误差具有正态分布的特点, 因此, 用多次测量的算术平均值作为最终测量值, 可减少随机误差, 提高测量精度。

3. 粗差

粗差是测量结果中出现的明显地超出预期结果的误差, 包括疏失误差和坏值。

疏失误差是由于测量人员的过失引起的误差, 如读数、记录、计算错误, 操作不当或不正确地使用仪表等原因造成的。这类误差只要测量人员在实验过程中认真、细心, 就可以避免。

当测量次数很多时, 可能会出现很大的随机误差, 称为坏值。坏值可用统计判别法从测量数据列中剔除, 具体的方法读者可参阅其他资料。

10.2 常用电工仪表

10.2.1 电测量指示仪表的作用和性能

1. 电测量指示仪表的作用

电测量指示仪表的作用, 就是把被测电量如电流、电压、功率等转换为可动部分的偏转角, 并使两者之间保持一定的比例关系。这样, 通过偏转角就可以反映被测量的数值。

电测量指示仪表一般由测量线路和测量机构组成, 其基本结构如图 10-2 所示。

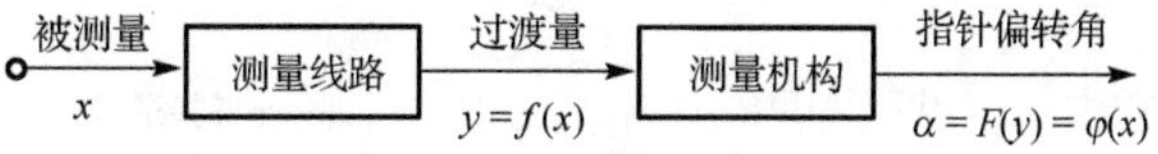

图 10-2 指示仪表的基本结构

测量线路的作用是把被测电量 x(如电流、电压、功率等)转换为测量机构可以接受的

过渡电量 y（如电流）并保持一定的函数关系；测量机构的作用是将过渡电量 y 以一定的函数关系变换为仪表可动部分的偏转角 α。

2. 测量机构的性能

根据指示仪表的技术要求，测量机构必须具备以下几种基本工作性能。

(1)在被测量或过渡量的作用下，能产生使仪表偏转的转动力矩，并且这个转动力矩还要随被测量或过渡量的变化而按一定的关系变化。转动力矩可以由电磁力、电动力、电场力或其他力产生。产生转动力矩的原理和方式不同，就构成了不同系列的指示仪表。

(2)在可动部分偏转时，能产生随偏转角的增加而增大的反作用力矩，以使偏转角能够反映被测量的大小。反作用力矩通常由弹性元件变形后的弹力产生，例如，利用游丝(弹簧)的弹力或张丝、悬丝的扭力等。

(3)在可动部分做偏转运动时，应能产生适当的阻尼力矩，以限制其摆动，而使可动部分尽快地稳定在平衡位置上。阻尼力矩可以利用空气阻力产生，也可以利用可动部分运动中的电磁力产生。

(4)可动部分应有可靠的支承装置，支承装置的摩擦应尽可能小，以保证仪表工作的准确度。

(5)可动部分的偏转角 α 的大小应反映到指示装置上，能准确、清晰地指示出被测量的大小。

此外，对某些受外部电场或磁场影响较严重的仪表，还应在测量机构中装设屏蔽装置，或采用特殊的无定位机构，以减小误差。

10.2.2 测量机构的一般部件

测量机构有不同的系列，包括磁电系、电磁系、电动系等。不同系列的测量机构，产生转动力矩的原理不同，因而与转动力矩相关的结构不同。但是，有些装置和部件是大多数测量机构所共有的，下面介绍具有共性的装置和部件。

1. 指示装置

指示装置用来指示被测量的大小，由指示器和标度尺组成。

指示器有指针式和光标式两种。指针又分为矛形和刀形，如图 10-3(a)和(b)所示。

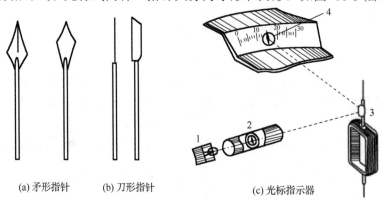

(a) 矛形指针   (b) 刀形指针   (c) 光标指示器

图 10-3 仪表的指示器

1-灯泡；2-光具组；3-反射镜；4-光标指示

矛形指针多用于大、中型的安装式仪表中，以便于在一定的距离之外取得读数。刀形指针则用在可携式仪表或小型安装式仪表中，便于精确读数。一些高灵敏度、高准确度的仪表中还使用光标指示器，如图 10-3(c)所示。

标度尺上刻有被测量值的分度线，分度线上标有数字，用来表明离开标尺起点的格数，或者直接表示被测量的大小。为了减小读数视差，0.5 级以上精度的仪表通常采用镜子标度尺，即在标度尺的下面装设一个反射镜。仪表的标度尺如图 10-4 所示。当眼睛的位置使指针和指针在镜中的影像重合时，再进行读数。

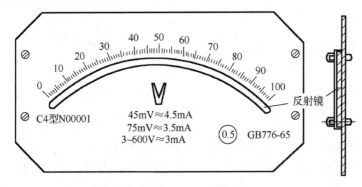

图 10-4　仪表的标度尺

2．阻尼器

产生阻尼力矩的装置，称为阻尼器。常用的阻尼器有空气式和磁感应式两种，如图 10-5 所示。

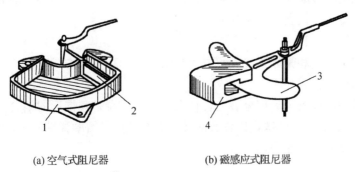

(a) 空气式阻尼器　　　　　　　(b) 磁感应式阻尼器

图 10-5　仪表的阻尼器

1-阻尼器盒；2、3-阻尼片；4-永久磁铁

如图 10-5(a)所示空气阻尼器有一阻尼器盒 1，固定于仪表转轴上的阻尼片 2 能在阻尼器盒 1 中运动。当可动部分偏转时，由于阻尼器盒 1 中阻尼片两侧空气的压力差而形成了阻尼力矩。空气阻尼器多用于精密仪表中。

如图 10-5(b)所示磁感应式阻尼器是利用固定于仪表转轴上的阻尼片(薄铝片)，在永久磁铁 4 的磁场内运动时产生的涡流与磁场的相互作用产生阻尼力矩。图 10-6 说明了这种阻尼器的工作原理。当铝片切割永久磁铁的磁场 B 向左运动时，产生了一个向右方向的阻尼力。而且，不管铝片向哪个方向运动，所产生的阻尼力总和其运动方向相反。

磁电系仪表用可动线圈的铝框架作阻尼器，如图 10-7 所示。其工作原理是利用铝框 A 在磁场 B 中运动时感应的电流 I_e 和磁场的相互作用产生阻尼力 F_e，从而形成阻尼力矩。

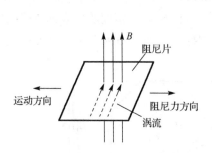

图 10-6　磁感应式阻尼器工作原理

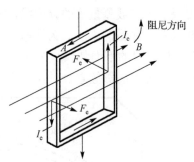

图 10-7　铝框产生阻尼力矩的原理

3. 产生反作用力矩的装置

大多数测量机构利用弹性元件如游丝、张丝或悬丝等变形后产生的恢复原状的弹力形成反作用力矩。在弹性变形的范围内，此弹力与变形的大小成正比。因此，弹性元件产生的反作用力矩的大小，总是和仪表中可动部分的偏转角成正比。

图 10-8 示出了游丝的装设情况。游丝 1 做成螺线形，一头连接在转轴上，一头通过零位调节器 3 的调节臂 2 加以固定。零位调节器 3 是用来调节指针 5 的原始零位的，其带槽的头部伸出表壳正面，用来扭转游丝 1，以便将指针 5 调到零位。平衡锤 4 是用来平衡转轴上各零件的重量所形成的不平衡力矩的，因为这些零件的重心不可能都落在转轴上，所形成的不平衡力矩会给仪表带来额外的误差。

4. 支承装置

轴尖轴承支承方式和张丝弹片支承方式是常用的两种支承方式。

1）轴尖轴承支承方式

在这种支承中，仪表可动部分装在转轴上，转轴两端是圆锥形的轴尖，轴尖支承在轴承内，如图 10-9（a）所示。可携式仪表通常采用具有减振弹簧的弹性轴承，如图 10-9（b）所示，可提高其耐受冲击的能力。

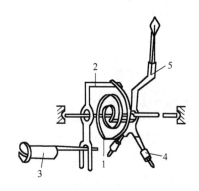

图 10-8　游丝及其连接

1-游丝；2-调节臂；3-零位调节器；4-平衡锤；5-指针

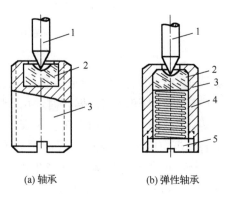

(a) 轴承　　　　　(b) 弹性轴承

图 10-9　轴尖轴承支承

1-轴尖；2-轴承；3-轴承螺套；4-弹簧；5-螺塞

2) 张丝弹片支承方式

张丝弹片支承如图 10-10 所示。用张丝弹片支承的最大优点是可消除摩擦误差,从而提高了仪表的准确度和耐颤振性能。近年来国内外生产的可携式仪表,已大都采用这种支承结构。

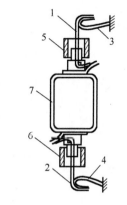

图 10-10 张丝弹片支承
1, 2-张丝;3, 4-弹片;5, 6-限制器;7-可动线圈

10.2.3 磁电系测量机构及仪表

1. 磁电系测量机构

磁电系测量机构是由固定的磁路系统和可动部分组成的,如图 10-11(a) 所示。

仪表的磁路系统包括永久磁铁 1,固定在磁铁两极的极掌 2 以及处于两个极掌之间的圆柱形铁心 3。圆柱形铁心固定在仪表支架上,用来减小磁阻,并使极掌和铁心间的空气隙中的磁场均匀。可动线圈 4 用很细的漆包线绕在铝框上。转轴分成前后两部分,每个半轴的一端固定在动圈铝框上,另一端则通过轴尖支承于轴承中。在前半轴还装有指针 6,当可动部分偏转时,用来指示被测量的大小。

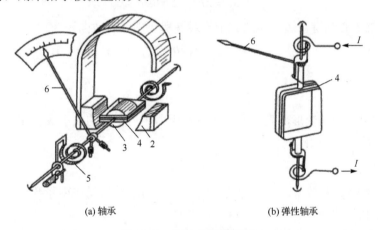

(a) 轴承　　　　　　　　　　(b) 弹性轴承

图 10-11 磁电系测量机构
1-永久磁铁;2-极掌;3-圆柱形铁心;4-可动线圈;5-游丝;6-指针

反作用力矩采用游丝 5 时,它同时还用来导入和导出电流。因此,装设了两个游丝,它们的螺旋方向相反,如图 10-11(b) 所示。仪表的阻尼力矩则由铝框产生。高灵敏度的仪表为了减轻可动部分的重量,可不用铝框而在可动线圈 4 中加短路线圈产生阻尼作用。

2. 磁电系测量机构的工作原理

磁电系测量机构产生转动力矩的原理如图 10-12 所示。当可动线圈通电时,线圈电流和永久磁铁的磁场相互作用产生电磁力,从而形成转动力矩,使可动部分发生偏转。根据安培定律和左手定则,可定出电磁力的大小和方向。设气隙的磁感应强度为 B,线圈匝数为 N,每个有效边(即能够产生电磁力的两个与磁场方向垂直的动圈边)有效长度为 l,则当线圈通入电流 I 时,每个有效边所受到的电磁力的大小为

$$F = NBlI$$

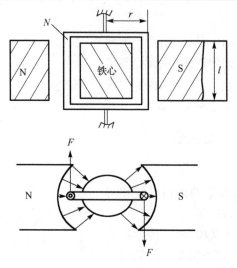

图 10-12　磁电系测量机构产生转动力矩的原理

在图 10-12 中电流和磁场的方向下，此电磁力的方向和线圈平面垂直，并使线圈顺时针方向旋转。对应的转动力矩为

$$M = 2Fr = 2NBlIr$$

式中，r 为转轴中心到有效边的距离。由于线圈所包围的有效面积为

$$S = 2lr$$

因此可得

$$M = 2Fr = NBSI$$

线圈转动引起游丝变形，由此产生的反作用力矩与变形的大小成正比，因而也和偏转角成正比，即反作用力矩

$$M_\mathrm{f} = D\alpha$$

式中，α 为可动部分偏转角，即指针的偏转角；D 为游丝的反作用系数，其大小取决于游丝的材料性质和尺寸。

反作用力矩 M_f 和转动力矩 M 相等时，可动部分的力矩达到平衡。此时

$$D\alpha = NBSI$$

所以

$$\alpha = \frac{NBS}{D} \times I \qquad\qquad (10\text{-}11)$$

对于已经做好的仪表，N、B、S 和 D 都是常数，所以 $\dfrac{NBS}{D}$ 是一个常数，用 S_I 表示，则式 (10-11) 可写成

$$\alpha = S_I \times I \qquad\qquad (10\text{-}12)$$

式中，$S_I = \dfrac{NBS}{D} = \dfrac{\alpha}{I}$ 称为磁电系测量机构的灵敏度。式 (10-12) 说明，可动部分的稳定偏转角 α 和电流 I 的大小成正比。

3. 磁电系测量机构的技术特性

磁电系测量机构的主要技术特性包括：①准确度高。磁电系仪表的准确度可达 0.05 级。②灵敏度高。这种测量机构内部磁场强，线圈中只需通过很小的电流，就会产生足够大的转动力矩。③消耗功率小。测量机构内部通过的电流很小，仪表消耗的功率小。④刻度均匀。磁电系测量机构的指针偏转角与被测电流的大小成正比，仪表的刻度均匀。⑤过载能力小。游丝中有电流通过，而线圈导线很细，电流过大会引起游丝的弹性变化和线圈过热烧毁。⑥只能测量直流。永久磁铁产生的磁场方向不能改变，只有通入直流电流时才能产生稳定的偏转。

磁电系测量机构主要用于测量直流电路中的电流和电压，加上变换器后，可用于交流电量以及非电量的测量。

4. 磁电系电流表

磁电系电流表由测量机构和分流器并联构成，其原理电路如图 10-13 所示。当图中分流器电阻 R_{fl} 比测量机构的内阻 r_c 小得多时，被测电流 I 的大部分将从分流器支路中通过，只有很少一部分电流 I_c 通过测量机构。当测量机构内阻与分流电阻的数值一定时，通过测量机构的电流 I_c 与被测电流 I 的比例数是一定的。所以仪表的偏转角可以直接反映被测电流的大小，只需将标尺刻度放大 I/I_c 倍即可。

并联阻值不同的分流器，便可以得到不同的电流量程。多量程电流表中，分流器的接线有开路式连接和闭路式连接两种方式，如图 10-14（a）所示为开路式连接，如图 10-14（b）所示为闭路式连接。开路式接线方式很少采用，因为存在弊端，而闭路式接线方式可克服开路式接线方式存在的问题，因此得到了广泛应用。

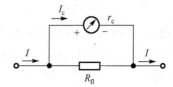

图 10-13 磁电系电流表的原理电路

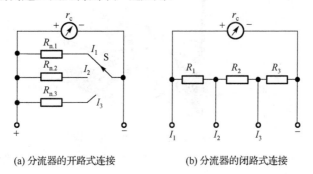

(a) 分流器的开路式连接　　　　(b) 分流器的闭路式连接

图 10-14 多量程电流表原理电路

5. 磁电系电压表

磁电系电压表实际上是由磁电系测量机构串联高阻值附加电阻构成的，如图 10-15 所示。这时被测电压 U 的大部分加在附加电阻 R_{fj} 上，分配到测量机构上的电压 U_c 只是 U 的很小部分，从而使通过测量机构的电流限制在允许的范围内，并扩大了电压的量程。串联附加电阻后，测量机构中通过的电流为

$$I_c = \frac{U}{r_c + R_{fj}}$$

即 I_c 与被测电压 U 成正比。这样，就可以用仪表的偏转角直接衡量被测电压的大小，并使标尺按扩大量程后的电压进行刻度，以便直接读得被测电压的数值。

多量程的电压表由测量机构和不同的附加电阻构成，如图 10-16 所示。图中 R_1、R_2、R_3 为附加电阻，端钮 "−" 是公共的。量程 $U_3 > U_2 > U_1$。

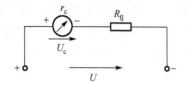 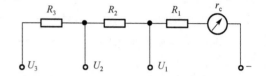

图 10-15　磁电系电压表原理电路　　　　　图 10-16　多量程磁电系电压表原理电路

电压表的内阻，应为测量机构的电阻和附加电阻之和。显然，内阻的大小和量程有关，一定的电压表，量程越大则内阻越大。所以，通常在铭牌上标明的，是电压表各量程的内阻与相应电压量程的比值，其单位为 Ω/V。以同样量程而论，这个比值越大的电压表，其内阻就越大。所以它是电压表的一个重要参数。磁电系电压表的内阻可达几千 Ω/V 以上。

10.2.4　电磁系测量机构及仪表

1.　电磁系测量机构

电磁系测量机构有排斥型和吸引型两种，常用的圆线圈排斥型测量机构如图 10-17 所示。固定部分包括固定线圈 1 和固定在线圈里侧的定铁片 2。可动部分由固定在转轴 3 上的可动铁片 4、游丝 5、指针 6、阻尼片 7 组成。

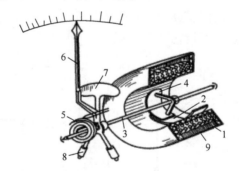

图 10-17　圆线圈排斥型测量机构

1-固定线圈；2-定铁片；3-转轴；4-可动铁片；5-游丝；6-指针；7-阻尼片；8-平衡锤；9-磁屏蔽

2.　电磁系测量机构的工作原理

圆线圈通电后，两个铁片同时被线圈磁场磁化，互相排斥而使可动铁片转动，因而使指针发生偏转。

1) 转动力矩的产生

圆线圈排斥型测量机构的工作原理如图 10-18 所示，图中 1 为固定铁片，2 为可动铁片。当电流通过线圈时，两个铁片沿同一磁场的方向同时被磁化，因此在两个铁片的同一侧有相同的极性，结果就产生了互相排斥力。从而产生转动力矩推动可动铁片旋转。当线圈电流方向改变时，可动铁片的受力方向不变。可见，这种结构可用于交流电路中。

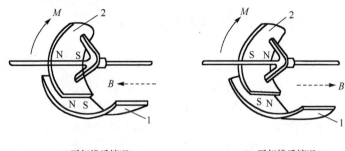

(a) 互相排斥情况1　　　　　　　　　　(b) 互相排斥情况2

图 10-18　圆线圈排斥型测量机构的工作原理

1-固定铁片；2-可动铁片

2）转动力矩的大小

转动力矩由磁铁斥力产生，转动力矩为

$$M = k(NI)^2 \tag{10-13}$$

式中，k 是一个与线圈和铁片的尺寸、线圈与铁片的相对位置等有关的系数；I 是直流电流或交流电流的有效值。

3）偏转角与被测电流的关系

当作用力矩 $M_f = D\alpha$ 和转动力矩 M 相等时，有

$$D\alpha = k(NI)^2$$

所以

$$\alpha = \frac{k}{D}(NI)^2 = K(NI)^2 \tag{10-14}$$

式中，$K = \dfrac{k}{D}$ 是一个系数，D 是游丝的反作用系数。式(10-14)说明电磁系测量机构的偏转角与被测电流的平方成比例。

3. 电磁系测量机构的技术特性

电磁系测量机构的技术特性：①既可用于直流，又可用于交流。②可直接测量较大电流，过载能力强。电流通过固定线圈，而固定线圈的导线比较粗，因此允许通过较大的电流。③结构简单，成本较低。④受外磁场的影响大。电磁系测量机构内部磁场很弱，外磁场对它的影响就很大，可采用磁屏蔽或无定位结构。⑤用于直流测量时有磁滞误差，准确度较低。⑥标尺刻度不均匀。这是由偏转角与被测电流的平方成比例所导致的。

电磁系测量机构的技术特性虽有许多不足之处，但却具有结构简单、牢固、价格低廉、便于制造、经得起过载等独特的优点，因此应用广泛。安装式交流电流表和电压表，一般都采用这种测量机构。

4. 电磁系电流表

电磁系电流表可直接用电磁系测量机构做成。电流表的量程越大，线圈导线就越粗，而匝数相应就越少。例如，量程为 200A 的安装式电流表，其固定线圈只有一匝，用 3.53mm × 16.8mm 的扁铜线绕制而成。

安装式电流表一般都做成单量程，而可携式仪表则常做成双量程或三量程。将固定线

圈分段，然后用连接片、转换开关或插塞来改变分段线圈的串、并联方式，便可获得不同的量程。

图 10-19 为双量程电磁系电流表的原理电路。这种电流表的固定线圈由匝数、电阻和电抗完全相同的两段构成，两线圈的连接有串联和并联两种方式，如图 10-19(a)、(b)所示。在这两种连接方式下，测量机构的总的安匝数都是 $2NI$（N 是每个分段线圈的匝数）。但是，图 10-19(a)对应的被测电流为 I，而图 10-19(b)对应的被测电流却是 $2I$。这就是说，当采用如图 10-19(b)所示的连接方式时，电流量程可扩大一倍。仪表标尺可以按量程为 I 刻度，当量程为 $2I$ 时，只需将读数乘以 2 即可。

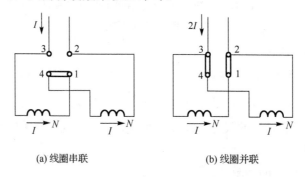

(a) 线圈串联　　　　　　　　　　(b) 线圈并联

图 10-19　双量程电磁系电流表的原理电路

5. 电磁系电压表

电磁系测量机构串联附加电阻后，即可构成电磁系电压表。这时，固定线圈的电流较小，而为了保证必需的励磁安匝数，以获得足够的转矩，固定线圈的匝数就应该很多(可达几百至几千匝)。固定线圈用较细的漆包线绕成，附加电阻则用锰铜线绕制并通常附在表壳的内部。

安装式电磁系电压表也是单量程的，可携式电压表通常都做成多量程。不同的量程通过改变附加电阻的方法来实现，如图 10-20 所示。图中标有"*"号的端纽为公共端，量程 $U_2 > U_1$。

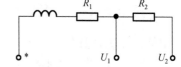

图 10-20　双量程电磁系电压表的原理电路

电磁系电压表内部磁路的磁阻较大，因此必须保证足够的励磁安匝数。由于制造上的限制，线圈的匝数总是有限的，所以电流就不能太小。这样，一定量限下的附加电阻也就不能太大。因此，电磁系电压表的内阻较小，一般只有几十到几百 Ω/V。

10.2.5　电动系测量机构及仪表

1. 电动系测量机构

电动系测量机构利用两个线圈之间的电动力来产生转动力矩，其基本结构如图 10-21 所示。

固定线圈分为平行排列、互相对称的两部分，中间留有空隙，以便使转轴可以穿过。这种结构可以获得均匀的工作磁场，并借助于两个固定线圈之间连接方式(串联或并联)的改变而得到不同的电流量程。可动部分包括套在固定线圈 1 中心的可动线圈 2、指针 3 以及空气阻尼器的阻尼片 4 等，它们都固定在转轴上。游丝 5 用来产生反作用力矩，同时又起引导电流的作用。

2. 电动系测量机构工作原理

电动系测量机构的工作原理如图 10-22 所示，当固定线圈和可动线圈中分别通过直流电流 I_1 和 I_2 时，可动线圈受到力矩的作用而发生偏转，转动力矩 M 与 B_1 和 I_2 的乘积成正比，即

$$M = k_1 B_1 I_2$$

式中，k_1 是系数，B_1 是电流 I_1 产生的磁场。

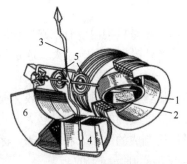

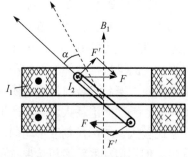

图 10-21 电动系测量机构   图 10-22 电动系测量机构的工作原理

1-固定线圈；2-可动线圈；3-指针；4-阻尼片；5-游丝；6-阻尼盒

线圈磁场中没有铁磁性物质，在固定线圈匝数一定的情况下，B_1 与产生它的电流 I_1 成正比，即

$$B_1 = k_2 I_1$$

因此转动力矩为

$$M = k_1 k_2 I_1 I_2 = k I_1 I_2 \tag{10-15}$$

式中，k 的数值不仅取决于线圈的结构和尺寸，还与偏转角 α 有关，因为固定线圈内的磁场并不均匀。

反作用力矩由游丝产生。设游丝的反作用系数为 D，则当可动部分偏转角为 α 时，产生的反作用力矩为 $M_f = D\alpha$。当力矩平衡时，有

$$M_f = M$$

即

$$D\alpha = k I_1 I_2$$

则

$$\alpha = \frac{k}{D} I_1 I_2 = K I_1 I_2 \tag{10-16}$$

式 (10-16) 说明，α 角可以衡量 I_1 与 I_2 乘积的大小。如果把固定线圈和可动线圈串联起来而流过同一电流 I，偏转角 α 就和电流的平方成比例。

当电动系测量机构用于交流电路时，平均转动力矩为

$$M_P = k I_1 I_2 \cos\varphi \tag{10-17}$$

式中，I_1、I_2 为两个线圈中电流的有效值，φ 为这两个电流的相位差。

根据力矩平衡条件 $M_f = M_p$，有

$$D\alpha = kI_1I_2\cos\varphi$$

可得

$$\alpha = \frac{k}{D}I_1I_2\cos\varphi = KI_1I_2\cos\varphi \tag{10-18}$$

式(10-18)说明，当电动系测量机构用于交流电路时，其可动部分的偏转角不仅和 I_1、I_2 的乘积有关，还取决于这两个电流相位差的余弦 $\cos\varphi$，这一点与用于直流电路时不同，应该注意。

3. 电动系测量机构的技术特性

电动系测量机构的技术特性：①准确度高。这是因为测量机构内没有铁磁性物质，没有磁滞误差，准确度可达 0.1 级。②可以交直流两用。③受外磁场的影响较大。这是因为空气的磁阻很大，测量机构内部的工作磁场很弱。为了防御外磁场，可以采用磁屏蔽和无定位结构。④过载能力差。这是因为可动线圈中的电流要通过游丝，测量机构结构比较脆弱，过载能力比较差。⑤功率消耗大。为了产生工作磁场，必须保证线圈的安匝数足够大，其本身消耗的功率比较大。⑥标尺刻度不均匀。用电动系测量机构制成的电流表和电压表，标尺的刻度不均匀。但用电动系测量机构制成的功率表，其标尺刻度则是均匀的。

4. 电动系电流表

将电动系测量机构的固定线圈和可动线圈串联，如图 10-23(a)所示，即可构成电动系电流表。此时，对应于式(10-18)中的 $I_1 = I_2 = I$，$\varphi = 0$，故偏转角为

$$\alpha = KI^2 \tag{10-19}$$

即 α 和被测电流的平方有关，其标尺刻度具有平方律的特性。

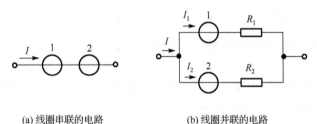

(a) 线圈串联的电路　　　　　　　　(b) 线圈并联的电路

图 10-23　电动系电流表原理电路图

这种线圈直接串联的电流表通常只用在 0.5A 以下的量程中。量程较大的电动系电流表，采取将可动线圈和固定线圈并联或用分流器将可动线圈分流的方法构成。

并联线圈的电流表如图 10-23(b)所示，电阻 R_2 选取得较大，以限制可动线圈 2 中的电流。被测电流在两个支路中按电阻分配为

$$I_1 = \frac{R_2}{R_1 + R_2}I = K_1I$$

$$I_2 = \frac{R_1}{R_1 + R_2}I = K_2I$$

所以偏转角

$$\alpha = KI_1I_2 = KK_1IK_2I = K'I^2 \tag{10-20}$$

即仪表的偏转角仍和被测电流的平方成正比。

电动系电流表通常做成双量程的可携式仪表，量程的变换可以通过改变线圈的连接方式和可动线圈的分流电阻来达到。

5. 电动系电压表

将电动系测量机构的固定线圈和可动线圈串联后，再与附加电阻串联起来，就构成了电动系电压表，原理电路如图 10-24(a)所示。由于线圈中电流和加在仪表两端的被测电压成正比，因此，仪表的偏转角和被测电压的平方有关，其标尺也具有平方律的特性。

电动系电压表一般做成多量程的可携式仪表，量程的变换通过改变附加电阻来达到。图 10-24(b)为三量程电压表的电路。由于线圈存在电感，当被测电压的频率变化时，将引起内阻抗的变化而造成误差。图 10-24(b)中与附加电阻 R_1 并联的电容 C 就是用来补偿这种频率误差的，故称 C 为频率补偿电容。具有频率补偿电容的电压表，可以在较宽频率范围内使用。

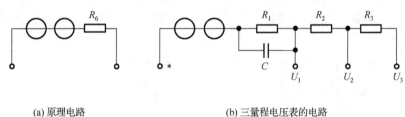

(a) 原理电路　　　　　　　　　(b) 三量程电压表的电路

图 10-24　电动系电压表

6. 电动系功率表

电动系功率表由电动系测量机构和附加电阻 R_{fj} 所构成，如图 10-25(a)所示。测量机构的定圈 A 和负载串联，测量时通过负载电流，因此称 A 为功率表的电流线圈；可动线圈 D 和附加电阻 R_{fj} 串联后，与负载并联，反映了负载的电压，故称 D 为电压线圈。功率表的标准图形符号如图 10-25(b)所示，粗线表示其电流线圈，细线表示其电压线圈。功率表的简化图形符号中不包括标准图形符号中的 R_{fj}。

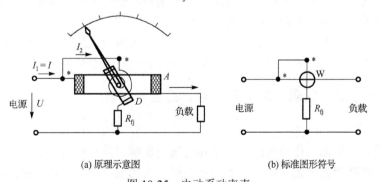

(a) 原理示意图　　　　　　　　　(b) 标准图形符号

图 10-25　电动系功率表

当电动系功率表用于直流电路时，仪表的偏转角为

$$\alpha = K I_1I_2 = KIK'U = K_PP \tag{10-21}$$

即偏转角与负载的功率 $P = UI$ 成正比，式中 $K_P = KK'$。

当电动系功率表用于交流电路时，仪表的偏转角

$$\alpha = K I_1 I_2 \cos\varphi = KIK'U\cos\varphi = K_{\mathrm{P}}P \tag{10-22}$$

即在交流电路中，偏转角和电路的有功功率成正比。式(10-21)和式(10-22)表明，电动系功率表的标尺可以直接按功率值大小刻度，并且是均匀的。

选择功率表时，不能只看功率表的功率量限，更应注意正确选择功率表的电流量限和电压量限。

功率表的正确接线遵守发电机端守则。即功率表标有*号的电流端必须接至电源端，而另一端则接至负载端，电流线圈与被测电路串联；功率表上标有*号的电压端钮可以接电流端钮的任意一端，而另一电压端钮则跨接至负载的另一端，即功率表的电压支路与被测电路相并联。

功率表上标有*号的电流端和电压端称为发电机端，这是为了防止接线错误而标出的特殊标记。功率表的正确接线如图 10-26 所示，有电压线圈前接和电压线圈后接两种方式，图中的功率表采用的是简化图形符号。电压线圈前接方式适用于负载电阻远远大于电流线圈电阻的情况；电压线圈后接方式适用于负载电阻远远小于电压线圈所在支路电阻的情况。

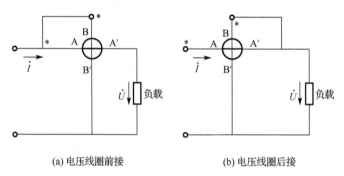

(a) 电压线圈前接   (b) 电压线圈后接

图 10-26　功率表的正确接线

在功率表接线正确的情况下，如果指针反转，则说明负载一侧实际含有电源并向外输出功率。发生这种现象时应换接电流线圈的两个端钮，但绝不能换接电压端钮。因为换接电压端钮，则电压支路中的附加电阻接在负载的高电位端，而可动线圈接在低电位端，由于附加电阻很大，电压 U 几乎全部降在附加电阻上，此时电压线圈与电流线圈之间的电压可能很高，会产生电场力的作用，引起附加误差，甚至有可能使绝缘击穿。

10.2.6　铁磁电动系仪表、静电系仪表、感应系仪表

1. 铁磁电动系仪表

电动系测量机构的工作磁场弱，易受外磁场的影响，并且产生的转矩很小。为了加强工作磁场，以便获得较大的转矩，可利用铁磁材料来构成磁路，这样，就出现了把固定线圈绕在铁心上的机构，如图 10-27 所示。这种机构称为铁磁电动系测量机构。图 10-27 中的铁心一般用硅钢片叠制而成，以减小涡流和磁滞损耗所引起的误差。

铁磁电动系测量机构从结构形式上看，类似于磁电系测量机构，不同的只是磁电系测量机构中的永久磁铁被固定线圈 1 和铁心 2 所构成的电磁铁代替而已。电磁铁的两个磁极

之间的圆柱形铁心 3 以及可动线圈 4 处在气隙之间的方式，与磁电系测量机构相同。由于磁路的磁阻大大减小，所以气隙中的工作磁场大大增强，产生的转动力矩比电动系测量机构大得多，而且受外磁场的影响也显著地减弱了。

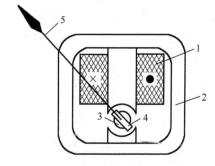

图 10-27 铁磁电动系测量机构

1-固定线圈；2-铁心；3-圆柱形铁心；4-可动线圈；5-指针

铁磁电动系测量机构从工作原理上看，与电动系测量机构完全相同。因为在这两种机构中，转矩的产生从本质上说都是两个线圈磁场互相作用的结果。因此，铁磁电动系测量机构的转矩和偏转角的公式，具有和电动系机构完全相同的形式。

铁磁电动系测量机构虽然具有转矩大和防御外磁场能力强等优点，但由于铁磁材料的磁滞和涡流损耗造成的误差较大，所以这种测量机构的准确度较低。这种测量机构主要用来制造安装式功率表、功率因数表和频率表，以及要求转矩很大的自动记录仪表。

2. 静电系仪表

利用极板间的静电作用力产生转矩的测量机构，称为静电系测量机构。它的结构如图 10-28 所示。在仪表的转轴 8 上装有指针 1、游丝 2、阻尼片 3 以及可动电极 6 等，固定电极 5 和可动电极 6 构成了一个空气电容器。

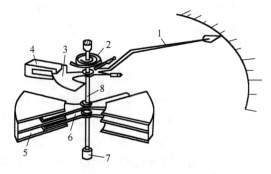

图 10-28 静电系测量机构

1-指针；2-游丝；3-阻尼片；4-阻尼磁铁；5-固定电极；6-可动电极；7-轴承；8-转轴

如果将被测的直流电压引到两个极板上，那么极板之间就会形成电场并产生静电作用力，从而使可动电极被吸引而产生偏转运动，其偏转角与所测电压的平方有关。因此，通过指针的偏转，在标度尺上可以直接指示被测电压值。

测量机构如果接入交流电压，就每一个瞬间来讲，两个极板上的电荷总是相异的。因此，这种测量机构也能工作于交流条件下。

静电系测量机构的偏转角直接反映了被测电压的大小，因此适于用来制成电压表，广泛地应用于高电压的测量中，其上限可达几万伏乃至几十万伏，但一般不用于测量小电压。

静电系仪表几乎不消耗能量，这是因为两个极板构成的电容器容量很小（几十 pF 到几百 pF），容抗很大，用于交流时损耗很小；用于直流时几乎没有电流通过，损耗更小。因此静电系电压表可以用在功率很小的电路中。

静电系仪表的一个缺点是转矩较小，因此常采用张丝支承结构和光标指示器；另一个缺点是受外电场的影响大，所以在仪表上都装有静电屏蔽，以消除外电场的影响。

3．感应系仪表

电能既涉及负载功率的大小，又涉及负载消耗电能的时间，因此测量电能，应包括对功率通过时间进行积分的积算机构。

利用电动系测量机构可构成电动系电度表，但因为结构复杂，成本很高，所以只在直流电路中使用。交流电能的测量都采用感应系测量机构。由感应系测量机构构成的单相电度表，其结构示意图如图 10-29 所示，积算机构示意图如图 10-30 所示。

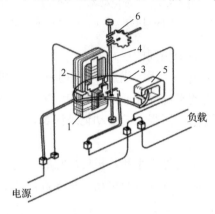

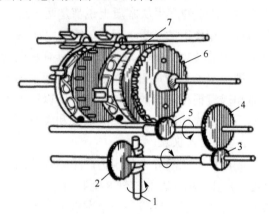

图 10-29　感应系电度表的结构示意图

1-电流元件；2-电压元件；3-铝制圆盘；4-转轴；

5-永久磁铁；6-蜗轮蜗杆传动机构

图 10-30　积算机构示意图

1-蜗杆；2-蜗轮；3～6-齿轮；7-滚轮

感应系测量机构的活动部分是可转动的铝制导电圆盘，固定部分是两个绕有电压和电流线圈的磁路。当线圈通有交流电时，所产生的交变磁通将穿过处于磁路气隙中的圆盘，在圆盘中产生感应电流(涡流)，磁通与涡流的相互作用产生圆盘的转动力矩，使圆盘转动。当转动力矩与永久磁铁恒定磁通产生的制动力矩相平衡时，导电圆盘将做匀速转动，而且转速与转动力矩(相当于功率)成正比，圆盘转动的圈数就反映了电负载在圆盘转动时间内所消耗的电能量，这就是电度表的工作原理。电度表的转数一般用计数器记录，圆盘、蜗轮蜗杆传动机构、计数器构成了积算机构。

感应式仪表具有结构牢固、受外磁场影响小(本身磁场强)、转动力矩大、过载能力强的优点；缺点是力矩与频率有关，只可用于标称频率的电路、准确度不高。

10.2.7　模拟式万用表

1．模拟式万用表概述

万用电表(简称万用表)又称繁用表或多用表，是一种多量程、多功能、便于携带的电工用表。

万用表由表头、测量线路、转换开关以及外壳等组成。各部分的作用为：①表头用来指示被测量的数值，是磁电系测量机构，通过的电流一般为 40～100μA。②测量线路用来把各种被测量转换为适合表头测量的微小的直流电流。③转换开关用来实现对不同测量线路的选择，以适合各种被测量的要求。

这里以 500 型万用表为例介绍万用表的相关概念。如图 10-31 所示是 500 型万用表的外形。

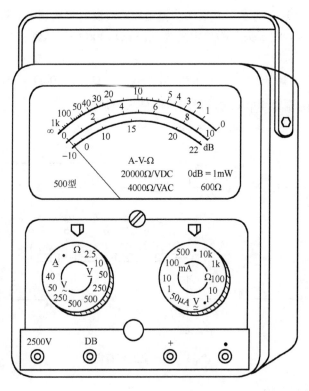

图 10-31　500 型万用表的外形

图 10-32 是 500 型万用表的总电路图，图中有两只开关，它由许多固定触点和可动触点组成。两个开关配合使用，例如，当进行电阻测量时，先把图 10-31 中的左边旋钮旋到"Ω"位置，然后再把右边旋钮旋到适当的量程位置上。500 型万用表的表头其满偏电流为 40μA，内阻为 2.5kΩ。

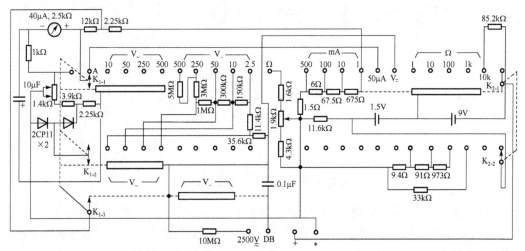

图 10-32　500 型万用表的总电路图

2. 直流电流测量电路

将图 10-31 中左边开关 K₁ 旋至 A 处，右边开关 K₂ 旋至对应各电流量程挡位上（如 50μA），便得到如图 10-33 所示直流电流测量电路。假设电位器调至右端电阻值为 0.25kΩ，开关 K₂ 旋至 50μA 挡，则表头支路总电阻为 $0.25\,\text{k}\Omega+1\,\text{k}\Omega+2.5\,\text{k}\Omega=3.75\,\text{k}\Omega$，表头分流电阻为

$$(12\times10^3+2.25\times10^3+675+67.5+6+1.5)\,\Omega=15000\,\Omega=15\text{k}\Omega$$

当表头的满偏电流为 40μA 时，对应被测最大电流为

$$40\mu\text{A}\times(15+3.75)/15=50\mu\text{A}$$

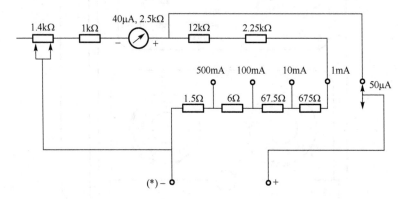

图 10-33　直流电流测量电路

3. 直流电压测量电路

当转换开关置于直流电压挡时，组成的电路如图 10-34 所示。

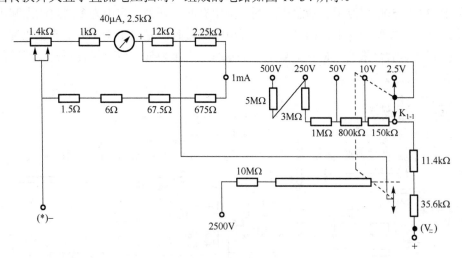

图 10-34　直流电压测量电路

测直流电压的原理可看成图 10-33 中在 50μA 电流挡的基础上串接各附加电阻构成，即等效表头的满偏电流为 50μA，等效内阻为 $3.75//15=3\,(\text{k}\Omega)$。例如，在等效表头上串接 11.4kΩ+35.6kΩ = 47kΩ 的附加电阻便构成直流 2.5V 电压挡，即 $(47+3)\times50\times10^{-3}=2.5\,(\text{V})$，这就是说等效表头满偏置 50μA 时，对应的被测电压为 2.5V。

4. **交流电压测量电路**

当转换开关置于交流电压挡时，便得到图 10-35 所示电路。由于磁电系表头不能直接测交流信号，所以测交流电压时，必须对输入信号进行整流。通过测得直流脉动信号的平均值，再乘波形系数可得到交流信号的有效值。

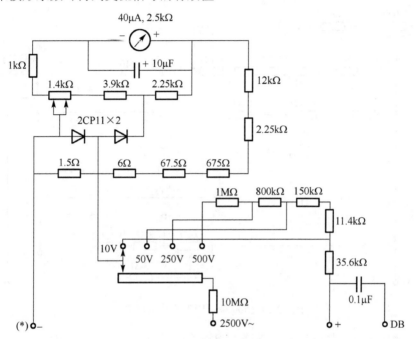

图 10-35 交流电压测量电路

图 10-35 中，由两支 CP11 型二极管组成半波整流电路。设被测交流电压为 $u = \sqrt{2}U\sin\omega t$，经半波整流后，只剩下正半周电压。半波整流后的平均值为

$$\overline{U} = \frac{1}{2\pi}\int_0^\pi \sqrt{2}\,\sin\omega t\,\mathrm{d}(\omega t) = \frac{\sqrt{2}}{\pi}U = 0.45U \qquad (10\text{-}23)$$

式(10-23)还可写为

$$U = 2.22\overline{U} \qquad (10\text{-}24)$$

可见，测得平均电压 $\overline{U}$ 后，再乘以波形系数 2.22 便得被测电压的有效值。万用表交流挡的标度尺是按有效值来刻度的。如果将万用表用于非正弦交流电压的测量，则指示结果并不是非正弦交流电压的有效值，可根据被测非正弦交流电压的波形系数对指示结果进行修正以得到正确结果。

5. **直流电阻测量电路**

万用表的电阻挡，实质上就是一个多量限的欧姆表。其测量电路可看成一个内阻为 R_g，满偏电流为 I_g 的等效电流表头串接被测量电阻 R_x 后接在电压为 E 的干电池两端，流过被测电阻的电流为

$$I = \frac{E}{R_x + R_g} \qquad (10\text{-}25)$$

由式(10-25)可见，流过表头的电流与被测电阻 R_x 不是线性关系，所以欧姆表刻度是不均匀的。当被测电阻 $R_x = 0$ 时，表头指针反转至满偏位置，示值为零。500 型万用表的欧姆挡电路如图 10-36 所示。

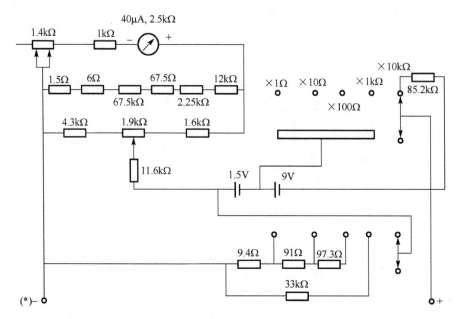

图 10-36　500 型万用表的欧姆挡电路

当干电池用久后，其电势 E 会下降，当被测电阻 $R_x = 0$ 时，表头指针将达不到满偏刻度，为此在图 10-32 中设有 1.9kΩ 的可调电阻，称为零欧姆调整器。移动其动触头，改变表头分流电阻，便能使指针指在欧姆刻度尺零位。如果调到极限位置，指针还不能归零，则需要更换电池。

6. 万用表的正确使用

500 型万用表直流电流挡和电阻挡准确度等级为 2.5 级；交流电压挡准确度等级为 5.0 级、内阻参数为 4000Ω/V；0～500V 直流电压挡准确度等级为 2.5 级，内阻参数为 20000Ω/V。

500 型万用表的正确使用要做到如下几点：①应特别注意左右两个按钮的配合使用，不能用电流挡和电阻挡测电压，否则会损坏表头。②每一次测电阻，一定要调零。用电阻挡测量时，注意"+"插孔是和内部电池的负极相连的。"*"端插孔是和内部电池的正极相连的。×10k 电阻挡开路电压为 10V 左右，其余电阻挡开路电压为 1.5V 左右。每次用毕后，最好将左边旋钮旋至"●"处，使测量机构两极接成短路，右边旋钮也应旋至"●"处。

10.2.8　数字式万用表

1. 数字式万用表概述

数字式万用表属于通用数字仪表，也称为数字多用表，它是大规模集成电路、数显技术乃至计算机技术的结晶。数字式仪表的简化框图如图 10-37 所示。

图 10-37 数字式仪表的简化框图

数字式万用表具有很高的灵敏度和准确度，显示清晰直观，功能齐全，性能稳定，过载能力强，便于携带。因此，在电子测量、电工检测及检修等工作领域中，得到迅速推广和普及，并正逐步取代模拟式万用表。

数字式万用表是在直流数字电压表的基础上配以各种功能转换电路组成的。

2. 直流数字电压表

直流数字电压表一般是由输入电路、量程切换、A-D 转换器、电子计数器、数字显示器和逻辑控制电路几部分组成的。直流数字电压表由于采用不同的 A-D 转换器而使其工作原理、仪表结构和性能有很大的差别。A-D 转换器是直流数字电压表的核心，更简单地讲，直流数字电压表是由 A-D 转换器和电子计数器两大部分组成的。

由单片 ICL7106 构成的数字电压表的电路图如图 10-38 所示，该表的量程为 200mV，也称为基准挡或基本表。由它外加各种转换电路和量程切换装置可构成数字式万用表和各种其他数字仪表。数字电压表的原理框图如图 10-39 所示。

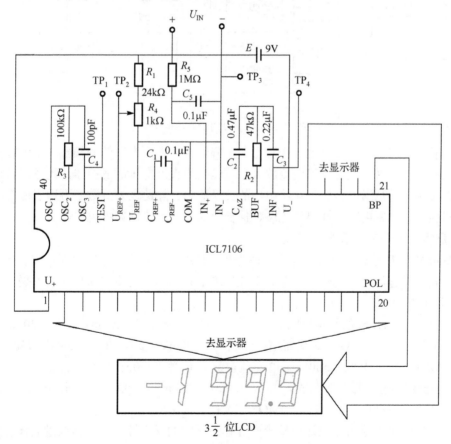

图 10-38 由单片 ICL7106 构成的数字电压表的电路图

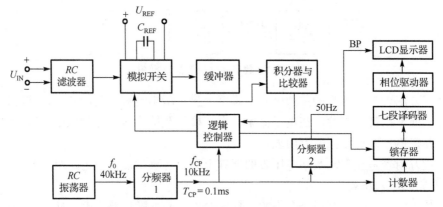

图 10-39　数字电压表原理框图

3. 数字万用表原理

数字万用表最基本的功能是对电流、电压和电阻的测量,其原理框图如图 10-40 所示。

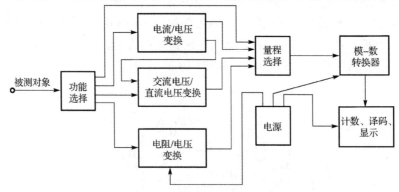

图 10-40　数字万用表原理框图

常见的功能转换电路还有把二极管正向压降转换为直流电压的变换器,把电容量转换为直流电压的变换器,把晶体管电流放大倍数转换为直流电压的变换器,把频率转换为直流电压的变换器,把温度转换为直流电压的变换器等。除此之外,数字万用表还常附加有自动关机电路、报警电路、蜂鸣器电路、保护电路、量程自动切换电路等。

4. DT830 数字万用表基本概况

DT830 数字万用表是较为流行的一种普及型袖珍式液晶显示数字仪表,该表是在单片 ICL7106 构成的直流数字电压表的基础上通过增加外围功能转换电路构成的,采样时间为 0.4s,电源为直流 9V。

DT 830 数字万用表的测量范围如下。①直流电压分五挡:200mV,2V,20V,200V,1400V。输入电阻为10MΩ。②交流电压分五挡:200mV,2V,20V,200V,750V。输入阻抗为10MΩ。频率为 40～500Hz。③直流电流分五挡:200μA,2mA,20mA,200mA,10A。④交流电流分五挡:200μA,2mA,20mA,200mA,10A。⑤电阻分六挡:200Ω,2kΩ,20kΩ,200kΩ,2MΩ,20MΩ。

此外,DT830 数字万用表还可检查半导体二极管的导电性能,并能测量晶体管的电流放大系数和检查线路通断。

DT830 数字万用表面板如图 10-41 所示。

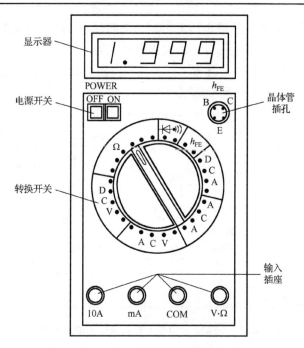

图 10-41 DT830 数字万用表面板

对面板说明如下。①显示器。显示四位数字，最高位只能显示 1 或不显示数字，算半位，故称三位半($3\frac{1}{2}$ 位)。最大指示为 1999 或 -1999。当被测量超过最大指示值时，显示 1 或 -1。②电源开关。使用时将电源开关置于 ON 位置；使用完毕置于 OFF 位置。③转换开关。用以选择功能和量程。根据被测的电量(电压、电流、电阻等)选择相应的功能位；按被测量的大小选择适当的量程。④输入插座将黑色测试笔插入 COM 插座。红色测试笔有如下三种插法：测量电压和电阻时插入 V·Ω 插座；测量小于 200mA 的电流时插入 mA 插座；测量大于 200mA 的电流时插入 10A 插座。

5. 数字万用表的功能转换电路

以 DT830 数字万用表为例对数字万用表的功能转换电路进行简要说明。

1) 数字万用表的直流电压挡

数字万用表的直流电压挡就是一个多量限的直流数字电压表，如图 10-42 所示。该表共设置五个电压量程：200mV、2V、20V、200V、2000V，由量程选择开关 S_1 控制，其分压比依次为 1/1、1/10、1/100、1/1000、1/10000。只要选取合适的挡，就可把 0～2000V 内的任何直流电压衰减为 0～200mV 的电压，再利用基本表(量程为 200mV)进行测量。该基本表就是前面刚讲过的由单片 ICL7106 构成的直流数字电压表。

2) 数字万用表的直流电流挡

DT830 万用表的直流挡分五个量程，其原理电路图如图 10-43 所示。电阻 R_6～R_{10} 是分流电阻，当被测电流流经分流电阻时产生压降，以此作为基本表的输入直流电压。在各挡满量程时，基本输入端得到 200mV 的输入电压。

3) 数字万用表测量电阻

DT830 数字万用表的基本表(直流电压表)采用 7106A-D 转换芯片，该芯片第 1 脚有

2.8V 的基准电压输出，可作为基准电压源供测量电阻使用。测量电阻的原理是利用被测电阻和基准电阻串联后接在基准电压源上，被测电阻上的压降作为基本表的电压输入端，通过选择开关改变基准电阻的大小，就可实现多量程电阻测量，其原理电路如图 10-44 所示。图中 R_x 是被测电阻， $R_1 \sim R_6$ 是基准电阻。

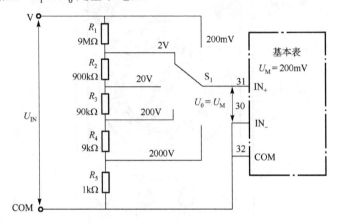

图 10-42 DT830 万用表测量直流电压的原理电路

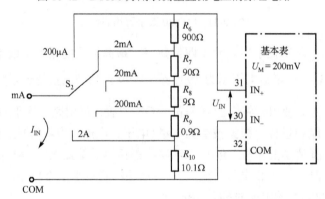

图 10-43 DT830 万用表测量直流电流的原理电路

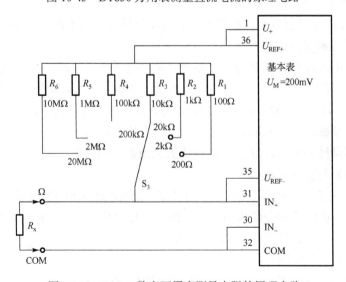

图 10-44 DT830 数字万用表测量电阻的原理电路

10.3　电(参)量的测量

10.3.1　电测量指示仪表的主要特性及应用范围

前面已介绍了常用电测量机构和仪表的工作原理,表 10-2 总结了电测量指示仪表的主要特性及应用范围。表 10-2 中的整流系仪表是由磁电系表头与整流电路结合而成的,它具有磁电系仪表的部分特性,同时还具有由于整流电路(整流元件)所产生的特性。

表 10-2　电测量指示仪表的主要特性及应用范围

性能 ＼ 形式		磁电系	整流系	电磁系	电动系	铁磁电动系	静电系	感应系
测量基本量（不加说明时为电流或电压）		直流或交流的恒定分量	交流平均值（在正弦交流下刻度一般按有效值刻度）	交流有效值或直流	交流有效值或直流,交、直流功率及相位、频率等	交流有效值或直流,交、直流功率及相位、频率等	直流或交流电压	交流电能及频率
使用频率范围		一般用于直流	45~1000Hz（有的可达5000Hz）	一般用于50Hz	一般用于50Hz	一般用于50Hz	可用于高频	一般用于50Hz
准确度（等级）		一般为 0.5~2.5 级,最高可达 0.05~0.1 级	0.5~2.5 级	0.5~2.5 级	一般为0.5~2.5 级,最高可达 0.05~0.1 级	1.5~2.5 级	1.0~2.5 级	1.0~3.0 级
量限大致范围	电流	几微安到几十微安	几十毫安到几十安	几毫安到100A 左右	几十毫安到几十安	—	—	几十毫安到几十安
	电压	几千毫伏到1kV	1V 到数千伏	10V~1kV	10V 到几百伏	—	几十伏到500kV	几十伏到几百伏
功率损耗		小	小	大	大	大	极小	大
波形影响		—	测量交流非正弦有效值的误差很大	可测非正弦交流有效值	可测非正弦交流有效值	可测非正弦交流有效值	可测非正弦交流有效值	可测非正弦交流有效值
防御外磁场能力		强	强	弱	弱	强	—	强
标尺分度特性		均匀	接近均匀	不均匀	不均匀（功率均匀）	不均匀	不均匀	—
过载能力		小	小	大	小	小	大	大
转矩(指通过表头电流相同时)		大	大	小	小	较大	小	最大
价格(对同一准确度等级的仪表的大致比较)		贵	贵	便宜	最贵	较便宜	贵	便宜
主要应用范围		直流电表	万用电表	板式及一般实验室电表	板式交直流标准表及一般实验室电表	板式电表	高压电压表	电能表

10.3.2　电流的测量

测量直流电流时通常选用磁电系直流电流表,在使用时要注意表的极性不要接反。在测量交流时若测量精度要求不高,可选用电磁系电流表;若测量精度要求高,则可选用电动系电流表。

　　在测量某一支路的电流时，只有使被测电流流经电流表，电流表才能反映出该电流的大小，因此在测量时，电流表必须串接到被测支路中，如图 10-45 所示。考虑到电流表本身是具有一定电阻的，串入电流表必然会使被测支路的电阻增加，这就会影响被测电流，使其发生变化，因此，电流表测得的实际是变化以后的电流。为了使测量值能较为真实地反映出电流的原来值，就要求电流表的电阻 R_A 远小于电路的电阻 R，所以在选用电流表时除了要考虑仪表的精度等级，还要考虑电流表的内阻，要求满足 $R_A \ll R$，这样才能获得较为准确的测量结果，故电流表内阻越小越好。

　　在测量某一支路的电流时，也可通过测量这一支路串联的某个电阻 R 两端的电压来间接测量电流，如图 10-46 所示。电压和电流的关系，可由欧姆定律 $I = \dfrac{U_R}{R}$ 给出。被测支路上如果没有电阻，有时可在被测电路中接入一个小电阻，这个小电阻称为采样电阻。在确定采样电阻的阻值时要兼顾到电阻的接入不能对原电路产生太大的影响，以及输出的电压值不能太小。

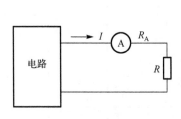

图 10-45　电流的测量

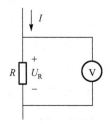

图 10-46　用采样电阻测电流

　　在测量交流大电流、大电压时，常采用仪用互感器(电流互感器、电压互感器)。仪用互感器实际是特种变压器，其闭合铁心由硅钢片叠成(也有用高导磁合金带卷制而成)，以减少涡流损失。如图 10-47 所示为电流互感器，原绕组电流有效值 I 与副绕组电流有效值 I_2 的关系为

$$\frac{I}{I_2} = \frac{n_2}{n_1}$$

式中，n_1 和 n_2 分别为电流互感器原绕组和副绕组的匝数。由于原绕组的匝数很少(很多情况下只有一匝)而副绕组的匝数较多，所以电流 I_2 远小于电流 I，可以用电流表测量。最终电流的测量结果为

$$I = \frac{n_2}{n_1} I_2$$

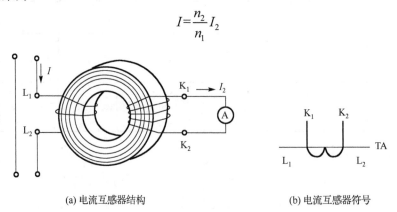

(a) 电流互感器结构　　　　　　　　　　　(b) 电流互感器符号

图 10-47　电流互感器结构和符号

10.3.3　电压的测量

与电流表类似，测量直流电压时通常选用磁电系电压表，测量交流电压时用电磁系或电动系电压表。测量电压时，电压表应并接在被测电路中，使电压表的端电压等于被测电压。但考虑到电压表本身的电阻 R_V，电压表并接到电路中相当于把一个电阻 R_V 并接到电路中，会对电路中的各电压、电流产生影响，使其发生变化，所以电压表所测的实际是变化了的电压。为了使测量值较为真实地反映原电路的电压值，要求电压表的电阻越大越好，使其满足 $R_V \gg R$（R 是被测支路的等效电阻）。所以要使电压测量满足一定的精度，除了要考虑仪表的测量误差外还要考虑仪表内阻对电路的影响。

在测量交流大电压时，常采用如图 10-48 所示的电压互感器。互感器原绕组电压 U 与副绕组电压 U_2 的关系为

$$\frac{U}{U_2} = \frac{n_1}{n_2}$$

式中，n_1 和 n_2 分别为电压互感器原绕组和副绕组的匝数。由于原绕组匝数很多而副绕组匝数较少，所以电压 U_2 远小于电压 U，可以用电压表测量。最终电压的测量结果为

$$U = \frac{n_2}{n_1} U_2$$

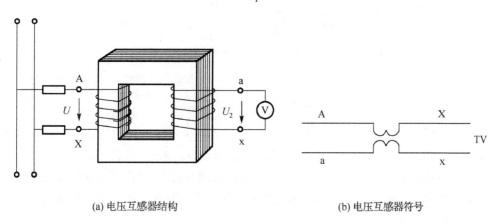

(a) 电压互感器结构　　　　　　　　　　　(b) 电压互感器符号

图 10-48　电压互感器结构和符号

10.3.4　功率的测量

在直流情况下，可通过测出电压和电流由公式 $P=UI$ 算出功率，测量电路如图 10-49 所示。图 10-49(a) 为高值法，测得的电压值包括负载压降和电流表的压降，由此算出的功率为

$$P' = UI = I(U_R + U_A) = P + P_A$$

图 10-49(b) 为低值法，测得电流值包含负载中的电流和电压表的电流，由此算出的功率为

$$P' = UI = U(I_R + I_V) = P + P_V$$

可见两种方法都有误差，测量时应选用误差较小的一种方法。一般当 $R_L > \sqrt{R_A R_V}$ 时采用图 10-49（a）所示的高值法；当 $R_L < \sqrt{R_A R_V}$ 时采用图 10-49（b）所示的低值法。

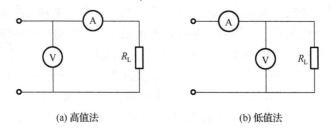

(a) 高值法 (b) 低值法

图 10-49 用伏安法测功率

在直流情况下采用功率表（瓦特计）直接测出功率的电路如图 10-50 所示。将功率表的电流线圈（固定线圈）串接到负载电路中，将功率表的电压线圈（串了电阻的可动线圈）并接到负载两端，连接时要注意线圈的极性，使电流同时流入或流出两个线圈的"*"号端。与用电压表和电流表测功率的情况类似，测量电路有图 10-50（a）和（b）两种接法。如图 10-50（a）所示接法，测量值中包含有电流线圈的功耗；如图 10-50（b）所示接法，测量值中包含有电压线圈的功耗。应根据被测电路及功率表的参数合理选择接法，以减少测量误差。

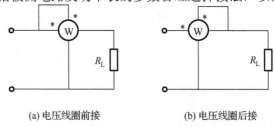

(a) 电压线圈前接 (b) 电压线圈后接

图 10-50 用功率表测量功率

在测量单相交流负载的有功功率时，由于有功功率 $P = UI\cos\varphi$ 不仅与电压、电流的有效值成正比，还与功率因数 $\cos\varphi$ 有关，所以一般都采用功率表来测量功率。

三相电路功率的测量分为两种情况。对三相三线制电路，可用两个功率表来测量负载的总功率，称为二瓦计法；三相四线制电路的总功率要用三瓦计法测量。具体内容可参见 5.5.5 节的介绍。

10.3.5 电阻的测量

普通电阻（$10\Omega \sim 1M\Omega$）的测量可采用下面几种方法。用万用表或多用表的欧姆挡测量，这种方法最简单，但准确度低。用电压表和电流表测量，将被测电阻接到适当的直流电源上，用电压表和电流表分别测量出它的电压 U 和电流 I，由欧姆定律 $R = \dfrac{U}{I}$ 算出阻值。这种测量方法的准确度由电压和电流测量的准确度决定，一般来说准确度不高。

要注意的是如图 10-51（a）所示的测量电路实际测得的电阻是电流表的内阻和被测电阻 R_x 的串联值

$$R' = R_A + R_x$$

而如图 10-51（b）所示的测量电路实际测得的电阻是电压表的内阻和被测电阻的并联值

$$R'' = R_V // R_x$$

一般被测电阻值较大时选用如图 10-51(a)所示方法，被测电阻较小时选用如图 10-51(b)所示方法。

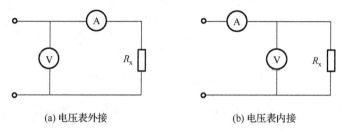

(a) 电压表外接　　　　　　　　　(b) 电压表内接

图 10-51　伏安法测电阻

还可采用直流单电桥(惠斯通电桥)测量电阻，这种测量方法的准确度较高。如果需要更为准确地测量小电阻，可用直流双电桥(开尔文电桥)进行测量。相关内容读者可参阅其他资料。

10.3.6　阻抗的测量

交流电路参数的常用测量方法有两种：三表法和交流电桥法。三表法是将被测阻抗与交流电源连接，如图 10-52 所示，用电压表、电流表和功率表分别测出电压有效值 U、电流有效值 I 和有功功率 P，则阻抗 $Z = R + \mathrm{j}X$ 的参数为

$$R = \frac{P}{I^2}$$

$$|Z| = \frac{U}{I}$$

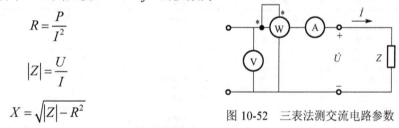

图 10-52　三表法测交流电路参数

$$X = \sqrt{|Z| - R^2}$$

当测量的准确度要求较高时，可采用交流电桥测量。相关内容读者可参阅其他资料。

10.4　非电量电测技术简介

在科学研究或生产实践中，除了电气量(如电压、电流、电阻等)的测量，还有大量的其他物理量需要控制和测量，例如，位移、速度、加速度、力、力矩、应变、温度、湿度、压力、流量、液位等物理量，以及化学量和生物量，把这些量称为非电量。这些非电量的测量一般都有多种方法，可以把它们分为电测的方法和非电测的方法两类。

非电量电测技术是采用电测的方法和技术实现对非电量的测量，它具有诸多的优点，使其在现代工程测试中起到主导作用。非电量电测技术是把被测的非电量转换为电量，再用电测的方法测量电量，通过电量与非电量的对应关系，获得被测非电量的值，图 10-53 为非电量电测系统的结构框图。

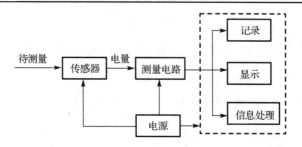

图 10-53　非电量电测系统的结构框图

　　用于实现非电量转换为电量的装置或器件称为传感器，传感器是非电量电测技术中的关键环节。

　　由于测量对象不同、转换原理不同、结构不同，传感器有多种种类，包括电阻式、电容式、电感式、电涡流式、磁电式、压电式、频率式、光电式、霍尔式、热电式、数字式、超声波式、同位素式、微波式、激光式、光纤式等。表 10-3 列出了一些常用传感器的典型性能参数。

表 10-3　常用传感器的典型性能参数

传感器	变换功能	灵敏度	量程	内阻抗(参数)
热电偶	温度/电压	40μV/°C	−200～1350°C	2Ω
压电晶体	压力/电压	0.29mV/Pa	7kPa～34.5MPa	1000pF
转速表	转速/电压	0.03V/(r/min)	100～10000r/min	100Ω
霍尔效应器件	磁通密度/电压	10μV/Gs [①]	1～10000Gs	1000Ω
光电池	发光强度/电流	4.91μA/cd	1～912cd	10MΩ
热敏元件	温度/电阻	3%/°C	−50～300°C	100Ω～100kΩ
光敏元件	发光强度/电阻	2.943μS/cd	0.1～912cd	300Ω～3MΩ
应变片	位移/电阻	0.05Ω/μm	0.1～50μm	200Ω
电位计	位移/电阻	50Ω/mm	0.2～200mm	10Ω～10kΩ
电阻湿度计	湿度/电阻	10Ω/%	1～100%	10kΩ
可移动极板电容器	位移/电容	1pF/mm	1～100mm	1～100pF
可移动铁心电抗器	位移/电感	10μH/mm	0.2～20mm	20μH～2mH

①1Gs=10^{-4}T

　　非电量电测技术的重要性在不断提高，内容非常丰富，读者可参阅其他资料进一步了解。

习　　题

10-1　什么是仪表测量误差？产生仪表测量误差的主要原因有哪些？

10-2　如何对误差进行分类？

10-3　简述消除误差的基本方法。

10-4　说出表示误差方法的种类及其含义。

10-5　如何表示仪表的灵敏度和准确度？

10-6　仪表的好坏为什么不能用相对误差的数值来表示？

10-7　用 1.5 级，30A 的电流表，测得某段电路中的电流为 20A。求：(1)该电流表最大允许的基本误差；(2)测量结果可能产生的最大相对误差。

10-8　使用某电流表测量电流时，测得读数为 9.5A，查该表的校验记录标明该点的误差为−0.04A，问该电流的实际值是多少？

10-9　某功率表的准确度等级是 0.5 级，读数的分格有 150 个。试问：(1)该表的最大可能误差是多少格？(2)当读数为 140 分格和 40 分格时的最大可能相对误差是多少？

10-10　有一电流为 10A 的电路，用电流表 A1 测量时，其指示值为 10.3A；另一电流为 50A 的电路，用电流表 A2 测量时，其指示值为 49.1A。试求：(1)A1、A2 电流表测量的绝对误差和相对误差各为多少？(2)能不能说 A1 表比 A2 表更准确？那么哪块表准确呢？

10-11　用量限为 300V 的电压表去测量电压为 250V 的某电路上的电压，要求测量的相对误差不大于±1.5%，问应该选用哪一个准确度等级的电压表？若改用量限为 500V 的电压表则又如何选择准确度等级？

10-12　用一只满刻度为 150V 的电压表测电压，测得电压值为 110V，绝对误差为+1.2V，另一次测量为 48V，绝对误差为+1.08V。试求：(1)两种情况的相对误差；(2)两种情况的引用误差。

10-13　某一电流表满量限为 50μA，满刻度为 100 格。试求：(1)此电流表的灵敏度；(2)仪表常数；(3)当测量电路电流时，如果仪表指针指到 70 格处时，其电流值为多少？

10-14　为什么磁电系仪表标尺刻度是均匀的？

10-15　磁电系测量机构为什么不能直接用于交流量的测量？

10-16　题 10-16 图是利用磁电系表头制成的多量程电表的两种电路，题 10-16 图(a)为开路式，题 10-16 图(b)为闭路式，试说明两种电路的优缺点。

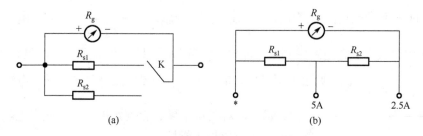

题 10-16 图

10-17　有一电源 E 给负载电阻供电，供电电流为 I，用一个内阻是 R 的电流表测量电流，求电流表内阻引起的测量结果的相对误差是多少？

10-18　电磁系测量机构有何优点和缺点？

10-19　电磁系电流表和电压表为什么既可以测量直流又可以测量交流？

10-20　多量限的电磁系电流表和电压表的量限是怎样改变的？

10-21　电动系测量机构有何优点和缺点？

10-22　电动系电流表和电压表是怎样构成的？为什么它们可以测量直流和交流？

10-23　多量限的电动系电流表和电压表的量限是怎样改变的？

10-24　电动系功率表是怎样构成的？在使用时应注意哪些问题？

10-25　电动系功率表通电后，指针反方向偏转，这是什么原因造成的？怎样排除？

第 11 章 电 路 实 验

本章介绍几个电路实验，通过实验能加深学生对电路理论内容的理解，并培养学生的动手实践能力。具体实验内容为仪表内阻对测量的影响、电路元件伏安特性的测定、叠加定理、戴维南定理、日光灯电路、三相电压电流测量、电路功率因数的提高、三相功率的测量、一阶电路、二阶电路。

11.1 实验一：仪表内阻对测量的影响

1. 实验目的

(1)用实验确定电表内阻的存在，及其对所测电流、电压的影响。

(2)学习正确选用电压表、电流表。

2. 实验原理

在实际工作中经常需要通过仪表读取电路的电压和电流数值，由于实际仪表不满足理想条件，当其接入电路中后，实际上会改变电路原有的结构和参数，从而造成误差。

如图 11-1 所示电路，被测电阻 R_L 上通过的电流原为 $I = \dfrac{U_S}{R_S + R_L}$，假设电流表的内电阻为 r，将电流表串联在电路中测量电流时，相当于在电路中串联了一个电阻 r，实际电流将变为 $I = \dfrac{U_S}{R_S + R_L + r}$。可见由于测量仪表的接入，对测量结果产生了影响。电流表的内电阻 r 越小，对测量结果的影响就越小，因此内电阻 r 是电流表的一个重要技术指标。

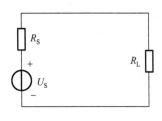

图 11-1 被测电路

用电压表测电压时，相当于在被测元件两端并联了一个电阻，对测量结果也会产生影响。如图 11-1 所示电路，被测电阻 R_L 上的电压原为 $U = \dfrac{R_L U_S}{R_S + R_L}$，假设电压表的内电阻为 R_V，当电压表并联在被测电阻 R_L 两端测电压时，实际电压将变成 $U = \dfrac{(R_L // R_V) U_S}{R_S + R_L // R_V}$，可见测量结果与原有结果不同。电压表的内电阻 R_V 越大，对测量结果的影响就越小，因此内电阻 R_V 是电压表的一个重要技术指标。

3. 实验设备

直流稳压电源 1 台、万用表(MF-47，2000Ω/V) 1 只、数字万用表 1 只、直流电流表 A_1(内阻 0.4Ω) 1 只、直流电流表 A_2(内阻 70～80Ω) 1 只、直流电压表(C-V，500Ω/V) 1 只、电阻器件板(10kΩ、1kΩ、100Ω) 2 块。

4．实验内容与步骤

1) 观测电流表对测量的影响

按如图 11-2(a) 所示接好电路，用万用表的电压挡位监测，将直流稳压电源调到 10V。用电流表 A_1、A_2 进行测量。测试数据记录于表 11-1 中。

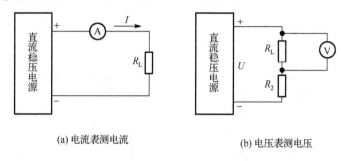

(a) 电流表测电流　　　　　　　　　　　　　　(b) 电压表测电压

图 11-2　实验一电路

表 11-1　**实验一的**测试数据记录表 1

测试项目 测试数据	不接电流表时的 计算值	接入 A_1 表时的 测量值	接入 A_2 表时的 测量值
I/mA			

2) 观测电压表对测量的影响

按如图 11-2(b) 所示接好电路，用万用表的电压挡位监测，将直流稳压电源调到 10V。测试数据记录于表 11-2 中。

表 11-2　实验一的测试数据记录表 2

测试项目 测试数据 参数 $R_1 = R_2$	不接电压表 计算值	直流电压表 测量值	万用表 测量值
100Ω			
1kΩ			
10kΩ			

5．实验报告要求

(1) 比较表 11-1、表 11-2 中测试结果和计算结果。

(2) 根据实验数据，说明用电压表测电压时如何减小电表内阻对测量的影响；用电流表测电流时如何减小电表内阻对测量的影响。

(3) 步骤 (2) 中 R_1 和 R_2 上的电压测量总和等于 10V 吗？如果不等于 10V，请说明理由。

11.2　实验二：电路元件伏安特性的测定

1．实验目的

(1) 掌握线性电阻元件、非线性电阻元件——半导体二极管以及电压元件的伏安特性的测试技能。

(2)加深对线性电阻元件、非线性电阻元件及电压源伏安特性的理解，验证欧姆定律。

2. 实验原理

(1)线性电阻元件为理想元件，其伏安特性曲线为一条过原点的直线，如图 11-3 所示。

(2)半导体二极管是一种实际的非线性电阻元件，其伏安特性曲线如图 11-4 所示。

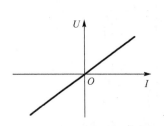
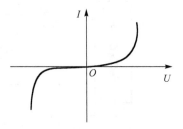

图 11-3　电阻元件的伏安特性曲线　　　图 11-4　半导体二极管的伏安特性曲线

(3)理想电压源为理想元件，其伏安特性曲线如图 11-5 所示。

(4)实际电压源的模型可以用一个理想电压源和一个电阻串联表示，其伏安特性曲线如图 11-6 所示。实际电压源的内阻 R_S 越小，其特性越接近于理想电压源。

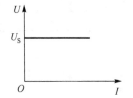
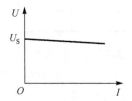

图 11-5　理想电压源的伏安特性曲线　　　图 11-6　实际电压源的伏安特性曲线

3. 实验设备

晶体管直流稳压电源 1 台、直流毫安表 1 只、万用表 1 只、直流电路实验板 1 块、电位器 1 个、导线若干。

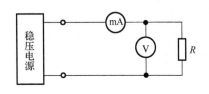

图 11-7　实验二的实验电路 1

4. 实验内容与步骤

1)测定线性电阻的伏安特性

取实验板上 $R = 300\Omega$ 电阻作为被测元件，并按如图 11-7 所示接好线路，依次调节直流稳压电源的输出电压为表 11-3 所列数值，并将测出的相应电流值填在表 11-3 中。

表 11-3　实验二的测试数据记录表 1

U/V	0	2	4	6	8	10	20
I/mA							

2)测定半导体二极管的伏安特性

实验选用 2cp10 型普通半导体二极管作为被测元件，图中 RP 为可变电阻用以调节电压，r 为限流电阻，用以保护二极管，在测量二极管的反向特性时，由于二极管的反向电阻很大，流过它的电流很小，所以电流表选用直流微安表。

(1)正向特性。按如图 11-8(a)所示接好线路，开启稳压电源，输出电压调至 2V，调节可变电阻 RP，使电流表读数分别为表 11-4 中所列数值，并将相对应的电压表读数记于表 11-4 中。

表 11-4　实验二的测试数据记录表 2

I/mA	0	2	4	6	8	10	20	30
U/V								

(2)反向特性。按图 11-8(b)所示接好线路，开启稳压电源，输出电压调至 20V，调节可变电阻 RP，使电压表读数为表 11-5 中所列数值，并将相对应的电流表读数记于表 11-5 中。

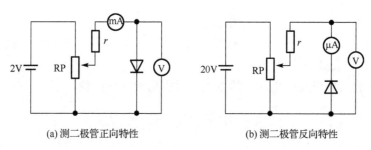

(a)测二极管正向特性　　　　　　(b)测二极管反向特性

图 11-8　实验二的实验电路 2

表 11-5　实验二的数据记录表 3

U/V	0	4	8	12	14	16	18
I/mA							

3)测定晶体管稳压电源的伏安特性

本实验所采用的晶体管直流稳压电源，其内阻与外电路电阻相比可以忽略不计，其输出电压基本不变，因此晶体管直流稳压电源可视为理想电压源。

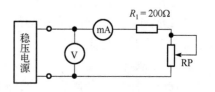

图 11-9　实验二的实验电路 3

按如图 11-9 所示接好线路，开启稳压电源，并调节输出电压等于 10V，由大到小调节可变电阻 RP，使电流表读数分别为表 11-6 中数值，并将对应的电压表读数记于表 11-6 中。

表 11-6　实验二的数据记录表 4

I/mA	0	5	10	15	20	25	30	35
U/V								

4)测定实际电压源的伏安特性

在电阻箱上选取一个 51Ω 电阻作为晶体管稳压电源的内阻，将晶体管稳压电源和一个电阻串联来表示实际电压源，如图 11-10 所示，其中 RP 为 1000Ω 可变电阻器。

按如图 11-10 所示接好线路，开启稳压电源，并调节输出电压等于 10V，由大到小调节可变电阻 RP 使电流表读数分别为表 11-7 中所列数值，并将相对应的电压表读数记于表 11-7 中。

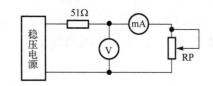

图 11-10　实验二的实验电路 4

表 11-7　实验二的数据记录表 5

I/mA	0	5	10	15	20	25	30	35
U/V								

5．实验报告要求

(1)实验报告要按标准格式规范编写。

(2)根据实验中所得数据，在坐标纸中绘制线性电阻元件、半导体二极管、理想电压源和实际电压源的伏安特性曲线。

(3)分析实验结果以及产生误差的原因，并得出相应的结论。

11.3　实验三：叠加定理

1．实验目的

(1)验证叠加定理。

(2)加深对叠加定理的内容和适用范围的理解。

(3)验证叠加定理的推广——齐性定理。

2．实验原理

(1)在任一线性网络中，多个激励同时作用时的总响应等于每个激励单独作用时引起的响应之和，此即叠加定理。

(2)线性电路中，当所有激励都增大或减小 K 倍(K 为实常数)，响应也为同样增大或减小 K 倍，此即齐性定理。

3．实验设备

晶体管直流稳压电源 1 台、直流毫安表 1 只、万用表 1 只、直流电路实验板 1 块、导线若干。

4．实验内容与步骤

1)叠加原理的验证

在直流电路实验板上按图 11-11 接好线路，图中 DLBZ 为电流插座，当测量支路电流 I_1，I_2，I_3 时只需将接有电流插头的电流表依次插入三个电流插座中，即可读取三条支路电流 I_1，I_2，I_3 的数值，在插头插入插座的同时，应监视电流表的偏转方向，如逆时针偏转，要迅速拔出插头，翻转 180° 后重新插入再读取电流值。

(1)接通 $U_1 = 10V$ 电源，测量 U_1 单独作用时各支路的电流 I_1，I_2，I_3，将测量结果记入表 11-8 中。

(2)接通 $U_2 = 6V$ 电源，测量 U_2 单独作用时各支路的电流 I_1，I_2，I_3，将测量结果记入表 11-8 中。

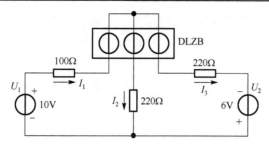

图 11-11　实验三的实验电路

(3)接通 U_1，U_2 电源，测量 U_1，U_2 共同作用时各支路的电流 I_1，I_2，I_3，将测量结果记入表 11-8 中。

表 11-8　实验三的数据记录表 1

	I_1/mA			I_2/mA			I_3/mA		
	测量	计算	误差	测量	计算	误差	测量	计算	误差
U_1 单独作用									
U_2 单独作用									
共同作用									

2)齐性定理的验证

实验电路如图 11-11 所示，调节第一路直流稳压电源 U_1 至 20V，调节第二路直流稳压电源 U_2 至 12V，此时 U_1、U_2 同时比原来的电压增加一倍。测量 U_1，U_2 共同作用时各支路的电流 I_1，I_2，I_3，将测量结果记入表 11-9 中。

表 11-9　实验三的数据记录表 2

	I_1/mA			I_2/mA			I_3/mA		
	测量	计算	误差	测量	计算	误差	测量	计算	误差
共同作用									
表 11-8 中的值									
误差/%									

5. 实验报告要求

(1)根据实验中所得数据，验证叠加定理、齐性定理。

(2)计算各支路的电压和电流，并计算各值的相对误差，分析产生误差的原因。

(3)分析实验结果，并得出相应的结论。

11.4　实验四：戴维南定理

1. 实验目的

(1)验证戴维南定理。

(2)掌握线性有源单口网络等效参数的测量方法。

2. 实验原理

一般而言，一个线性含源一端口网络，对外电路来说，总可以用一个电压源和电阻的串联组合来等效代替；此电压源的电压等于外电路断开时端口处的开路电压 U_{oc}，而电阻等于一端口网络的输入电阻(或等效电阻 R_{eq})。此即戴维南定理。

3. 实验设备

晶体管直流稳压电源 1 台、直流毫安表 1 只、**万用表** 1 只、直流电路实验板 1 块、导线若干

4. 实验内容与步骤

1)测出该一端口网络的外特性

按图 11-12 所示线路连接电路，测出该单口网络的外特性，将测量结果记入表 11-10 中。

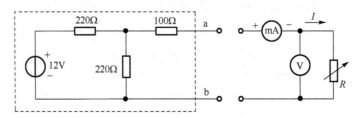

图 11-12　实验四的实验电路 1

表 11-10　实验四的数据记录表 1

R/Ω	0	200	400	800	1600	3200	6400	∞
I/mA								
U/V								

2)测出该一端口网络的戴维南等效电路参数

(1)开路电压 U_{oc} 的测量。

当电路的等效内阻 R_{eq} 远小于电压表内阻 R_V 时，可直接用电压表测量开路电压 U_{oc}。

补偿法测开路电压的测量电路如图 11-13 所示，U_S 为高稳定度的可调直流稳压电源，R 是可变电阻，用来限制电流。测量时，逐渐调节稳压电源输出电压，使电流表的指针逐渐回到零位，这时直流稳压电源的输出为开路电压 U_{oc}。

(2)短路电流 I_{sc} 的测量：在图 11-13 中，将 ab 端短路并测出短路电流 I_{sc}，则等效内阻

$$R_{eq} = U_{oc} / I_{sc}$$

3)测出戴维南等效电路的外特性

构造出如图 11-12 所示电路的戴维南等效电路，按图 11-14 测量该等效电路的外特性，将测量结果记入表 11-11 中。

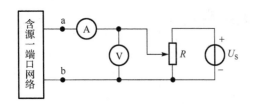

图 11-13　实验四的实验电路 2

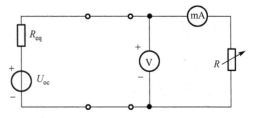

图 11-14　实验四的实验电路 3

表 11-11　实验四的数据记录表 2

R/Ω	0	200	400	800	1600	3200	6400	∞
I/mA								
U/V								

5. 实验报告要求

绘出实际网络和等效网络端口处的伏安特性，对结果加以比较。

11.5　实验五：日光灯电路

1. 实验目的

(1)掌握日光灯电路的接线方法。

(2)了解日光灯的基本工作原理。

(3)学习交流电压、交流电流的测量方法。

2. 实验原理

日光灯的实验电路如图 11-15 所示。在刚接通电流时，灯管尚未放电，启辉器的触头处于开断位置，电路中没有电流，电源电压全部加在启辉器上，使其产生辉光放电而发热。启辉器中 U 形金属片发热膨胀后，触头闭合，于是电源、镇流器、灯管两电极和启辉器构成一个闭合回路，产生电流，加热灯管的电极使它发射电子。这时因为启辉器两触头间的电压降为零，所以辉光放电停止，U 形金属片开始冷却，当它弯曲到能使触头断开时，在这一瞬间，镇流器两端能出现足够高的自感电动势，这个自感电动势与电源电压同时作用在灯管两极之间，使灯管产生弧光放电，因而涂在灯管内壁的荧光质发出可见光。

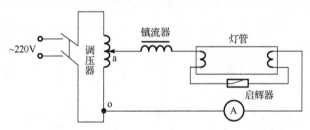

图 11-15　实验五的实验电路

灯管放电后，电流通过镇流器产生电压降，灯管两端电压即启辉器两端电压低于电源电压，不足以使启辉器放电，所以启辉器的触头不再闭合，这时电源、镇流器和灯管构成了通路。

3. 实验设备

三相调压器 1 台、交流电流表 1 只、交流电压表 1 只、日光灯及实验板 1 套、导线若干。

4. 实验内容与步骤

(1)实验线路如图 11-15 所示。接线经教师检查许可后，方能合上电源开关，将日光灯点燃。

(2)测量电压、电流记入表 11-12 中

表 11-12 实验五的测试数据记录表

参数 电压 U/V	镇流器电压 U_L/V	日光灯电压 U_d/V	电流 I/A
220			
200			

5. 实验报告要求

(1)根据实验结果，以电流 I 为参考量绘出 U_d、U_L 和 U 的相量图。

(2)分析产生误差的原因。

11.6　实验六：三相电压电流测量

1. 实验目的

(1)学习三相负载的星形接法及三角形接法。

(2)测量星形(有中线及无中线)连接的三相负载在平衡(对称)和不平衡(不对称)情况下，线电压和相电压的关系。

(3)测量三角形连接的三相负载在平衡(对称)和不平衡(不对称)的情况下，线电流和相电流的关系。

2. 实验原理

1)电源对称，负载星形连接，有中线，电源与负载连接线阻抗可忽略

(1)负载对称。线电压为相电压的 $\sqrt{3}$ 倍，线电流与相电流相等，各线量(线电压和线电流)及相量(相电压和相电流)均对称，中线电流为零。

(2)负载不对称。线电压为相电压的 $\sqrt{3}$ 倍，线电压与相电压均对称；线电流与相电流相等，线电流与相电流均不对称；中线电流不为零。

2)电源对称，负载星形连接，无中线，电源与负载连接线阻抗可忽略

(1)负载对称。线电压为相电压的 $\sqrt{3}$ 倍，线电流与相电流相等，各线量及相量均对称。

(2)负载不对称。线电压对称，相电压不对称；线电流与相电流相等，线电流与相电流均不对称。

3)电源对称，负载三角形连接，电源与负载连接线阻抗可忽略

(1)负载对称。线电压与相电压相等，线电流为相电流的 $\sqrt{3}$ 倍，各线量及相量均对称。

(2)负载不对称。线电压与相电压相等，线电压与相电压均对称；线电流与相电流无 $\sqrt{3}$ 倍关系，均不对称。

3. 实验设备

三相调压器1台、交流电流表1只、交流电压表1只、三相电路实验板1块、电流插箱1个、导线若干。

4. 实验内容与步骤

1)三相星形负载

按如图 11-16 所示接线，经教师检查后合上电源，调节三相调压器，使相电压等于 150V。通过控制 N'-N 的电流插头的插入与否，来控制星形接法中线的有无。

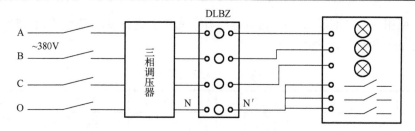

图 11-16　实验六的实验电路 1

（1）将 N′-N 的电源插头插入，线路接成三相四线制。合上三相灯板的灯泡开关，令三相灯泡的瓦数相同，测量线电压、相电压、中性点电压和相电流及中线电流并记入表 11-13 中，然后断开 A 相两盏灯及 B 相一盏灯，再测上述各量，记入表 11-13。观察各相灯泡的亮度变化，记入表 11-14 中。

（2）将 N′-N 的电流插头拔出，线路接成三相三线制，合上三相灯板的灯泡开关，令三相灯泡的瓦数相同，测量线电压、相电压、中性点和相电流并记入表 11-13 中，然后断开 A 相两盏灯，再测上述各量，记入表 11-13。观察各相灯泡亮度的变化，记入表 11-14 中。

表 11-13　三相星型负载

连接方式及负载情况		负载功率/W			相电压/V			线电压/V			相电流/A			中性点电压/V	中线点电流/A
		A	B	C	U_A	U_B	U_C	U_{AB}	U_{BC}	U_{AC}	I_A	I_B	I_C		
Y_0	对称														
	不对称														
Y	对称														
	不对称														

表 11-14　灯泡明暗变化

对称情况	Y_0			Y			△		
	A	B	C	A	B	C	A	B	C
对称									
不对称									

2）三相三角形负载

（1）按如图 11-17 所示接好电路，经教师检查后合上电源，调三相调压器使相电压等于 110V，合上三相灯板的灯泡开关，令三相灯泡的瓦数相同，测量各相电流、线电流及电压，记入表 11-15 中，观察各相灯泡亮度的变化，记入表 11-14 中。

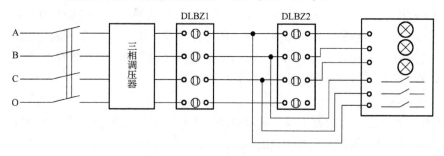

图 11-17　实验六的实验电路 2

(2)将 A 相两盏灯泡及 B 相一盏灯泡断开，测量上述各量，记入表 11-15 中，观察各相灯泡亮度的变化，记入表 11-14 中。

表 11-15　三相三角形负载

负载情况	负载功率/W			线电流/A			相电流/A			相电压/V			三相线电流与相电流之比
	A	B	C	I_A	I_B	I_C	I_{AX}	I_{BX}	I_{CX}	U_{AB}	U_{BC}	U_{CA}	
对称													
不对称													

5. 实验报告要求

(1)对星形连接的各种情况做出相量图(如果电源三相电压不对称，作图时取平均值视其为对称)。

(2)针对表 11-14 中记录的各种实验现象，分析产生这些现象的原因。

11.7　实验七：电路功率因数的提高

1. 实验目的

(1)学习提高感性负载功率因数的方法。

(2)掌握功率表的正确使用。

2. 实验原理

对于如图 11-18 所示无源一端口网络，其吸收的有功功率为 $P = UI\cos\varphi$，其中 $\lambda = \cos\varphi$ 称为功率因数。在工农业生产及日常生活中，提高功率因数有很大的经济意义。

实际负载多为感性，要提高感性负载的功率因数，可在感性负载两端并联电容器，原理电路图和相量图如图 11-19 所示。

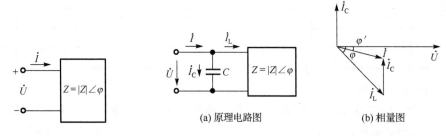

(a) 原理电路图　　　　　　(b) 相量图

图 11-18　无源一端口网络　　　　图 11-19　感性负载并联电容器提高功率因数原理

图 11-19 中，感性负载中的电流为 $\dot{I}_L$，它滞后于负载两端的电压 $\dot{U}_i$ 的角度为 φ，功率因数 $\lambda = \cos\varphi$；当并联电容 C 后，感性负载中的电流不变，而电容 C 中有超前电压 $\dot{U}$ 90°的电流 $\dot{I}_C$，电路中的总电流 $\dot{I} = \dot{I}_L + \dot{I}_C$。适当选择电容 C 的值，使 $\dot{I}$ 滞后于 $\dot{U}$ 的角度满足 $|\varphi'| < |\varphi|$，则 $\lambda' = \cos\varphi'$，从而提高了电路的功率因数。

3. 实验设备

调压器 1 个、交流电压表 1 只、交流电流表 1 只、单相功率表 1 只、实验板 1 块、电容箱(0~20μF)1 个、滑线变阻器(100Ω，2A)1 个。

4. 实验内容与步骤

按如图 11-20 所示接线，将调压器电压调到 $\dot{U}_i = 200\text{V}$，感性负载是 20W 的日光灯，当开关 K_1、K_2、K_3 关闭时，电容器接入电路。

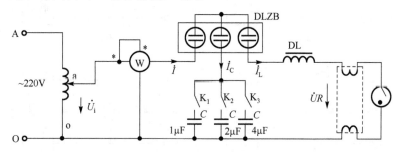

图 11-20　实验七的实验电路

在 0～7μF 内改变 C 的值，将相应的电流、电压和功率记入表 11-16。

表 11-16　实验七的测试数据记录表

电容值/μF ＼ 测量值	I /A	I_C /A	I_L /A	U /V	P /W
1					
2					
3					
4					
5					
6					
7					

5. 实验报告要求

计算不同电容值时电路的功率因数，并画出相量图。

11.8　实验八：三相功率的测量

1. 实验目的

(1) 学习用两表法测量三相电路的有功功率。

(2) 了解测量对称三相电路无功功率的方法。

2. 实验原理

如图 11-21 给出了三相电路功率测量的几种接线情况。如图 11-21(a)所示是用单表法测对称三相电路功率的电路，功率表读数乘以 3 为三相电路总功率，即 $P_{\text{ALL}} = 3P_A$；如图 11-21(b)所示是用三表法测不对称三相电路功率的电路，三个表读数之和为三相电路总功率，即 $P_{\text{ALL}} = P_A + P_B + P_C$；如图 11-21(c)所示是用二表法测对称或不对称三相电路总功率的电路，两个表读数之和为三相电路总功率，即 $P_{\text{ALL}} = P_A + P_C$；如图 11-21(d)所示是用一表法测对称三相电路无功功率的电路，功率表读数乘以 $\sqrt{3}$ 为对称三相电路总的无功功率，即 $Q_{\text{ALL}} = \sqrt{3}P_B$。

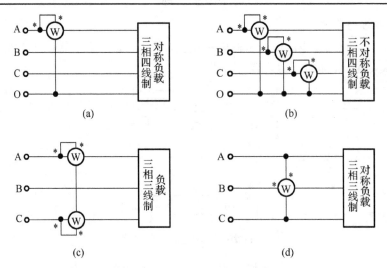

图 11-21　三相电路功率的测量方法

3．实验设备

三相调压器 1 个、交流电流表 1 只、交流电压表 1 只、三相灯板 1 块、电流插箱 1 个、功率表 2 只、三相电容器 1 个、导线若干。

4．实验内容与步骤

1）一表法测量对称三相负载的有功功率

三相负载是星形连接的三组电灯，每组的电灯负载为 3 个 60W 的灯泡。按如图 11-21(a) 所示接好线，经教师检查后合上电源。调节三相调压器使相电压为 220V，测量功率、相电压和相电流，将数据记入表 11-17 中第一空行中。

表 11-17　实验八的测试数据记录表

负载情况	负载功率/W			相电压/V			相电流/A			功率表读数/W	
	P_A	P_B	P_C	U_{AB}	U_{BC}	U_{CA}	I_{AB}	I_{BC}	I_{CA}	P_1	P_2
对称阻性负载											
不对称阻性负载											
对称容性负载 （二表法测有功功率）											
对称容性负载 （一表法测无功功率）											

2）二表法测量不对称三相负载的有功功率

在三相灯板上，A 相接一盏灯（60W），B 相接二盏灯（120W），C 相接三盏灯（180W）。按如图 11-21(c) 所示接线，经教师检查后合上电源。调节三相调压器使相电压为 220V，测量功率、相电压和相电流，将数据记入表 11-17 第二空行中。

3）二表法测量对称三相负载的有功功率

将一组作三角形连接的电容器和三角形连接的灯泡并联，各相灯泡均为 60W，按如图 11-21(c) 所示接线，经教师检查后合上电源。调节三相调压器使相电压为 220V，测量功率、相电压和相电流，将数据记入表 11-17 第三空行中。

4)一表法测量对称三相负载的无功功率

将一组作三角形连接的电容器和三角形连接的电灯负载并联，各相负载均为 60W 灯泡，按如图 11-21(d)所示接线，经教师检查后合上电源。调节三相调压器使电压为220V，测量功率、相电压和相电流，将数据记入表 11-17 第四空行中。

5.　实验报告要求

(1)验算各相灯泡的额定功率之和约等于三相总功率。

(2)根据相电压和电流计算第一项、第二项的三相功率(自拟表格，将计算结果填入表中)。

11.9　实验九：一阶电路

1.　实验目的

(1)观察 RC 串联电路充放电现象，并测量电路的时间常数。

(2)验证对 RC 串联电路过渡过程分析所得理论结论的正确性。

(3)学习用示波器观察和分析电路的响应。

2.　实验原理

1)RC 电路充放电规律

一个理想电容 C 经电阻 R 接到直流电压源上，设电源电压为 U ，此时，电容的端电压 u_C 及充电电流 i_C 分别按指数规律变化：

$$u_C = U(1 - e^{-t/\tau}) \qquad\qquad t \geq 0_+$$

$$i_C = U e^{-t/\tau}/R \qquad\qquad t \geq 0_+$$

式中，$\tau = RC$ 称为电路的时间常数。

当电容 C 经电阻放电时，电容的端电压及放电电流按如下规律变化：

$$u_C = U e^{-t/\tau} \qquad\qquad t \geq 0_+$$

$$i_C = -U e^{-t/\tau}/R \qquad\qquad t \geq 0_+$$

充放电曲线分别如图 11-22 和图 11-23 所示。

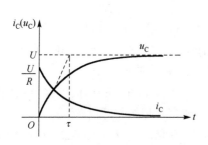

图 11-22　RC 电路的充电曲线

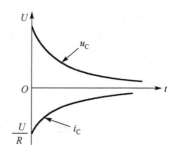

图 11-23　RC 电路的放电曲线

2)RC 电路在方波作用下响应

当方波作用于 RC 电路时，如果电路的时间常数远小于方波的周期，响应可以视为是零状态响应和零输入响应交替重复的过程。方波前沿出现时就相当于电路在初始值为零时接入直流，响应就是零状态响应；方波后沿出现时就相当于在电容具有初始值 $u_C(0_-)$ 时把电源用短路置换，响应就是零输入响应。

为了清楚地观察到响应的全过程，可使方波的半周期 $T/2$ 和时间常数 $\tau = RC$ 保持 5:1 左右的关系，由于方波是周期信号，可以用普通的示波器显示出稳定的图形，如图 11-24 所示。

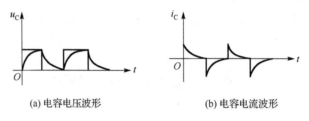

(a) 电容电压波形　　　　　　　(b) 电容电流波形

图 11-24　RC 电路的方波响应曲线

3）通过波形估算时间常数

RC 电路充放电的时间常数可以从波形中估算出来，设时间坐标单位 t 确定，对于充电曲线来说，幅值上升到终值的 63.2% 所对应的时间即为一个 τ，如图 11-25（a）所示；对于放电曲线，幅值下降到初值的 36.8% 所对应的时间即为一个 τ，如图 11-25（b）所示。

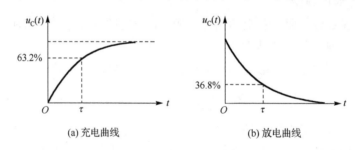

(a) 充电曲线　　　　　　　(b) 放电曲线

图 11-25　RC 电路的充放电曲线

3．实验设备

信号发生器一台、双踪示波器一台、晶体管毫伏表一块、电阻箱一个、定值电容一只、导线若干。

4．实验内容与步骤

研究 RC 电路的方波响应：实验线路如图 11-26 所示，方波信号由信号发生器产生。

（1）取方波信号的幅值为 3V，频率 $f = 500\mathrm{Hz}$，$R = 10\mathrm{k\Omega}$，$C = 0.1\mathrm{\mu F}$，此时 $RC = T/2$，观察并记录 u_C 和 i_C 波形。

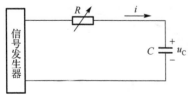

图 11-26　实验九的实验电路

（2）信号不变，取 $R = 1\mathrm{k\Omega}$，$C = 0.1\mathrm{\mu F}$，此时 $RC \ll T/2$，观察并记录 u_C 和 i_C 波形。

（3）信号不变，取 $R = 100\mathrm{k\Omega}$，$C = 0.1\mathrm{\mu F}$，此时 $RC \gg T/2$ 观察并记录 u_C 和 i_C 波形。

注意：①电流 i_C 的波形为电阻电压 u_R 的波形，②测量时信号发生器和示波器必须共地。

5. 实验报告要求

(1)把观察到的各响应波形分别画在纸上，并作必要的说明。

(2)从方波响应 u_C 的波形中估算出时间常数 τ，并与计算值比较，分析误差产生的原因。

(3)分析实验结果，给出相应的结论。

11.10　实验十：二阶电路

1. 实验目的

(1)通过实验了解 R、L、C 串联电路的振荡和非振荡过渡过程，以及与 R、L、C 各参数之间的关系。

(2)学习用示波器观察和分析电路的响应。

2. 实验原理

本书在电路的暂态分析一章中对一阶电路的内容进行了详细介绍，但没有介绍二阶电路的内容。在进行本实验前，相关人员应通过其他资料对二阶电路建立起相关概念。下面的介绍基于这一前提。

(1) R、L、C 串联电路的过渡过程有两种情况：振荡和非振荡过渡过程，由电路本身的参数决定。

(2)当 $R < 2\sqrt{\dfrac{L}{C}}$ 时，称为欠阻尼状态，过渡过程是振荡的。

图 11-27(a)和(c)所示是 R、L、C 串联电路接到直流电源(电压为 U_0)时电容 C 被充电的过渡过程，其中图 11-27(a)是电容 C 的电压 u_C 的变化规律，图 11-27(c)是充电电流 i_L 的变化规律。图 11-27(b)和(d)则是电容 C 对 R、L 串联电路放电时的电容电压 u_C 和电流 i_L 的过渡过程的变化规律。

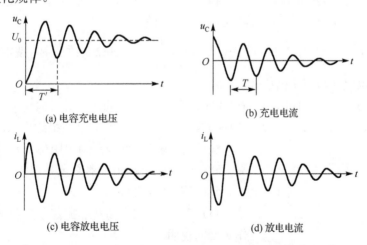

(a) 电容充电电压　　　　　　　(b) 充电电流

(c) 电容放电电压　　　　　　　(d) 放电电流

图 11-27　欠阻尼时二阶电路的过渡过程

振荡角频率为

$$\omega' = \sqrt{\frac{1}{LC} - \frac{R}{4L^2}}$$

振荡的周期为

$$T' = \frac{2\pi}{\omega'}$$

(3)当 $R \geqslant 2\sqrt{\dfrac{L}{C}}$ 时，称为过阻尼状态，过渡过程是非振荡的。

图 11-28(a)、(c)是 R、L、C 串联电路接到直流电源上对电容 C 充电时电容电压 u_C 和电流 i_L 的过渡过程，图 11-28(b)、(d)是电容 C 对 R、L 串联电路放电时电容电压 u_C 和电流 i_L 的过渡过程。

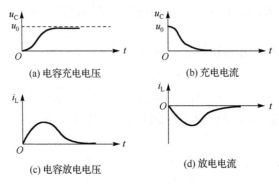

(a) 电容充电电压　　　　　　　(b) 充电电流

(c) 电容放电电压　　　　　　　(d) 放电电流

图 11-28　过阻尼时二阶电路的过渡过程

3. 实验设备

信号发生器一台、双踪示波器一台、晶体管毫伏表一块、电阻箱一个、定值电感一只、定值电容一只、导线若干。

4. 实验内容与步骤

实验线路如图 11-29 所示，信号发生器输出方波电压信号 $u_S(t)$。适当选取方波电源的周期和 R、L、C 的数值，观察并描绘出 u_C 和 i_L 的波形。

(1)$L = 0.1\text{H}$，$C = 0.1\mu\text{F}$ 时，临界电阻 $R = 2\sqrt{\dfrac{L}{C}} = 2000\Omega$。改变 R，使电路处于临界状态，确定临界电阻并与理论值比较。

(2)$R = 10\text{k}\Omega$，$C = 0.1\mu\text{F}$，$L = 0.1\text{H}$ 时，观察 u_C、i_L 的波形并描绘出来。

(3)$R = 500\Omega$，$C = 0.1\mu\text{F}$，$L = 0.1\text{H}$ 时，观察 u_C、i_L 的波形并描绘出来。

注意：①电流 i_L 的波形为电阻电压 u_{R_0} 的波形，　②测量时信号发生器和示波器必须共地。

5. 实验报告要求

(1)把观察到的振荡和非振荡波形分别画在纸上，并作必要的说明。

(2)将临界电阻的实验值与理论值进行比较。

(3)分析实验结果并给出相应的结论。

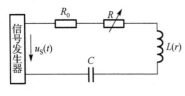

图 11-29　实验十的实验电路

部分习题参考答案

第 1 章

1-1 (a) $u = -10^4 i$; (b) $u = -5\text{V}$; (c) $I = 2\text{A}$

1-2 (a) $u = 10\text{V}$; (b) $i = -2\text{A}$; (c) $i = 2\text{A}$; (d) $u = -10\cos 5t$ V

1-3 (a) $u_a = 10\text{V}$; (b) $i_b = 1\text{A}$; (c) $i_c = -1\text{A}$; (d) $i_d = 1\text{A}$

1-4 $I = 1.5\text{A}$, $U = 8.25\text{V}$

1-5 $i_2 = -3\text{A}$, $i_3 = 6\text{A}$, $i_6 = -5\text{A}$

1-6 $I_1 = 10\text{A}$, $I_2 = 10\text{A}$, $U = 70\text{V}$, $U_R = -36\text{V}$, $R = 36\Omega$

1-7 (a) $u = 8\text{V}$; (b) $u = 6\text{V}$

1-8 $I_1 = 1\text{A}$, $I_2 = 1.6\text{A}$, $I_3 = 2.6\text{A}$

1-9 $U = 1.4\text{V}$

1-10 $U_{ab} = -15\text{V}$, $U = -45\text{V}$, 电流源 I_S 发出 270W 功率

第 2 章

2-1 $I = 2\text{mA}$

2-2 $R_{ab} = 3\Omega$

2-3 $R_{ab} = 2\Omega$

2-4 $i = 3\text{A}$

2-5 $U = 54\text{V}$

2-6 $I_L = \dfrac{n I_S R}{R + n R_L}$

2-7 $i = 0.125\text{A}$

2-8 $I_1 = 1\text{A}$, $I_2 = -1.75\text{A}$, $I_3 = -0.75\text{A}$

2-9 $\begin{bmatrix} -1 & -1 & 1 \\ 18 & 0 & 4 \\ 0 & -4 & -4 \end{bmatrix} \begin{bmatrix} I_1 \\ I_2 \\ I_3 \end{bmatrix} = \begin{bmatrix} 0 \\ 15 \\ 10 \end{bmatrix}$

2-10 $i_1 = \dfrac{5}{9}\text{A}$, $i_2 = \dfrac{1}{9}\text{A}$, $i_3 = \dfrac{4}{9}\text{A}$

2-11 $i_1 = 1.775\text{A}$, $i_2 = 0.588\text{A}$

2-12 $u_{oc} = 8\text{V}$

2-13 $\begin{cases} \dfrac{8}{5}U_1 - \dfrac{2}{5}U_2 = 6 \\ -\dfrac{2}{5}U_1 + \dfrac{1}{2}U_2 = 6 \end{cases}$

2-14 $\begin{cases} \dfrac{7}{10}U_1 - \dfrac{1}{2}U_2 = -6 \\ -\dfrac{1}{2}U_1 + 5U_2 = 10 \end{cases}$

2-15　$u = 23\text{V}$

2-16　$u = 80\text{V}$

2-17　$U_{oc} = U_{ab} = -\dfrac{1}{2}\text{V}$，　　$R_{eq} = 2\Omega$；　　　　$I_{sc} = \dfrac{U_{oc}}{R_{eq}} = -\dfrac{1}{4}\text{A}$，　　　$G_{eq} = \dfrac{1}{2}\text{S}$

2-18　$R_L = 5\Omega$，　　$P_{L\max} = 36\text{W}$

2-19　$R_L = 1.5\Omega$，　　　$P_{L\max} = 3.375\text{W}$

2-20　$R_i = 15\Omega$

2-21　$R_o = 5\Omega$

2-22　$R_o = 20\Omega$

2-23　u_{S1} 吸收的功率为 -12W，即发出 12W 功率

2-24　$I_1 = 3\text{A}$，　　$U_0 = 17\text{V}$

2-25　$u_o = \dfrac{-\left[\left(\dfrac{A}{R_2} - \dfrac{1}{R_3}\right)\left(\dfrac{u_a}{R_a} + \dfrac{u_b}{R_b}\right)\right]}{\left(\dfrac{1}{R_2} + \dfrac{1}{R_3} + \dfrac{1}{R_4}\right)\left(\dfrac{1}{R_a} + \dfrac{1}{R_b} + \dfrac{1}{R_1} + \dfrac{1}{R_3}\right) + \left(\dfrac{A}{R_2} - \dfrac{1}{R_3}\right)\dfrac{1}{R_3}}$

2-26　$R_i = 25\Omega$

2-27　$R_o = -10\Omega$

2-28　$R_o = 4\Omega$

2-29　无戴维南等效电路；诺顿等效电路为 $I_{sc} = 7.5\text{A}$，$R_{eq} \to \infty$，实际为一理想电流源

2-30　$I = 5\text{A}$

2-31　有两个静态工作点，分别是 $Q_1(9\text{V}, -1.5\text{A})$ 和 $Q_2(1\text{V}, 0.5\text{A})$

2-32　有两个结果：①$U = 15\text{V}$，　$I = 3\text{A}$；　　②$U = 24\text{V}$，　$I = -6\text{A}$

2-33　$I = 1\text{A}$，　　$U = 2\text{V}$

2-34　$u = 2\text{V}$，　$i = 3\text{A}$，　$i_1 = 5.5\text{A}$，　$i_2 = 2.5\text{A}$

2-35　$I_2 = 3\text{A}$，　$I_3 = 1\text{A}$

第 3 章

3-1　$u_C(t) = \begin{cases} 0, & t < 0 \\ 10^4 t\ \text{V}, & 0 < t < 10\text{ms} \\ 100\text{V}, & t > 10\text{ms} \end{cases}$

3-2　$i_1(0_+) = u_S \times \dfrac{R_1 + R_2 + R_3}{(R_1 + R_2)(R_1 + R_3)}$，　　$i_2(0_+) = u_S \times \dfrac{R_3}{(R_1 + R_2)(R_1 + R_3)}$，

　　$u_L(0_+) = u_S \times \dfrac{R_1 R_3}{(R_1 + R_2)(R_1 + R_3)}$，　　$\dfrac{\mathrm{d}u_C}{\mathrm{d}t}\bigg|_{t=0_+} = u_S \times \dfrac{R_3}{(R_1 + R_2)(R_1 + R_3)}$

3-3　$u_C(0_+) = 40\text{V}$，　$i_C(0_+) = -4.5\text{A}$

3-4　$u_C(t) = 126\mathrm{e}^{-3.33t}\ \text{V}$

3-5　$u_C(t) = 4\mathrm{e}^{-2t}\ \text{V}$，　　$i(t) = 0.04\mathrm{e}^{-2t}\ \text{mA}$

3-6　$u(t) = 2\mathrm{e}^{-1.25t}\ \text{V}$

3-7　$u_C(t) = 10 - 10\mathrm{e}^{-10t}\ \text{V}$，　　$i_C(t) = \mathrm{e}^{-10t}\ \text{mA}$

3-8　(1) $u_{Czi}(t) = 8\mathrm{e}^{-t}\ \text{V}$，　　$u_{Czs}(t) = 24(1 - \mathrm{e}^{-t})\ \text{V}$；　　　(2) $u_C(t) = 24 - 16\mathrm{e}^{-t}\ \text{V}$

（3）自由分量$16e^{-t}$V，强制分量24V

3-9 （a）$u_C(t)=20-15e^{-5t}$V，$i(t)=1-0.75e^{-5t}$mA

　　 （b）$u_C(t)=-5+15e^{-10t}$V，$i(t)=0.25+0.75e^{-10t}$mA

3-10 $i(t)=2e^{-8t}$A，$u_L(t)=-16e^{-8t}$A

3-11 $i_L(t)=\dfrac{4}{3}e^{-2t}$A，$u_L(t)=-8e^{-2t}$A

3-12 $i_L(t)=2-2e^{-10^6t}$A

3-13 （a）$i_L(t)=2$A；　　（b）$i_L(t)=\dfrac{4}{5}+\dfrac{8}{15}e^{-0.1t}$A

3-14 （a）$\tau=5\times10^{-6}$s；　　（b）$\tau=\dfrac{L_1+L_2}{R}$；　　（c）$\tau=(C_1+C_2)R$

　　 （d）$\tau=\left(\dfrac{C_1C_2}{C_1+C_2}C_1+C_3\right)R$；　　（e）$\tau=0.2$s；　　（f）$\tau=0.1252$s

3-15 （1）$i_L(t)=\dfrac{8}{3}-\dfrac{2}{3}e^{-15t}$A，$i_1(t)=1-\dfrac{1}{4}e^{-15t}$A，$i_2(t)=\dfrac{5}{3}-\dfrac{5}{12}e^{-15t}$A

　　 （2）$i_{Lzs}(t)=\dfrac{8}{3}-\dfrac{8}{3}e^{-15t}$A，$i_{Lzi}(t)=2e^{-15t}$A

　　 （3）自由分量$-\dfrac{2}{3}e^{-15t}$A，强制分量$\dfrac{8}{3}$A

3-16 $i_L(t)=1.2-5.2e^{-100t}$A，$u_L=52e^{-100t}$V

第4章

4-1 角频率$\omega=4\pi$rad/s，周期$T=0.5$s，频率$f=100$Hz，初相$\varphi=-60°$，振幅$A=120$，有效值$\dfrac{A}{\sqrt{2}}=84.84$

4-2 （1）$u=10\cos(\omega t-10°)$V；　　（2）$u=10\sqrt{2}\cos(\omega t-126.9°)$V

　　 （3）$i=\sqrt{2}\cos(\omega t-45°)$A；　　（4）$i=\sqrt{2}30\cos(\omega t+\pi)$A

4-3 （1）u超前i 40°；　　（2）u滞后i 120°；　　（3）u滞后i 150°；　　（4）u超前i 91.4°

4-4 （1）$\dot{U}_1=\dfrac{50}{\sqrt{2}}\angle-110°$V；　　（2）$\dot{U}_2=\dfrac{30}{\sqrt{2}}\angle-60°$V；　　（3）$\dot{U}=51.62\angle-91.65°$V

4-5 （1）$i_1=10\cos(200t+90°)$A；　　（2）$i_2=6.3\cos(200t+26.57°)$A；　　（3）$i=12.65\cos(200t+71.57°)$A

4-6 $R\dot{I}+j\omega L\dot{I}=\dot{U}$

4-7、4-8 略

4-9 $Z_{in}=(5-j5)\Omega$，$Y_{in}=(0.1+j0.1)$S

4-10 $\dot{U}_{ab}=-105.5$V$=105.5\angle180°$V

4-11 $\dot{I}_S=5.67\angle54.17°$A，$\dot{U}_S=48.36\angle118.2°$V，$\dot{U}_R=56.7\angle54.17°$V

4-12 电流表A_1读数为$I_1=2$A，电流表A_2读数为$I_2=0$A，$Z_{in}=R=110\Omega$

4-13 （a）$u_{oc}=2.23\angle-63.43°$V，$Z_{in}=2.72\angle-53.97°\Omega$

　　 （b）$u_{oc}=7.58\angle-18.43°$V，$Z_{in}=3.22\angle-82.87°\Omega$

4-14 $P_{I_S}=600$W（发出），　　$Q_{I_S}=0$var（发出）

　　 $P_{U_S}=100$W（吸收），　　$Q_{U_S}=500$var（发出）

4-15 $\cos\varphi=0.98$

4-16 $C=71\mu$F

4-17　(1) $\dot{U}_{oc}=\sqrt{2}\angle45°$V ,　　$Z_{eq}=1-j1\Omega$;　　(2) $Z_L=1+j1\Omega$,　　0.5W

4-18　(1) $\dot{U}_{oc}=5\sqrt{2}\angle90°$V ,　　$Z_{eq}=2+j1\Omega$;　　(2) $Z_L=2-j1\Omega$,　　6.25W

4-19　$\dfrac{\sqrt{2}}{2}I$

4-20　$U=1.29$V

4-21　$i=1+\cos(\omega t-45°)+0.22\cos(3\omega t-41.57°)$A

4-22　$i=1.2\cos(\omega t+53.13°)+0.8\cos(2\omega t-53.13°)$A

4-23　电压表读数为 70.7V , 电流表读数为 4A

4-24　(1) $U=510$V ,　　$I=2.55$A ;　　(2) $P=916$W

4-25　(1) $i(t)=0.88+1.40\sin(314t-79.7°)+0.94\cos(628t-125.5°)+0.49\sin(942t-18.8°)$A ,

　　　　$P=120.308$W

　　　(2) $U=91.38$V ,　　$I=1.497$A

4-26　$u_R=0.5+\sqrt{2}\cos(2t-53.13°)+\sqrt{2}\cos(1.5t-45°)$V ,　　$P_{u_s}=3.75$W

4-27　滞后 $45°$ 的频率为 $\omega=2\times10^7$rad/s , $f=3183$kHz

　　　超前 $45°$ 的频率为 $\omega=2847\times10^3$rad/s , $f=453$kHz

4-28　电流表 A_4 的读数为 4.12A

4-29　$L_1=1$H ,　　$L_2=66.67$H

4-30　$L_1=0.253$mH ,　　$L_2=3.17\mu$H

第 5 章

5-1　$u_{AN}=240\cos(\omega t-45°)$V ,　　$u_{CN}=240\cos(\omega t+75°)$V ,　　$u_{AB}=240\sqrt{3}\cos(\omega t-15°)$V

　　　$u_{BC}=240\sqrt{3}\cos(\omega t-135°)$V ,　　$u_{CA}=240\sqrt{3}\cos(\omega t+105°)$V

5-2　$\dot{I}_A=1.174\angle-26.98°$A ,　$\dot{I}_B=1.174\angle-146.98°$A ,　$\dot{I}_C=1.174\angle93.02°$A ,　$\dot{U}_{A'B'}=377.41\angle30°$A

　　　$\dot{U}_{B'C'}=377.41\angle-90°$A ,　$\dot{U}_{C'A'}=377.41\angle150°$A

5-3　相电流 $\dot{I}_{A'B'}=31.82\angle-15°$A ,　$\dot{I}_{B'C'}=31.82\angle-135°$A ,　$\dot{I}_{C'A'}=31.82\angle150°$A

　　　线电流 $\dot{I}_A=\sqrt{3}\dot{I}_{A'B'}\angle-30°=55.11\angle-45°$A ,　$\dot{I}_B=55.11\angle-165°$A ,　$\dot{I}_C=55.11\angle75°$A

5-4　线电流 $\dot{I}_A=30.08\angle-65.78°$A ,　$\dot{I}_B=30.08\angle-185.78°$A ,　$\dot{I}_C=30.08\angle-54.22°$A

　　　相电流 $\dot{I}_{A'B'}=17.37\angle-35.78°$A ,　$\dot{I}_{B'C'}=17.37\angle-155.78°$A ,　$\dot{I}_{C'A'}=17.37\angle84.22°$A

5-5　$\dot{I}_A=49\angle40.97°$A

5-6　电流表 A_1 读数为 $\dfrac{10}{\sqrt{3}}$A , 电流表 A_2 读数为 10A , 电流表 A_3 读数为 $\dfrac{10}{\sqrt{3}}$A

5-7　$U_l=395.2$V

5-8　(1) 线电流 $\dot{I}_A=6.64\angle-53.13°$A , 总功率 $P=1587.11$W

　　　(2) 线电流 $\dot{I}_A=19.92\angle-53.13°$A , 相电流 $\dot{I}_{A'B'}=11.5\angle-53.13°$A , 总功率 $P=4761.34$W

　　　(3) 略

5-9　A_1 的读数为 55A , A_2 的读数为 0 , 平均功率为 $P=17.424$kW , 无功功率为 $Q=-13.068$kvar

5-10　(1) W_1 的读数为 0 , W_2 的读数为 3937.6W , 代数和为 3937.6W

　　　(2) W_1 的读数为 1312.9W , W_2 的读数为 1312.9W , 代数和为 2625.8W

5-11　(1)A_1 的读数为 65.82A，A_2 的读数为 0，W 的读数为 25.63kW，总功率为 28.49kW

　　　(2)A_1 的读数为 65.82A，A_2 的读数为 40.54A，W 的读数为 5.45kW，功率表的读数为 A 相电源功率

5-12～5-15　略

第 6 章

6-1　升高或降低电压；耦合电路；传递信号

6-2　通入不大的励磁电流，可产生足够大的磁通

6-3　不行。与铁心横截面积有关

6-4　$k = 15$，　　$I_1 = 1.5A$，　　$I_2 = 22.7A$

6-5　166 个，　　$I_1 = 3.03A$，　　$I_2 = 45.5A$

第 7 章

7-1　$n_0 = 1000r/min$，　　$n_N = 970r/min$，　　$T_N = 1.48 \times 10^5 N \cdot m$

7-2　$I_N = 7.41A$，　　$T_N = 2.65 \times 10^4 N \cdot m$，　　$s_N = 0.04$，　　$f_2 = 2Hz$

7-3　略

7-4　(1)2；　　　(2)Y；　　　(3)4.67%，　2.33Hz，　20.04N · m

　　　(4)78.26A/45.29A，36.07N · m，40.08N · m；　　　(5)3.59kW

7-5　转速增加了 8%

7-6　转速降低到原来的 40%

第 8 章

8-1～8-13　略

第 9 章

9-1～9-4　略

第 10 章

10-1～10-6　略

10-7　(1)最大允许的基本误差：$\Delta_m = \pm A_m \times 100\% = \pm 30 \times 1.5\% = \pm 0.45$（A）

　　　(2)最大相对误差：$r = \Delta_m / A \times 100\% = \pm 0.45/20 \times 100\% = \pm 2.25\%$

10-8　9.46A

10-9　(1) ±0.75 格；　　　(2) ±0.536%；　　　±1.875%

10-10　(1)A1 的绝对误差为 0.3A，相对误差为 3%；A2 的绝对误差为 –0.9A，相对误差为 1.8%

　　　(2)由于题目没有给出两表的量程，不能单纯说哪个表准确

10-11　(1)应选用不低于 1.0 级准确度的电压表

　　　(2)应选用不低于 0.5 级准确度的电压表

10-12　(1)两种情况的相对误差分别为 1.09%，2.25%

　　　(2)两种情况的引用误差分别为 0.8%，0.72%

10-13　(1)灵敏度为 $S = 0.5\mu A/$格；　　　(2)仪表常数为 $C = 2$ 格/μA

　　　(3)电流值为 35μA

10-14～10-25　略

参 考 文 献

胡钋, 樊亚东, 2011. 电路原理. 北京: 高等教育出版社.

黄锦安, 蔡小玲, 徐行健, 2017. 电工技术基础. 3 版. 北京: 电子工业出版社.

吉培荣, 2012a. 电工测量与实验技术. 武汉: 华中科技大学出版社.

吉培荣, 2012b. 电工学. 北京: 中国电力出版社.

吉培荣, 2015. 信号分析与处理. 北京: 机械工业出版社.

吉培荣, 李海军, 邹红波, 2018. 现代信号处理基础. 北京: 科学出版社.

吉培荣, 佘小莉, 2016. 电路原理. 北京: 中国电力出版社.

林孔元, 王萍, 2009. 电气工程学概论. 北京: 高等教育出版社.

刘晔, 2010. 电工技术. 2 版. 北京: 电子工业出版社.

马世豪, 2006. 电路原理. 北京: 科学出版社.

梅丽凤, 2013. 电气控制与 PLC 应用技术. 北京: 机械工业出版社.

秦曾煌, 姜三勇, 2010. 电工学. 7 版. 北京: 高等教育出版社.

邱关源, 罗先觉, 2006. 电路. 5 版. 北京: 高等教育出版社.

沈奕骑, 孔令红, 2012. 电路与电工原理研究性实验教程. 南京: 南京大学出版社.

谢宝昌, 2016. 电磁能量. 北京: 机械工业出版社.

徐淑华, 2008. 电工电子学. 2 版. 北京: 电子工业出版社.

周启龙, 2013. 电工仪表及测量. 北京: 机械工业出版社.